Operationsforschung und mathematische Statistik I

SCHRIFTENREIHE
DER INSTITUTE FÜR MATHEMATIK

BEI DER DEUTSCHEN AKADEMIE DER WISSENSCHAFTEN
ZU BERLIN

Herausgeber: Heinrich Grell, Josef Naas, Hans Reichardt, Willi Rinow,
Erhard Schmidt †, Kurt Schröder, Hans-Jürgen Treder

REIHE B

ANGEWANDTE MATHEMATIK UND MECHANIK

HEFT 8

OPERATIONSFORSCHUNG UND MATHEMATISCHE STATISTIK I

AKADEMIE-VERLAG · BERLIN
1968

OPERATIONSFORSCHUNG UND MATHEMATISCHE STATISTIK

I

Herausgegeben von

Prof. Dr. rer. nat. habil. **OLAF BUNKE**
Humboldt-Universität zu Berlin
und
Institut für Angewandte Mathematik und Mechanik
der Deutschen Akademie der Wissenschaften zu Berlin

Mit 7 Abbildungen

AKADEMIE-VERLAG · BERLIN
1968

Institut für Angewandte Mathematik und Mechanik, 108 Berlin, Mohrenstr. 39
Erschienen im Akademie-Verlag GmbH, 108 Berlin, Leipziger Straße 3—4

Lizenznummer: 202 · 100/570/68
Gesamtherstellung: VEB Druckerei „Thomas Müntzer", 582 Bad Langensalza
Bestellnummer: 2069/B/8 · ES 19 B 5
25,—

VORWORT

Etwa seit Ende der vierziger Jahre haben sich eine Reihe von mathematischen Theorien und Methoden entwickelt und haben ihre praktische Anwendung gefunden, die unter den Sammelbegriffen ,,Operations Research", ,,Unternehmensforschung" oder auch ,,Operationsforschung" bekannt sind. Hierzu zählt man beispielsweise die Methoden der linearen, nichtlinearen und dynamischen Optimierung, die Theorie strategischer Spiele, Netzwerkmethoden, Methoden der Ablaufplanung, bestimmte Methoden der Bedienungs- und Zuverlässigkeitstheorie, Ersatztheorie, Monte-Carlo-Methoden, Input-Outputanalyse bzw. Verflechtungsbilanzierung. Die beiden letzten Methoden gehören zu einem Komplex von Methoden zur Modellierung ökonomischer und technologischer Prozesse, welcher den Gebieten ,,Mathematische Ökonomie", ,,Organisationswissenschaft" und ,,Ökonometrie" zugeordnet wird. Hier ordnen sich beispielsweise die Theorie der Angebots-, Nachfrage-, Konsumptions- bzw. Produktionsfunktionen, die Aggregationstheorie, volkswirtschaftliche Wachstumsmodelle, Markt- und Konkurrenzmodelle usw. ein. In der Ökonometrie spielen die Methoden der Mathematischen Statistik eine ausschlaggebende Rolle, da die Analyse von ökonomischen Prozessen auf den verschiedenen Ebenen der Volkswirtschaft und die Prognose der Entwicklung ökonomischer oder technologischer Kennziffern auf Grund einer statistischen Auswertung von empirischen Daten durchgeführt werden muß. Die Methoden der Regressions- und Korrelationsanalyse, die Zeitreihenanalyse, Testverfahren und auch zunächst rein wahrscheinlichkeitstheoretische Disziplinen, wie die Theorie der MARKOWschen Prozesse, stochastische Differential- und Differenzengleichungen werden hier herangezogen. Neben den klassischen Anwendungsgebieten der Mathematischen Statistik bei der Auswertung von Versuchen und Stichprobenerhebungen in den Naturwissenschaften, in der Medizin, Landwirtschaft, in einigen gesellschaftswissenschaftlichen Disziplinen, wie beispielsweise in der Soziologie, im Versicherungswesen und neben seit ungefähr 30 Jahren immer umfangreicheren Anwendungen in der Industrie, beispielsweise bei der statistischen Qualitätskontrolle, sind die Anwendungen in der Ökonomie zu einem wichtigen Faktor bei der Aktivierung der statistischen Forschung geworden. Auf Grund des überaus großen Anwendungsbereiches der Methoden aus dem bereits umrissenen Gebiet bei der wissenschaftlichen Bearbeitung von naturwissenschaftlichen, technischen, technologischen und gesellschaftlichen Prozessen und Systemen kommt diesem Teilgebiet der Mathematik gegenwärtig und auch zukünftig eine äußerst große Bedeutung zu, zumal durch seine Anwendung — insbesondere in Verbindung mit der Elektronischen Datenverarbeitung — ein außerordentlich hoher ökonomischer Nutzen verbunden ist. Daraus erklärt sich auch die großzügige Förderung und Unterstützung der Grundlagen- und Anwendungsforschung, die in allen industriell hochentwickelten Ländern diesem Gebiet zuteil wird. Wichtige Anwendungsgebiete sind insbesondere unter sozialistischen Produktionsverhältnissen die Analyse, Planung, Leitung und die Kontrolle wirtschaftlicher Systeme auf den Ebenen der Gesamtvolkswirtschaft, der Wirtschaftszweige, der VVB und der Betriebe sowie von Einrichtungen z. B. des Handels und des Transport- und Nachrichtenwesens. Besonders zu erwähnen ist die heute unumstrittene Bedeutung der genannten Methoden für das Militärwesen, wo zum Teil der Ausgangspunkt mehrerer wichtiger Verfahren der Operationsforschung und Statistik zu finden ist.

In der DDR sind in den letzten Jahren mehrere ausgezeichnete Lehrbücher und Monographien über Operationsforschung und Mathematische Statistik erschienen, wie z. B. die Bücher von CHURCHMAN-ACKOFF-ARNOFF, NEMZIMOW, KREKÓ, BERGE-GHOUILA-HONRI, VOGEL und PIEHLER sowie von FISZ, E. WEBER, SMIRNOW-DUNIN-BARKOWSKI und LINNIK. Das parallel hierzu sprunghaft angestiegene Interesse der Mathematiker an einer Untersuchung von Problemen aus den genannten Gebieten und die vor kurzem angelaufene Ausbildung einer großen Zahl von Mathematikern mit entsprechender Spezialisierung berechtigt zu der Hoffnung, daß in den nächsten Jahren die zur Zeit nur von einer relativ kleinen Gruppe von Mathematikern betriebene Forschung einen großen Zuwachs erhalten wird.

Mit dem vorliegenden ersten Band einer Reihe *Operationsforschung und Mathematische Statistik* soll ein Beitrag zur oben angedeuteten Entwicklung geleistet werden. Dieser Band enthält Originalarbeiten mehrerer Autoren, welche sich der Untersuchung wichtiger Probleme der Operationsforschung und der Mathematischen Statistik widmen. Er wendet sich an Mathematiker sowie an Ökonomen, Naturwissenschaftler und Ingenieure mit mathematischem Interesse, welche auf Grund ihrer Lehr- und Forschungstätigkeit oder ihrer Tätigkeit in der Industrie sowie in Leitungsorganen an der Lösung spezieller Probleme der genannten Gebiete interessiert sind. Unter diesem Gesichtspunkt soll auch die Aufnahme weiterer Arbeiten für die nächsten Bände erfolgen, welche in möglichst kurzer Zeit nach Eingang der Arbeiten erscheinen sollen.

Berlin, Februar 1968 OLAF BUNKE

INHALTSVERZEICHNIS

Über die Güte der linearen und nichtlinearen Optimierung bei geschätzten Parametern

Von Olaf Bunke[1])

Es werden Abschätzungen für einige statistische Charakteristiken angegeben, welche die Güte einer unter Verwendung geschätzter Parameter berechneten Lösung eines linearen oder nichtlinearen Optimierungsproblems beschreiben. Diese Abschätzungen werden unter verschiedenen Voraussetzungen über die vorhandene Information bezüglich der Differenz zwischen Schätzwert und wahrem Parameter abgeleitet.

1. Einleitung

Wir betrachten das einstufige Optimierungsproblem

$$\max \{f(\mathbf{x}, \mathbf{c}) \mid \mathbf{x} \in G\} .$$

Gesucht ist ein Vektor $\mathbf{x}$ (Entscheidung) aus einer nichtleeren Menge $G \subset R^n$ — die beispielsweise durch lineare oder nichtlineare Ungleichungen definiert ist —, bei welchem die von dem Parametervektor $\mathbf{c} \in C$ ($C \subset R^s$) abhängige reellwertige Funktion $f(\mathbf{x}, \mathbf{c})$ (Zielfunktion) maximal ist. Wir setzen voraus, daß es für jedes $\mathbf{c} \in C$ einen solchen Vektor $\mathbf{x}_c$ gibt. In der Praxis kann der Fall eintreten, daß zum Zeitpunkt der numerischen Berechnung einer optimalen Entscheidung der Parameter $\mathbf{c}$, welcher meist gewisse technologische oder ökonomische Kennziffern enthält, nicht exakt vorgegeben ist. Wir können im folgenden annehmen, daß die Komponenten von $\mathbf{c}$ nur die nicht exakt vorgegebenen Parameter darstellen. Man wird in der geschilderten Situation oft einen Prognose- oder Schätzwert $\hat{\mathbf{c}} \in C$ für das unbekannte $\mathbf{c}$ verwenden und eine „geschätzte optimale Entscheidung" $\hat{\mathbf{x}} \in G$ mit

$$f(\hat{\mathbf{x}}, \hat{\mathbf{c}}) = \max_{\mathbf{x} \in G} f(\mathbf{x}, \hat{\mathbf{c}}) \tag{1}$$

bestimmen.

Eine derartige Entscheidung $\hat{\mathbf{x}}$ darf nicht unkritisch verwendet werden. Es müssen zunächst Aussagen über die Güte von $\hat{\mathbf{x}}$ vorliegen. Die Güte von $\hat{\mathbf{x}}$ kann durch den wahren Wert $f(\hat{\mathbf{x}}, \mathbf{c})$ der Zielfunktion, durch sein Verhältnis zum wahren Optimum, also durch

$$\zeta(\hat{\mathbf{x}}, \mathbf{c}) = f(\hat{\mathbf{x}}, \mathbf{c}) \, [f(\mathbf{x}_c, \mathbf{c})]^{-1} \tag{2}$$

[1]) IAMM, DAdW, 108 Berlin, Mohrenstraße 39.

oder durch die Abweichung vom wahren Optimum

$$\Delta(\hat{\mathfrak{x}}, \mathfrak{c}) = f(\mathfrak{x}_{\mathfrak{c}}, \mathfrak{c}) - f(\hat{\mathfrak{x}}, \mathfrak{c}) \tag{3}$$

charakterisiert werden[1]). Mit $\mathfrak{c}$ sind aber diese Werte unbekannt. Im allgemeinen liegen gewisse Informationen über die Differenz $\mathfrak{d} = \hat{\mathfrak{c}} - \mathfrak{c}$ vor. Diese Informationen können verschiedenartig sein, sie können beispielsweise aus subjektiven Erfahrungen oder Vorstellungen, aus empirischen Daten oder aus ökonomischen oder naturwissenschaftlichen Theorien bestehen. Zur mathematischen Formulierung derartiger Informationen bedient man sich des Apparates der Wahrscheinlichkeitsrechnung. Ein Beispiel für eine solche wahrscheinlichkeitstheoretische Formulierung wäre die Aussage, daß das unbekannte $\mathfrak{c}$ mindestens mit Wahrscheinlichkeit p von $\hat{\mathfrak{c}}$ höchstens $\mathfrak{d}$ abweicht:

$$\mathsf{P}\,\{\|\hat{\mathfrak{c}} - \mathfrak{c}\| \leqq \mathfrak{d}\} \geqq p\,.$$

Es sind verschiedene wahrscheinlichkeitstheoretische Formulierungen möglich. Es kann beispielsweise $\mathfrak{c}$ als unbekannter konstanter Vektor und $\hat{\mathfrak{c}}$ als zufälliger Schätzvektor oder auch $\mathfrak{c}$ als zufälliger Vektor und $\hat{\mathfrak{c}}$ als Prognosevektor bzw. als Erwartungsvektor von $\mathfrak{c}$ angesetzt werden. In [1] untersuchen BRACKEN und SOLAND ein lineares Optimierungsproblem, in welchem $\mathfrak{c}$ der unbekannte Erwartungsvektor eines mehrdimensionalen stochastischen Prozesses und $\hat{\mathfrak{c}}$ der Erwartungsvektor einer vorgegebenen a-priori-Verteilung für $\mathfrak{c}$ ist. Wir werden im folgenden die allen diesen Ansätzen gemeinsame Annahme machen, daß $\mathfrak{c}$ oder $\hat{\mathfrak{c}}$ zufällige Vektoren sind. Die unbekannten Werte $f(\hat{\mathfrak{x}}, \mathfrak{c})$, $\zeta(\hat{\mathfrak{x}}, \mathfrak{c})$ und $\Delta(\hat{\mathfrak{x}}, \mathfrak{c})$ sind dann zufällige Größen. Aus der vorhandenen Information über $\mathfrak{d}$ können nun Aussagen über Charakteristiken dieser zufälligen Größen (Erwartungswerte, Mediane, Wahrscheinlichkeiten usw.) und somit über die Güte von $\hat{\mathfrak{x}}$ gewonnen werden.

In Abschnitt 2 diskutieren wir die Möglichkeit einer exakten Bestimmung von $M = \mathsf{E}\,\{\Delta(\hat{\mathfrak{x}}, \mathfrak{c})\}$ [2]) und der Wahrscheinlichkeit

$$P_T = \mathsf{P}\,\{\Delta(\hat{\mathfrak{x}}, \mathfrak{c}) \leqq T\} \tag{4}$$

für Abweichungen, welche eine vorgeschriebene positive Toleranz T nicht überschreiten. In Abschnitt 3 geben wir Abschätzungen für M, P_T und für ein „Quantil"

$$Q_p\,\{\Delta(\hat{\mathfrak{x}}, \mathfrak{c})\} = \inf\,\{T \mid P_T \geqq p\} = T_p \tag{5}$$

zu vorgegebenem p an. Dort geben wir auch zufällige Größen $\hat{T}_p$ mit

$$\mathsf{P}\,\{\Delta(\hat{\mathfrak{x}}, \mathfrak{c}) \leqq \hat{T}_p\} \geqq p \tag{6}$$

an. p hat hier die Bedeutung eines Konfidenzkoeffizienten: Werden bei sehr vielen unabhängigen Optimierungsproblemen Werte $\hat{T}_p$ berechnet, dann gilt näherungsweise, daß in wenigstens $p \cdot 100\%$ der Fälle Δ tatsächlich nicht größer als das jeweilige $\hat{T}_p$ ist.

In Abschnitt 4 geben wir Abschätzungen für Charakteristiken von $f(\hat{\mathfrak{x}}, \mathfrak{c})$ und $\zeta(\hat{\mathfrak{x}}, \mathfrak{c})$ und zufällige Werte $\hat{f}_p$ bzw. $\hat{\zeta}_p$ an, welche analog wie $\hat{T}_p$ definiert sind.

---

[1]) In [1] wird $\Delta(\hat{\mathfrak{x}}, \mathfrak{c})$ „bedingter Wert der perfekten Information über $\mathfrak{c}$" genannt.

[2]) Im folgenden nehmen wir immer an, daß die zur Definition der verwendeten Integrale und Wahrscheinlichkeiten benötigten Meßbarkeitsvoraussetzungen erfüllt sind.

Mit den in den Abschnitten 3 und 4 angegebenen Abschätzungen kann beurteilt werden, ob eine Verwendung der mit Hilfe von geschätzten Parametern berechneten „optimalen" Entscheidung gerechtfertigt ist. Ist $\hat{\mathbf{c}}$ eine Schätzung für $\mathbf{c}$, welche auf Grund einer statistischen Datenverarbeitung (etwa als Mittelwert der Beobachtungen von n zufälligen Vektoren mit Erwartungsvektor $\mathbf{c}$) berechnet wurde, dann kann entschieden werden, ob das Datenmaterial zum Zweck einer anschließenden Optimierung ausreicht oder ob gegebenenfalls weitere Daten benötigt werden.

2. Exakte Bestimmung von M bzw. P_T

Wir wollen anhand des Spezialfalles der linearen Optimierung

$$\max \{f(\mathbf{x}, \mathbf{c}) = \mathbf{c}^\mathsf{T} \mathbf{x} \,|\, \mathbf{x} \geqq \mathbf{o}\,, \quad \mathbf{A}\,\mathbf{x} = \mathbf{b}\} \tag{7}$$

($\mathbf{c}^\mathsf{T}$: transponierter Vektor $\mathbf{c}$, $\mathbf{A}$: $m \times n$-Matrix, $\mathbf{b} \in R^m$) die numerischen Schwierigkeiten veranschaulichen, welche mit einer Berechnung von M bzw. von P_T verbunden sind und die Notwendigkeit von numerisch einfachen Abschätzungen unterstreichen. Die Extremalpunkte der als nichtleer vorausgesetzten Menge $G = \{\mathbf{x} \in R^n \mid \mathbf{x} \geqq \mathbf{o},\ \mathbf{A}\,\mathbf{x} = \mathbf{b}\}$ bezeichnen wir mit $\mathbf{x}^{(k)}$. Wir setzen nach Abschnitt 1 voraus, daß für jedes $\mathbf{c} \in C$

$$\max_{\mathbf{x} \in G} \mathbf{c}^\mathsf{T} \mathbf{x} = \max_k \mathbf{c}^\mathsf{T} \mathbf{x}^{(k)} < \infty$$

ist. Nun kann man C in die Teilmengen

$$C_k = \{\mathbf{c} \in C \,|\, k \text{ kleinster Index mit } \mathbf{c}^\mathsf{T} \mathbf{x}^{(k)} = \max_j \mathbf{c}^\mathsf{T} \mathbf{x}^{(j)}\}$$

zerlegen, wobei manche C_k leer sein können.

a) Wir nehmen jetzt an, daß $\mathbf{c}$ zufällig und $\hat{\mathbf{c}}$ konstant ist. Mit der Bezeichnung $p_k = \mathsf{P}\{\mathbf{c} \in C_k\}$ gilt dann

$$\left.\begin{aligned} M &= \sum_{k:p_k>0} \int_{C_k} \mathbf{c}^\mathsf{T} [\mathbf{x}^{(k)} - \hat{\mathbf{x}}]\, \mathsf{P}(d\mathbf{c})\,, \\ P_T &= \sum_{k:p_k>0} \mathsf{P}\{\mathbf{c} \in C_k : \mathbf{c}^\mathsf{T} [\mathbf{x}^{(k)} - \hat{\mathbf{x}}] \leqq T\}\,. \end{aligned}\right\} \tag{8}$$

Zur Berechnung von M bzw. von P_T müssen zunächst alle Extremalpunkte $\mathbf{x}^{(k)}$ (etwa mit der Methode der vollständigen Beschreibung [2]) bestimmt werden. Bei einer großen Anzahl von Nebenbedingungen ist dies mit viel Aufwand verbunden. Die Mengen C_k kann man relativ einfach erhalten, aber die Berechnung der Integrale bzw. Wahrscheinlichkeiten in (8) bereitet im allgemeinen (z. B. bei normalverteiltem $\mathbf{c}$) große numerische Schwierigkeiten. Näherungswerte für M bzw. P_T könnten mit den in [1] vorgeschlagenen Methoden bestimmt werden. Hat $\mathbf{c}$ endlich viele mögliche Werte $\mathbf{c}_{(j)}$, also eine diskrete Verteilung $q_j = \mathsf{P}\{\mathbf{c} = \mathbf{c}_{(j)}\} > 0$, dann berechnet man etwa mit Hilfe der Simplexmethode oder durch Bestimmung des größten der endlich vielen Werte $f_{kj} = \mathbf{c}_{(j)}^\mathsf{T} \mathbf{x}^{(k)}$ die Maxima

$$f_j = \max_{\mathbf{x} \in G} \mathbf{c}_{(j)}^\mathsf{T} \mathbf{x}\,.$$

Man erhält mit der Bezeichnung $\Delta_j = f_j - \mathbf{c}_{(j)}^{\mathsf{T}} \hat{\mathbf{x}}$

$$M = \sum_j q_j \Delta_j \,; \quad P_T = \sum_{j:\Delta_j \leqq T} q_j \,. \tag{9}$$

Wird die Verteilung von $\mathbf{c}$ durch eine solche diskrete Verteilung angenähert, dann gibt (9) Näherungswerte an. M ($M < \infty$) und P_T können auch mit Hilfe einer Monte-Carlo-Methode genähert werden, indem unabhängige Realisierungen $\mathbf{c}_{(j)} \in C$ ($j = 1, \ldots, N$) von $\mathbf{c}$ simuliert werden. Man hat dann für große N die Näherungen

$$M \approx N^{-1} \sum_{j=1}^{N} \Delta_j; \quad P_T \approx N^{-1} \cdot \{\text{Anzahl der } j \text{ mit } \Delta_j \leqq T\} \,. \tag{10}$$

b) Setzen wir nun voraus, daß $\mathbf{c}$ konstant und $\hat{\mathbf{c}}$ zufällig ist und wird vereinbart, daß bei $\hat{\mathbf{c}} \in C_k$ die Entscheidung $\hat{\mathbf{x}} = \mathbf{x}^{(k)}$ gewählt wird, dann gilt mit $\pi_k = \mathsf{P}\,\{\hat{\mathbf{c}} \in C_k\}$

$$M = \mathbf{c}^{\mathsf{T}} \sum_{k:\pi_k > 0} \pi_k \,[\mathbf{x}^{(j)} - \mathbf{x}^{(k)}] \qquad (\mathbf{c} \in C_j) \,.$$

Mit $\mathbf{c}$ ist auch M unbekannt, und es kann höchstens die Abschätzung

$$M \leqq \sup_{j:C_j \neq \varnothing} \left\{\sup_{\mathbf{c} \in C_j} \mathbf{c}^{\mathsf{T}} \sum_{k:\pi_k > 0} \pi_k \,[\mathbf{x}^{(j)} - \mathbf{x}^{(k)}]\right\}$$

verwendet werden. Zusätzlich zur Bestimmung der $\mathbf{x}^{(k)}$ und der C_k müssen also hier noch mehrere lineare Optimierungsprobleme gelöst werden, so daß die Abschätzung praktisch kaum Verwendung finden wird.

3. Abschätzungen für T_p, P_T und M

a) Wir wollen zunächst unter schwachen Voraussetzungen über $\mathbf{d}$ obere Schranken für T_p bestimmen. Es gilt:

Satz 1. *Es sei die folgende Voraussetzung erfüllt:*

(V) *C ist ein offenes Intervall des R^s und f hat für jedes feste $\mathbf{x} \in G$ auf C stetige partielle Ableitungen erster Ordnung mit*

$$\left|\frac{\partial f(\mathbf{x}, \mathbf{c})}{\partial c_i}\right| \leqq \varphi_i(\mathbf{x}) \qquad (i = 1, \ldots, s; \ \mathbf{x} \in G; \ \mathbf{c} \in C) \,. \tag{11}$$

Ist

$$|d_i| = |c_i - \hat{c}_i| \leqq \alpha_i \qquad (i = 1, \ldots, s) \tag{12}$$

mindestens mit Wahrscheinlichkeit p erfüllt, dann gilt

$$T_p \leqq \tau_p = 2 \sup_{\mathbf{x} \in G} \sum_i \alpha_i \,\varphi_i(\mathbf{x}) \,. \tag{13}$$

Zum Beweis sei zunächst bemerkt, daß aus (11) und (12)

$$\sup_{\mathbf{x} \in G} |f(\mathbf{x}, \mathbf{c}) - f(\mathbf{x}, \hat{\mathbf{c}})| = \sup_{\mathbf{x} \in G} \left| \sum_i \frac{\partial f}{\partial c_i}\bigg|_{\tilde{\mathbf{c}}} (c_i - \hat{c}_i)\right| \leqq 2^{-1} \tau_p \tag{14}$$

folgt. Hieraus ergibt sich auch

$$|f(\mathbf{x}_{\mathbf{c}}, \mathbf{c}) - f(\hat{\mathbf{x}}, \hat{\mathbf{c}})| \leqq 2^{-1} \tau_p \,; \tag{15}$$

denn es würde im entgegengesetzten Fall entweder

$$f(\mathbf{x}_c, \hat{\mathbf{c}}) \geqq f(\mathbf{x}_c, \mathbf{c}) - 2^{-1}\tau_p > f(\hat{\mathbf{x}}, \hat{\mathbf{c}})$$

oder

$$f(\hat{\mathbf{x}}, \mathbf{c}) \geqq f(\hat{\mathbf{x}}, \hat{\mathbf{c}}) - 2^{-1}\tau_p > f(\mathbf{x}_c, \mathbf{c})$$

im Widerspruch zur Definition von $\mathbf{x}_c$ und $\hat{\mathbf{x}}$ gelten. Aus (11) und (12) folgt also

$$\Delta(\hat{\mathbf{x}}, \mathbf{c}) \leqq |f(\mathbf{x}_c, \mathbf{c}) - f(\hat{\mathbf{x}}, \hat{\mathbf{c}})| + |f(\hat{\mathbf{x}}, \hat{\mathbf{c}}) - f(\hat{\mathbf{x}}, \mathbf{c})| \leqq \tau_p\,.$$

Hiermit erhalten wir

$$\mathsf{P}\,\{\Delta(\hat{\mathbf{x}}, \mathbf{c}) \leqq \tau_p\} \geqq \mathsf{P}\,\{|d_i| \leqq \alpha_i \quad (i = 1, \ldots, s)\} \geqq p$$

und damit (13).

Bemerkung. Ist ein K mit

$$\sup_{\mathbf{x} \in G} f(\mathbf{x}, \mathbf{c}) - \inf_{\mathbf{x} \in G} f(\mathbf{x}, \mathbf{c}) \leqq K < +\infty \qquad (\mathbf{c} \in C)$$

bekannt, dann kann aus den Schranken τ_p mit Hilfe der für beliebige $p \in [0, 1]$ gültigen Ungleichung

$$M \leqq T_p\, P_{T_p} + K\,(1 - P_{T_p}) \leqq \tau_p\, p + K\,(1 - p) \tag{19}$$

auch eine obere Schranke für M gewonnen werden.

Beispiel. Sind bei einem linearen Optimierungsproblem

$$\max\,\{\mathbf{c}^{\mathsf{T}}\mathbf{x} + \mathbf{k}^{\mathsf{T}}\mathbf{y} | \mathbf{x} \geqq \mathbf{o}, \quad \mathbf{y} \geqq \mathbf{o}\,, \quad \mathbf{A}\,\mathbf{x} + \mathbf{B}\,\mathbf{y} \geqq \mathbf{b}\}$$

die Koeffizienten c_i unbekannt und werden für jedes c_i ($i = 1, \ldots, s$) obere und untere „π-Toleranzgrenzen" $\hat{c}_i \pm \alpha_i$ angegeben, zwischen welchen es mindestens mit Wahrscheinlichkeit π liegt, dann können nach Satz 1 folgende Aussagen über die Güte einer Lösung $(\hat{\mathbf{x}}, \hat{\mathbf{y}})$ des „Ersatz-Optimierungsproblems"

$$\max\,\{\hat{\mathbf{c}}^{\mathsf{T}}\mathbf{x} + \mathbf{k}^{\mathsf{T}}\mathbf{y} | \mathbf{x} \geqq \mathbf{o}\,, \quad \mathbf{y} \geqq \mathbf{o}\,, \quad \mathbf{A}\,\mathbf{x} + \mathbf{B}\,\mathbf{y} \geqq \mathbf{b}\}$$

gemacht werden:

Für den Wert p im Satz können wir $p = 1 - s\,(1 - \pi)$ setzen. Sind die Größen $\mathbf{d}$ voneinander stochastisch unabhängig, dann können wir $p = \pi^s$ setzen.

Die Abweichung $\Delta(\hat{\mathbf{x}}, \mathbf{c})$ zum wahren Optimum ist mindestens mit Wahrscheinlichkeit p nicht größer als

$$\tau = \sup\,\{2\,\boldsymbol{\alpha}^{\mathsf{T}}\mathbf{x} : \mathbf{x} \geqq \mathbf{o}\,, \quad \mathbf{A}\,\mathbf{x} \geqq \mathbf{b} - \mathbf{B}\,\mathbf{y}\,, \quad \mathbf{y} \geqq \mathbf{o}\}\,.$$

Wegen (14) kann ein Wert

$$\hat{f} = \hat{\mathbf{c}}^{\mathsf{T}}\hat{\mathbf{x}} + \mathbf{k}^{\mathsf{T}}\hat{\mathbf{y}} - 2^{-1}\tau$$

berechnet werden, welcher vom wahren Wert $\mathbf{c}^{\mathsf{T}}\hat{\mathbf{x}} + \mathbf{k}^{\mathsf{T}}\hat{\mathbf{y}}$ der Zielfunktion bei $(\hat{\mathbf{x}}, \hat{\mathbf{y}})$ mindestens mit Wahrscheinlichkeit p nicht unterschritten wird.

Weiterhin wird

$$\hat{\zeta} = [\hat{\mathbf{c}}^{\mathsf{T}}\hat{\mathbf{x}} + \mathbf{k}^{\mathsf{T}}\mathbf{y} + 2^{-1}\tau]^{-1}\hat{f}$$

von $\zeta(\hat{\mathbf{x}}, \mathbf{c})$ mindestens mit Wahrscheinlichkeit p nicht unterschritten.

b) Sind anstelle von (12) a-priori-Momentenschätzungen

$$\mathsf{E}\,\{|c_i - \hat{c}_i|\} \leqq b_i \quad (i = 1, \ldots, s) \tag{16}$$

bekannt, dann gilt (13) mit Zahlen α_i, welche die Gleichung

$$1 - \sum_i b_i \alpha_i^{-1} = p \tag{17}$$

erfüllen. Dies folgt aus

$$\mathsf{P}\,\{|d_i| \leqq \alpha_i\,(i = 1, \ldots, s)\} \geqq 1 - \sum_i \alpha_i^{-1}\,\mathsf{E}\,\{|d_i|\} \geqq p\,.$$

Sind die zufälligen Variablen d_i unabhängig, dann gilt (13) für Zahlen α_i mit

$$\prod_i (1 - b_i \alpha_i^{-1}) = p\,. \tag{18}$$

Sind anstelle von (11) Abschätzungen

$$\left|\frac{\partial f(\mathbf{x}, \mathbf{c})}{\partial c_i}\right| \leqq h_i \qquad (i = 1, \ldots, s) \tag{20}$$

bekannt, dann erhält man wegen

$$\mathsf{T}\,(1 - P_T) \leqq \mathsf{E}\,\{\Delta(\hat{\mathbf{x}}, \mathbf{c})\} \leqq \mathsf{E}\,\{2 \sum_i h_i\,|d_i|\} \leqq 2\,\mathbf{h}^{\mathsf{T}}\,\mathbf{b} = H$$

die Abschätzungen

$$M \leqq H\,; \quad P_T \geqq 1 - T^{-1} H\,; \quad T_p \leqq (1 - p)^{-1} H\,. \tag{21}$$

c) Sind a-priori-Momentenabschätzungen

$$\mathsf{E}\,\{(c_i - \hat{c}_i)^2\} \leqq k_i^2 \qquad (i = 1, \ldots, s) \tag{22}$$

bekannt, dann erhält man unter der Voraussetzung (V)

$$\begin{aligned} \mathsf{E}\,\{\Delta(\hat{\mathbf{x}}, \mathbf{c}\} &\leqq 2\,\mathsf{E}\left\{\sup_{\mathbf{x} \in G} \sum_i \varphi_i(\mathbf{x})\,|d_i|\right\} \leqq 2\,\mathsf{E}\,\{\|d\|\} \sup_{\mathbf{x} \in G} \|\boldsymbol{\varphi}(\mathbf{x})\| \\ &\leqq 2\,\|\mathbf{k}\| \sup_{\mathbf{x} \in G} \|\boldsymbol{\varphi}(\mathbf{x})\| = H\,. \end{aligned} \tag{23}$$

[1]

Damit gelten die Abschätzungen (21) mit dem Wert H aus (23).

d) Es sei nun bekannt, daß $\mathbf{d}$ eine Normalverteilung $N(0, \Lambda)$ mit bekannter regulärer Momentenmatrix Λ besitzt. Eine Abschätzung von T_p kann folgendermaßen erhalten werden:

Die reguläre Matrix T genüge der Gleichung $\mathbf{T}\,\Lambda\,\mathbf{T}' = \mathbf{E}$. Es sei $\mathbf{g} = \mathbf{T}\,\mathbf{c}$ und

$$f(\mathbf{x}, \mathbf{c}) = f(\mathbf{x}, \mathbf{T}^{-1}\,\mathbf{g}) = F(\mathbf{x}, \mathbf{g})\,.$$

Wir wenden Satz 1 auf das Optimierungsproblem mit der Zielfunktion F und mit $C = R^s$ an. $\mathbf{h} = \mathbf{T}\,(\mathbf{c} - \hat{\mathbf{c}}) = \mathbf{g} - \hat{\mathbf{g}}$ hat die Verteilung $N(0, \mathbf{E})$, und es gilt[2])

$$\mathsf{P}\,\{|h_i| \leqq \alpha_i\;(i = 1, \ldots, s)\} = \prod_i\,[2\,\Phi(\alpha_i) - 1] = \pi(\alpha)\,. \tag{24}$$

Aus der Voraussetzung (V), wobei (11) die Abschätzung

$$\left|\frac{\partial F}{\partial g_i}\right| \leqq \varphi_i(\mathbf{x}) \tag{25}$$

entspricht, folgt also die Abschätzung (13), falls $\pi(\alpha) = p$ ist.

---

[1]) $\|\mathbf{y}\|^2 = \sum_i y_i^2$.

[2]) Φ bezeichnet die Verteilungsfunktion der Standardverteilung $N(0, 1)$.

Wählt man alle α_i gleich, dann erhält man

$$\alpha_i = \alpha_{(p)} = \Phi^{-1}(2^{-1}[p^{1/s} + 1]) \tag{26}$$

und mit

$$\sup_{x \in G} \sum_i \varphi_i(x) = \varphi \tag{27}$$

die Abschätzungen

$$T_p \leqq 2\,\alpha_{(p)}\,\varphi\,, \qquad P_T \geqq [2\,\Phi\,\{(2\,\varphi)^{-1}\,T\}]^s\,. \tag{28}$$

e) Eine möglicherweise bequemere Abschätzung erhält man durch direkte Anwendung des Satzes 1 auf die Zielfunktion f, wobei die Momentenmatrix nicht vollständig bekannt zu sein braucht:

Satz 2. *Es sei $C = R^s$ und $\mathbf{d}$ nach $N(0, \Lambda)$ verteilt, wobei Λ eine reguläre Matrix ist. r^2 sei eine obere Schranke für die größte charakteristische Zahl von Λ. Unter der Voraussetzung* (V) *gilt dann*

$$M \leqq 2\,\gamma + W \tag{29}$$

$$[\gamma = 2^{1/2}\,\Gamma(2^{-1}[s+1])\,\{\Gamma(2^{-1}s)\}^{-1}\,; \quad W = \sup_{x \in G} ||\boldsymbol{\varphi}(x)||]\,, \tag{30}$$

$$P_T \geqq F_s(T^2[2\,r\,W]^{-2})\,, \tag{31}$$

$$T_p \leqq 2\,r\,W\,\chi_{1-p;\,s}\,, \tag{32}$$

wobei F_s die Verteilungsfunktion der χ^2-Verteilung mit s Freiheitsgraden und $\chi^2_{\alpha;\,s} = F_s^{-1}(1-\alpha)$ den α-Sicherheitspunkt bezeichnen. Ist $f(\mathbf{x}, \mathbf{c}) = \mathbf{c}^{\mathsf{T}}\,\boldsymbol{\psi}(\mathbf{x})$, dann gilt

$$M \leqq 2\,\gamma\,U^{1/2} \quad \left(U = \sup_{x \in G}\{[\boldsymbol{\psi}(\mathbf{x})]'\,\Lambda\,\boldsymbol{\psi}(\mathbf{x})\}\right), \tag{33}$$

$$P_T \geqq F_s(T^2[4\,U]^{-1})\,, \tag{34}$$

$$T_p \leqq 2\,U^{1/2}\,\chi_{1-p,\,s}\,. \tag{35}$$

Zum Beweis bemerken wir zunächst, daß die quadratische Form $\mathbf{d}^{\mathsf{T}}\,\Lambda^{-1}\,\mathbf{d}$ nach χ^2_s verteilt ist. (29) und (33) folgen dann mit $g_i = \left.\frac{\partial f}{\partial c_i}\right|_{\tilde{c}}$ (vgl. (14)) aus

$$M \leqq 2\,\mathsf{E}\left\{\sup_{x \in G}|\mathbf{g}^{\mathsf{T}}\,\mathbf{d}|\right\} \leqq 2\,\mathsf{E}\left\{(\mathbf{d}^{\mathsf{T}}\,\Lambda^{-1}\,\mathbf{d})^{1/2}\left(\sup_{x \in G}\mathbf{g}^{\mathsf{T}}\,\Lambda\,\mathbf{g}\right)^{1/2}\right\}$$
$$\leqq 2\,r\,W\,\mathsf{E}\,\{\chi_s\} = 2\,\gamma\,r\,W\,.$$

(31) und (34) folgen aus

$$P^{\mathsf{T}} \geqq \mathsf{P}\left\{2\sup_{x \in G}|\mathbf{g}^{\mathsf{T}}\,\mathbf{d}| \leqq T\right\} \geqq \mathsf{P}\left\{\mathbf{d}^{\mathsf{T}}\,\Lambda^{-1}\,\mathbf{d} \leqq 4^{-1}\,T^2\left(\sup_{x \in G}\mathbf{g}^{\mathsf{T}}\,\Lambda\,\mathbf{g}\right)^{-1}\right\}$$
$$\geqq \mathsf{P}\,\{\mathbf{d}^{\mathsf{T}}\,\Lambda^{-1}\,\mathbf{d} \leqq T^2\,[2\,r\,W]^{-2}\} = F_s(T^2[2\,r\,W]^{-2})\,.$$

(32) und (35) folgen direkt aus (30) und (34) auf Grund der Definition von T_p.

Bemerkung 1. Sind Abschätzungen (22) bekannt und ist (20) erfüllt, dann kann man anstelle von (29) die direkte Abschätzung

$$M \leqq \mathsf{E}\left\{2\sum_i h_i\,|\,d_i|\right\} = 2\sum_i h_i\,(\lambda_{ii}\,2\,\pi^{-1})^{1/2} \leqq 2^{3/2}\,\pi^{-1/2}\,\mathbf{h}^{\mathsf{T}}\,\mathbf{k} \tag{36}$$

verwenden.

Bemerkung 2. Sind die Größen d_i voneinander stochastisch unabhängig und sind Abschätzungen (22) bekannt, dann kann im Satz 2 $r = \max_i |k_i|$ gesetzt werden.

Ist s groß, so können mit Hilfe des Zentralen Grenzwertsatzes möglicherweise bessere Schranken als (31) oder (32) berechnet werden. Es gilt mit (20) und (22)

$$P_T \geqq \mathsf{P}\left\{\sum_i h_i\,|d_i| \leqq 2^{-1}\,T\right\} \approx \Phi\,\{A(\lambda_{11}, \ldots, \lambda_{ss})\}$$

$$\geqq \Phi\{A(k_1^2, \ldots, k_s^2)\} \tag{37}$$

$$\left[A(y_1, \ldots, y_s) = \left([1 - 2\,\pi^{-1}]\sum_i h_i^2\,y_i\right)^{-1/2}\left(2^{-1}\,T - \sum_i h_i\,[2\,\pi^{-1}\,y_i]^{1/2}\right)\right].$$

f) Ist die Momentenmatrix der Verteilung $N(0, \Lambda)$ von $\mathbf{d}$ unbekannt, dann können in einem speziellen Fall Werte $\hat{T}_p$ mit (6) gefunden werden. $\hat{\mathfrak{c}}$ sei der Mittelwert

$$\hat{\mathfrak{c}} = n^{-1}\sum_{k=1}^{n} \mathfrak{z}_{(k)} \tag{38}$$

der Beobachtungen von n zufälligen Vektoren $\mathfrak{z}_{(k)}$. Wir setzen voraus, daß m, n feste natürliche Zahlen mit $n \leqq m$ und $s < m$ sind und $\mathfrak{z}_{(k)}$ $(k = 1, \ldots, m)$ eine Folge stochastisch unabhängiger Vektoren mit Verteilung $N(\mathfrak{c}, \Omega)$ $(k = 1, \ldots, n)$ bzw. $N(\mathfrak{a}, \Omega)$ $(k = n + 1, \ldots, m;\ \mathfrak{a} \in R^s)$ ist. Dann hat die Schätzung $\hat{\mathfrak{c}}$ von $\mathfrak{c}$ die Verteilung $N(\mathfrak{c}, \Lambda)$ mit $\Lambda = n^{-1}\,\Omega$.

Eine von $\hat{\mathfrak{c}}$ stochastisch unabhängige Schätzung $\hat{\Lambda} = m^{-1}\,\mathbf{L}$ von Λ gewinnt man mit

$$\mathbf{L} = \sum_{k=1}^{n} (\mathfrak{z}_{(k)} - \hat{\mathfrak{c}})\,(\mathfrak{z}_{(k)} - \hat{\mathfrak{c}})^{\mathsf{T}} + \sum_{k=n+1}^{m} (\mathfrak{z}_{(k)} - \bar{\mathfrak{z}})\,(\mathfrak{z}_{(k)} - \mathfrak{z})^{\mathsf{T}} \tag{39}$$

$$\left[(m - n)\,\bar{\mathfrak{z}} = \sum_{k=n+1}^{m} \mathfrak{z}_{(k)}\right].$$

$\lambda_{\mathbf{L}}$ sei die größte charakteristische Zahl von $\mathbf{L}$.

Mit den obigen Annahmen gilt:

Satz 3. *Ist* $f(\mathfrak{x}, \mathfrak{c}) = \mathfrak{c}^{\mathsf{T}}\,\boldsymbol{\psi}(\mathfrak{x})$, *dann ist* (6) *für*

$$\hat{T}_p = 2\,[F_{1-p;\,s,\,m-s}\{n(m - s)\}^{-1}\,s\,\sup_{\mathfrak{x} \in G}\{[\boldsymbol{\psi}(\mathfrak{x})]^{\mathsf{T}}\,\mathbf{L}\,\boldsymbol{\psi}(\mathfrak{x})\}]^{1/2} \tag{40}$$

erfüllt. Ist die Voraussetzung (V) *erfüllt, dann gilt* (6) *für*

$$\hat{T}_p = 2\,W\,[F_{1-p;\,s,\,m-s}\,\{n\,(m - s)\}^{-1}\,s\,\lambda_{\mathbf{L}}]^{1/2}\,. \tag{41}$$

Dabei bezeichnet $F_{\alpha;\,s,\,r}$ den α-Sicherheitspunkt[1]) *einer F-Verteilung mit s und r Freiheitsgraden.*

Der Satz folgt aus der Abschätzung

$$\mathsf{P}\,\{\Delta(\hat{\mathfrak{x}}, \mathfrak{c}) \leqq \hat{T}_p\} \geqq \mathsf{P}\left\{\mathfrak{d}^{\mathsf{T}}\,\mathbf{L}^{-1}\,\mathfrak{d} \leqq \hat{T}_p^2\left(4\,\sup_{\mathfrak{x} \in G}\mathfrak{g}'\,\mathbf{L}\,\mathfrak{g}\right)^{-1}\right\}$$

$$\geqq \mathsf{P}\,\{\mathfrak{d}^{\mathsf{T}}\,\mathbf{L}^{-1}\,\mathfrak{d} \leqq \hat{T}_p^2(4\,\lambda_{\mathbf{L}}\,W)^{-1}\}$$

---

[1]) $\mathsf{P}\,\{F_{s,r} > F_{\alpha;\,s,r}\} = \alpha$.

(vgl. den Beweis von Satz 2), da $F = n(m - s) s^{-1} \mathbf{d}^{\mathrm{T}} \mathbf{L}^{-1} \mathbf{d}$, wie man zeigen kann (vgl. [3]), eine F-Verteilung mit s bzw. $m - s$ Freiheitsgraden besitzt.

Auf Grund des Wertes $\hat{T}_p$ kann beurteilt werden, ob $\hat{\mathbf{x}}$ eine gute Entscheidung darstellt oder nicht. Im letzteren Fall würde man weitere Beobachtungen $\mathbf{z}_{(k)}$ benötigen. Da $\hat{T}_p$ zufällig ist, kann nicht ohne weiteres eine geeignete Anzahl dieser zusätzlichen Beobachtungen angegeben werden. Dieses Problem wird in [4] und [5] untersucht.

4. Charakteristiken von $f(\hat{\mathbf{x}}, \mathbf{c})$ und $\zeta(\hat{\mathbf{x}}, \mathbf{c})$

Eine exakte oder näherungsweise Bestimmung von Charakteristiken der zufälligen Größen $f(\hat{\mathbf{x}}, \mathbf{c})$ und $\zeta(\hat{\mathbf{x}}, \mathbf{c})$ kann in Analogie zu den Verfahren in Abschnitt 2 durchgeführt werden, wobei aber die dort erwähnten numerischen Schwierigkeiten auftreten. Ausgehend von den unter der Voraussetzung (V) wegen (14) bzw. (15) gültigen Abschätzungen

$$f(\hat{\mathbf{x}}, \mathbf{c}) \geqq \hat{\Psi} - \sup_{\mathbf{x} \in G} \left| \sum_i \varphi_i(\mathbf{x})\, d_i \right|$$

$$[\hat{\Psi} = f(\hat{\mathbf{x}}, \hat{\mathbf{c}})]\,,$$

$$\zeta(\hat{\mathbf{x}}, \mathbf{c}) \geqq \left[\hat{\Psi} - \sup_{\mathbf{x} \in G} \left| \sum_i \varphi_i(\mathbf{x})\, d_i \right|\right] \left[\hat{\Psi} + \sup_{\mathbf{x} \in G} \left| \sum_i \varphi_i(\mathbf{x})\, d_i \right|\right]^{-1}$$

erhält man mit ähnlichen Schlüssen wie in Abschnitt 3 die folgenden Resultate:

1. Unter den Voraussetzungen von Satz 1 gilt

$$\mathsf{P}\,\{f(\hat{\mathbf{x}}, \mathbf{c}) \geqq \hat{f}_p\} \geqq p \tag{42}$$

für

$$\hat{f}_p = \hat{\Psi} - \sup_{\mathbf{x} \in G} \boldsymbol{\alpha}^{\mathrm{T}} \boldsymbol{\varphi}(x) \tag{43}$$

und

$$\mathsf{P}\,\{\zeta(\hat{\mathbf{x}}, \mathbf{c}) \geqq \hat{\zeta}_p\} \geqq p \tag{44}$$

für

$$\hat{\zeta}_p = \left[\hat{\Psi} - \sup_{\mathbf{x} \in G} \boldsymbol{\alpha}^{\mathrm{T}} \boldsymbol{\varphi}(\mathbf{x})\right] \left[\hat{\Psi} + \sup_{\mathbf{x} \in G} \boldsymbol{\alpha}^{\mathrm{T}} \boldsymbol{\varphi}(\mathbf{x})\right]^{-1}. \tag{45}$$

Ist $\hat{\mathbf{c}}$ nicht zufällig, dann erhält man

$$Q'_p\{f(\hat{\mathbf{x}}, \mathbf{c})\} \geqq \hat{f}_p\,; \qquad Q'_p\{\zeta(\hat{\mathbf{x}}, \mathbf{c})\} \geqq \hat{\zeta}_p \tag{46}$$

$$[Q'_p\{y\} = \sup\,\{A \,|\, \mathsf{P}\,\{y \geqq A\} \geqq p\}]\,.$$

2. Ist $\hat{\mathbf{c}}$ nicht zufällig, dann folgt unter der Voraussetzung (V) aus (16) und (20)

$$\mathsf{E}\,\{f(\hat{\mathbf{x}}, \mathbf{c})\} \geqq \hat{\Psi} - \mathbf{h}^{\mathrm{T}}\, \mathbf{b} \tag{47}$$

bzw. aus (22)

$$\mathsf{E}\,\{f(\hat{\mathbf{x}}, \mathbf{c})\} \geqq \hat{\Psi} - \|\mathbf{k}\|\, W \quad (\text{vgl. } (29))\,. \tag{48}$$

3. Es sei $C = R^s$ und $\mathbf{d}$ nach $N(0, \Lambda)$ verteilt. Dann gilt (38) für

$$\hat{f}_p = \hat{\Psi} - \chi_{1-p;\,s}\, U^{1/2} \tag{49}$$

bei $f(\mathbf{x}, \mathbf{c}) = \mathbf{c}^T \psi(\mathbf{x})$ und für

$$\hat{f}_p = \hat{\Psi} - r\, W\, \chi_{1-p;\, s} \tag{50}$$

unter der Voraussetzung (V), wobei r^2 eine obere Schranke für die größte charakteristische Zahl von Λ ist (vgl. (30), (33)).

Analog gilt (40) für

$$\hat{\zeta}_p = [\hat{\Psi} - \chi_{1-p;\, s}\, U^{1/2}]\, [\hat{\Psi} + \chi_{1-p;\, s}\, U^{1/2}]^{-1} \tag{51}$$

bei $f(\mathbf{x}, \mathbf{c}) = \mathbf{c}^T \boldsymbol{\psi}(\mathbf{x})$ und für

$$\hat{\zeta}_p = [\hat{\Psi} - \chi_{1-p;\, s}\, r\, W]\, [\hat{\Psi} + \chi_{1-p;\, s}\, r\, W]^{-1} \tag{52}$$

unter der Voraussetzung (V).

Ist $\hat{\mathbf{c}}$ nicht zufällig, dann erhält man $Q_p'\{f(\hat{\mathbf{x}}, \mathbf{c})\} \geqq \hat{f}_p$, $Q_p'\{\zeta(\hat{\mathbf{x}}, \mathbf{c})\} \geqq \hat{\zeta}_p$ und

$$\mathsf{E}\{f(\hat{\mathbf{x}}, \mathbf{c})\} \geqq \hat{\Psi} - \gamma\, U^{1/2} \geqq \hat{\Psi} - \gamma\, r\, W\,. \tag{53}$$

Außerdem gilt dann

$$\mathsf{P}\,\{f(\hat{\mathbf{x}}, \mathbf{c}) \geqq A\} \geqq F_s\,([\,\hat{\Psi} - A]^2\, U^{-1}) \geqq F_s\,([\hat{\Psi} - A]^2\, [r\, W]^{-2})\,, \tag{54}$$

$$\mathsf{P}\,\{\zeta(\hat{\mathbf{x}}, \mathbf{c}) \geqq B\} \geqq F_s\,(\hat{\Psi}^2\, [1 - B]^2\, [1 + B]^{-2}\, U^{-1})$$
$$\geqq F_s\,(\hat{\Psi}^2\, [1 - B]^2\, [1 + B]^{-2}\, [r\, W\,]^{-2}) \qquad (B > 0)\,. \tag{55}$$

4. Es sei $C = R^s$ und $\mathbf{d}$ nach $N(0, \Lambda)$ verteilt. Wir verwenden die Bezeichnungen aus Satz 3. Ist $f(\mathbf{x}, \mathbf{c}) = \mathbf{c}^T \psi(\mathbf{x})$, dann gilt (38) für

$$\hat{f}_p = \hat{\Psi} - Z \tag{56}$$

mit

$$Z = [s\, \{n\, (m - s)\}^{-1}\, F_{1-p;\, s,\, m-s} \sup_{\mathbf{x} \in G} \{[\boldsymbol{\psi}(\mathbf{x})]'\, \mathbf{L}\, \boldsymbol{\psi}(\mathbf{x})\}]^{1/2}$$

und (40) für

$$\hat{\zeta}_p = [\hat{\Psi} - Z]\, [\hat{\Psi} + Z]^{-1}\,. \tag{57}$$

Unter der Voraussetzung (V) ist (38) bzw. (40) für (56) bzw. (57) erfüllt, wobei

$$Z = W\, [s\, \{n\, (m - s)\}^{-1}\, F_{1-p;\, s,\, m-s}\, \lambda_{\mathrm{L}}]^{1/2} \tag{58}$$

gesetzt wird.

Literatur

[1] Bracken, J., and R. M. Soland: Statistical decision analysis of stochastic linear programming problems. Naval Res. Logist. Quart. **13**, 205–225 (1966).

[2] Motzkin, T. S., H. Raiffa, G. L. Thomson and R. M. Thrall: The double description method. Contrib. Theory of Games II, Princeton 1953.

[3] Wilks, S. S.: Mathematical Statistics. New York 1962.

[4] Bunke, O.: Einige Hilfsmittel zur Lösung statistischer Probleme bei der linearen und nichtlinearen Optimierung. Monatsber. DAdW Berlin 8, 699–703 (1966).

[5] Bunke, O.: Einige statistische Probleme und Methoden bei der linearen und nichtlinearen Optimierung. Operationsforschung u. Math. Statistik I. Berlin 1968.

[6] Bunke, O.: Über die Genauigkeit der linearen bzw. nichtlinearen Optimierung bei geschätzten Parametern. Vortrag Wiss. Jahrestag. Math. Ges. d. DDR, Februar 1967.

Einige statistische Probleme und Methoden bei der linearen und nichtlinearen Optimierung

Von Olaf Bunke[1])

Nach einer allgemeinen Betrachtung des Problems der Optimierung mit zufälligen Parametern wird die Frage nach der Anzahl statistischer Daten, die für eine vorgegebene Genauigkeit der Annäherung an das unbekannte Optimum bei Verwendung einer geschätzten optimalen Entscheidung ausreicht, behandelt. Dabei werden verschiedene Spezialfälle untersucht: a) pseudolineare Zielfunktion mit normalverteilten Koeffizienten, b) Zielfunktion vom Regressionstyp und c) Probleme mit endlich vielen Entscheidungen.

1. Optimierungsprobleme mit unbekannten oder zufälligen Parametern

Das Problem der linearen oder nichtlinearen Optimierung besteht im einstufigen Fall in der Maximierung einer reellwertigen *Zielfunktion* $y(x)$, welche auf dem *Entscheidungsraum* X definiert ist. X ist meist eine Teilmenge eines euklidischen Raumes, welche durch ein System von Ungleichungen oder Gleichungen festgelegt ist. Die Zielfunktion und der Entscheidungsraum hängen im allgemeinen von Parametern ab, welche beispielsweise technologische oder ökonomische Kennziffern darstellen. In der Praxis kann der Fall eintreten, daß mehrere dieser Parameter zum Zeitpunkt der Wahl oder Berechnung einer optimalen Entscheidung nicht exakt vorgegeben sind. Es sind im allgemeinen Vorstellungen, subjektive Erfahrungen, empirische Daten usw. vorhanden, welche eine Information über die unbekannten Parameter darstellen. Zur mathematischen Formulierung derartiger Informationen bedient man sich des Apparates der Wahrscheinlichkeitsrechnung. Man setzt die unbekannten Parameter als zufällige Variable an, deren Realisierungen die möglichen Werte der Parameter sind. Die Gestalt der Verteilungen wird durch die vorhandenen Informationen bestimmt (vgl. [1]). Formal kann man übrigens jeden unbekannten Parameter als zufällige Variable mit unbekannter Einpunktverteilung auffassen. Diese Überlegungen führen zum Ansatz eines Entscheidungsraumes X_ϑ bzw. einer Zielfunktion $y(x, \vartheta)$, welche von einer zufälligen Variablen ϑ mit Werten in Θ und mit (evtl. unbekannter) Verteilung P abhängt. Hierbei wird eine Familie $\mathcal{P}$ von Verteilungen vorgegeben, in der die Verteilung P, die *wahre Verteilung* genannt wird, liegen soll. Beispielsweise kann die vorhandene Information

---

[1]) IAMM, DAdW, 108 Berlin, Mohrenstr. 39.

2*

über ϑ zur Annahme eines bestimmten Verteilungstypus für P (etwa Normalverteilung) führen, wobei aber über den Erwartungswert nur ausgesagt wird, daß er in einem bestimmten Intervall I liegt. $\mathcal{P}$ wäre dann die Klasse aller Verteilungen des genannten Typus, deren Erwartungswert in I liegt (vgl. [11]). Bei einer derartigen Fragestellung spricht man von einem *Optimierungsproblem unter Unbestimmtheit*. Enthält $\mathcal{P}$ genau ein Element, ist also die Verteilung von ϑ bekannt, dann spricht man von einem *Optimierungsproblem unter Risiko* oder von einem *stochastischen Optimierungsproblem.* Zu einem Optimierungsproblem unter Unbestimmtheit wird man auch geführt, wenn einige Parameter von unkontrollierbaren Faktoren abhängen, wenn sie Störungen „zufälligen Charakters" unterliegen oder wenn sie Werten von Kennziffern, deren zeitliche Entwicklung als Zeitreihe (vgl. [2]) beschrieben wird, entsprechen.

Die Abhängigkeit des Entscheidungsraumes von einem zufälligen Parameter führt zu prinzipiellen Schwierigkeiten, denn die zum Zeitpunkt der Optimierung gewählte Entscheidung x kann für gewisse Realisierungen von ϑ nicht mehr zulässig sein, also nicht in X_ϑ enthalten sein. Um diese Schwierigkeiten zu umgehen, sind bisher im wesentlichen zwei Wege beschritten worden:

a) Es wird nur gefordert, daß x mit einer gewissen Wahrscheinlichkeit in X_ϑ liegt: $\mathsf{P}\{x \in X_\vartheta\} \geqq \gamma$. [1]) Man kann auch solche Mindestwahrscheinlichkeiten getrennt für jede der Ungleichungen oder Gleichungen fordern, die die Menge X_ϑ definieren (vgl. [3], [4], [5]). Im Grenzfall $\gamma = 1$ hat man die Bedingung
$$„x \in X_* = \bigcap_{\vartheta \in \Theta} X_\vartheta\text{"}\ .$$

b) Es werden die ökonomischen oder sonstigen Verluste durch Nichterfüllung von „$x \in X_\vartheta$" durch einen Wert $v(x, \vartheta)$ charakterisiert. In diesem Fall kann man anstelle von y die neue Zielfunktion $z(x, \vartheta) = y(x, \vartheta) - v(x, \vartheta)$ betrachten (vgl. [4], [5]) und auf Nebenbedingungen verzichten.

Falls einige der Ungleichungen, welche die Menge X_ϑ definieren, nur von bekannten Parametern abhängen, können sie bei beiden Methoden in der ursprünglichen Form als Nebenbedingung an x erhalten bleiben.

Im folgenden wollen wir voraussetzen, daß der Entscheidungsraum X nicht von einem unbekannten Parameter abhängt, also fest vorgegeben ist. Anstelle des ursprünglichen deterministischen Kriteriums „y max!" muß nun wegen der Abhängigkeit von ϑ ein der stochastischen Fragestellung angepaßtes Kriterium treten. Hierfür gibt es eine Vielzahl von Möglichkeiten, beispielsweise die Maximierung von:

1. $f(x) = \mathsf{E}\{y(x, \vartheta)\}$ (*Erwartungswert von* y, vgl. [6], [7]),
2. $q(x) = Q'_\pi\{y(x, \vartheta)\}$

   ($Q'_\pi\{y\} = \sup\{A \in R^1 : \mathsf{P}\{y \geqq A\} \geqq \pi\}$ ist ein *Quantil* von y; im Fall $\pi = 2^{-1}$ der *Median* von y),
3. $g(x) = \mathsf{P}\{y(x, \vartheta) \geqq A\}$

[1]) Im folgenden nehmen wir immer an, daß die zur Definition der verwendeten Erwartungswerte und Wahrscheinlichkeiten benötigten Meßbarkeitsvoraussetzungen erfüllt sind.

(vgl. [8]. Hier ist A eine feste Zahl, welche man beispielsweise als „Planziel" auffassen kann. Es soll dann die *Wahrscheinlichkeit* für die „Erfüllung des Planziels" durch Wahl einer geeigneten Entscheidung maximiert werden. Das Kriterium 2 entspricht dann einer „kombinierten Planziel- und Entscheidungsoptimierung", es wird ein möglichst hohes Planziel gesucht, welches auf Grund einer geeigneten ebenfalls gesuchten Entscheidung mindestens mit einer vorgegebenen großen Wahrscheinlichkeit π erfüllt wird.)

Die obigen Kriterien setzen voraus, daß die Verteilung P oder zumindest gewisse Charakteristiken, wie z. B. 1, 2 oder 3, bekannt sind. Wenn dies nicht der Fall ist, kann man beispielsweise spieltheoretische Kriterien heranziehen und die Maximierung der ungünstigsten Werte 1, 2 oder 3 bezüglich den möglichen Verteilungen P aus $\mathcal{P}$, also beispielsweise die Maximierung von $\inf_{P \in \mathcal{P}} \int y(x, \vartheta) \, P(d\vartheta)$ (vgl. [9]) fordern.

Ist P unbekannt, dann wird man im allgemeinen versuchen, mit einer ausreichend großen Anzahl statistischer Daten, also auf Grund der Beobachtung einer *mehrdimensionalen zufälligen Variablen* s mit Realisierungen in S die unbekannten Funktionen $f(x)$, $q(x)$ oder $g(x)$ zu schätzen und durch Maximierung eine geeignete Näherungslösung zu finden. Eine auf S definierte Funktion x_s mit Werten in X nennen wir eine *Entscheidungsfunktion* (vgl. [1], [10]). Wegen des zufälligen Charakters von s und damit der Entscheidung x_s kann im allgemeinen nicht erreicht werden, daß die Erwartungswerte oder Wahrscheinlichkeiten in 1, 2 oder 3 für jede feste Entscheidung x_s in der Nähe des entsprechenden *Optimums* $f_0 = \sup_{x \in X} f(x)$, $q_0 = \sup_{x \in X} q(x)$ oder $g_0 = \sup_{x \in X} g(x)$ liegen. Die Situation entspricht den üblichen Problemen der *Mathematischen Statistik*, und wie dort kann man erwarten, daß die erwähnten (bedingten) Erwartungswerte oder Wahrscheinlichkeiten für festes x_s unter gewissen Bedingungen im Durchschnitt in der Nähe von f_0, q_0 bzw. g_0 liegen werden:

$$\mathsf{E}\{\mathsf{E}(y(x, \vartheta) | x_s)\} = \mathsf{E}\{y(x_s, \vartheta)\} \approx f_0 , \tag{1}$$

$$\mathsf{E}\{\mathsf{P}(y(x_s, \vartheta) \geqq A | x_s)\} = \mathsf{P}\{y(x_s, \vartheta) \geqq A\} \approx g_0 . \tag{2}$$

Wenn wir also von den Kriterien 1 oder 3 ausgehen, werden wir unter Beachtung des statistischen Charakters des oben beschriebenen Problems, welches wir etwa ein *Problem der statistischen Optimierung* nennen können, zur Suche nach einer Entscheidungsfunktion mit (1) oder (2) geführt. Man kann auch die Genauigkeit der Näherung vorgeben und etwa für genügend kleines $\varepsilon > 0$ bzw. für $\eta \in (0, 1)$

$$\mathsf{E}\{y(x_s, \vartheta)\} \geqq f_0 - \varepsilon , \tag{3}$$

$$\mathsf{E}\{y(x_s, \vartheta)\} \geqq \eta f_0 , \tag{4}$$

$$\mathsf{P}\{y(x_s, \vartheta) \geqq A\} \geqq g_0 - \varepsilon , \tag{5}$$

$$\mathsf{P}\{y(x_s, \vartheta) \geqq A\} \geqq \eta g_0 \tag{6}$$

fordern. Es sind darüber hinaus auch andere Kriterien denkbar. Zum Beispiel könnte in Analogie zum *Regret-Prinzip* (vgl. [1]) die Differenz oder das Verhältnis des Wertes der Zielfunktion bei x_s zum unbekannten optimalen Zielfunktionenwert $\sup_{x \in X} y(x, \vartheta) = y_\vartheta$ interessieren (vgl. [12]):

$$\mathsf{E}\{\Delta(x_s, \vartheta)\} \leqq \varepsilon \qquad [\Delta(x, \vartheta) = y_\vartheta - y(x, \vartheta)] \,, \tag{7}$$

$$P_T = \mathsf{P}\{\Delta(x_s, \vartheta) \leqq T\} \geqq \eta \,, \tag{8}$$

$$T_p = Q_p\{\Delta(x_s, \vartheta)\} = \inf \{T: P_T \geqq p\} \leqq \varepsilon \,, \tag{9}$$

$$\mathsf{E}\{\zeta(x_s, \vartheta)\} \geqq \eta \qquad [\zeta(x, \vartheta) = y(x, \vartheta)\, y_\vartheta^{-1}] \,, \tag{10}$$

$$W_Z = \mathsf{P}\{\zeta(x_s, \vartheta) \geqq Z\} \geqq \eta \,, \tag{11}$$

$$Z_p = Q_p\{\zeta(x_s, \vartheta)\} = \inf \{Z: W_Z \geqq p\} \geqq \eta \,. \tag{12}$$

In der Praxis wird möglicherweise nicht die „Güte" von x_s relativ zum Optimum (f_0, y_ϑ usw.) sondern direkt der Wert $y(x_s, \vartheta)$ der Zielfunktion bzw. eine Charakteristik dieses zufälligen Wertes (Erwartungswert usw.) interessieren, und man wird eine Entscheidungsfunktion x_s suchen, bei welcher diese Charakteristik ausreichend groß ist. Es wird also dann beispielsweise ein A bzw. ein $\alpha \in (0, 1)$ vorgegeben und

$$\mathsf{E}\{y(x_s, \vartheta)\} \geqq A \tag{13}$$

oder

$$\mathsf{P}\{y(x_s, \vartheta) \geqq A\} \geqq \alpha \tag{14}$$

gefordert werden. Geht man vom Kriterium 2 aus, so könnte man analog zu 1 und 2

$$\mathsf{E}\{Q'_\pi(y(x_s, \vartheta) | x_s)\} \approx q_0 \tag{15}$$

oder eine 3 bzw. 4 entsprechende Genauigkeitsbedingung fordern. Es könnte auch die Schranke interessieren, welche bei Realisierung von s und von ϑ höchstens mit Wahrscheinlichkeit π unterschritten wird, d. h., es würde

$$Q'_\pi\{y(x_s, \vartheta)\} \approx q_0$$

oder eine entsprechende Genauigkeitsbedingung gefordert werden.

In den folgenden Abschnitten werden wir für bestimmte Klassen von Problemen der statistischen Optimierung Entscheidungsfunktionen konstruieren, welche jeweils eines der Kriterien (3) bis (15) erfüllen. Es ist offensichtlich, daß hiermit die Bestimmung einer hinreichend großen Anzahl statistischer Daten in s zusammenhängt. Es ist intuitiv klar, daß mit einer hinreichend großen Zahl geeigneter statistischer Daten (1) und (2) erreicht werden können (vgl. Satz 1 in Abschnitt 2). Andererseits hängt diese Anzahl von der Gestalt der wahren Verteilung P ab. Dadurch wird man unter Umständen zu zweistufigen Entscheidungsfunktionen (vgl. [13] oder [14]) geführt, bei denen in der ersten Stufe gewisse Charakteristiken der Verteilung P geschätzt werden und die Anzahl der Daten der zweiten Stufe auf Grund dieser Schätzung festgelegt wird.

Eine weitere Stufe kann hinzukommen, wenn zunächst eine Konfidenzschätzung für das Optimum f_0, q_0 oder g_0 durchgeführt wird (vgl. Satz 4). Obwohl zu einer solchen Schätzung eine gewisse Anzahl statistischer Daten verwendet wird, kann die damit gewonnene Information zur Festlegung einer relativ kleinen Anzahl zusätzlich benötigter Daten führen, so daß insgesamt eine Einsparung von Datenmaterial möglich ist. In Abschnitt 2 werden wir einige allgemeine Sätze beweisen, welche später angewendet werden. In Abschnitt 3 betrachten wir ein statistisches Optimierungsproblem mit pseudolinearer Zielfunktion und zufälligen Koeffizienten:

$$\left.\begin{array}{l} y(x, \boldsymbol{\vartheta}) = \sum_{i=1}^{r} \vartheta_i\, g_i(x) = \boldsymbol{\vartheta}^{\mathsf{T}}\, \mathbf{g}(x)\,, \\ g_i(x)\text{: bekannte auf } X \text{ definierte reelle Funktionen,} \\ \boldsymbol{\vartheta}\text{: zufälliger Vektor mit Normalverteilung } N(\mathbf{a}, \Lambda)\,, \\ \mathbf{a}, \Lambda \text{ unbekannt, } \Lambda \text{ reguläre Matrix.} \end{array}\right\} \quad (16)$$

s wird aus unabhängigen Beobachtungen des zufälligen Vektors $\boldsymbol{\vartheta}$ bestehen.

In Abschnitt 4 untersuchen wir ein Problem mit einer linearen Regressionsannahme über die Zielfunktion:

$$\left.\begin{array}{l} y(x, \vartheta) = \mathbf{a}^{\mathsf{T}}\, \mathbf{g}(x) + \vartheta\,, \\ g_i(x)\text{: bekannte auf } X \text{ definierte reelle Funktionen,} \\ \mathbf{a}\text{: unbekannter Vektor aus } R^r\,, \\ \vartheta\text{: zufällige Variable mit Verteilung } N(0, \sigma^2)\,. \end{array}\right\} \quad (17)$$

s wird aus unabhängigen Beobachtungen der Zielfunktion für verschiedene ausgewählte Entscheidungen $x^k \in X$ bestehen.

In Abschnitt 5 werden wir ein Optimierungsproblem mit endlichem Entscheidungsraum X behandeln:

$$\left.\begin{array}{l} X\text{: endliche Menge}\,, \\ y(x, \vartheta)\text{: zufällige Variable mit Verteilung } N\big(f(x), \sigma^2\big)\,, \\ f(x), \sigma^2\text{: unbekannt.} \end{array}\right\} \quad (18)$$

s wird hier aus mehreren unabhängigen Beobachtungen von $y(x, \vartheta)$ für sämtliche x aus X bestehen. Dieses Problem ist unter Verwendung von Kriterien, welche mit (8) zusammenhängen, in mehreren Arbeiten von BECHHOFER, SOBEL u. a. (vgl. [15]) untersucht worden.

In der Literatur findet man weiterhin Arbeiten, welche zu (18) analoge Probleme

$$\left.\begin{array}{l} X \subset R^n\,, \\ y(x, \vartheta) = f(x) + \vartheta\,, \\ f(x)\text{: unbekannt,} \qquad \mathsf{E}\{\vartheta\} = 0 \end{array}\right\} \quad (19)$$

behandeln und zu ihrer Lösung sogenannte *Verfahren der stochastischen Approximation*, also Entscheidungsfunktionen mit beliebig vielen Stufen mit je einer Beobachtung von $y(x, \vartheta)$ vorschlagen (vgl. [16]). Unter gewissen Regularitätsbedingungen an $f(x)$ und ϑ konvergiert der Wert $f(x_m)$ der bei der m-ten Stufe gewählten Entscheidung x_m für wachsende m gegen das Optimum f_0 im Mittel oder mit Wahrscheinlichkeit 1.

Leider sind bisher kaum „*Stopregeln*" angegeben worden, bei welchen eine (etwa durch (7) oder (8)) vorgegebene Genauigkeit erreicht werden kann (vgl. aber [17]). Mit den Verfahren der stochastischen Approximation hängt auch das in der Praxis oft angewendete Verfahren von BOX und WILSON (vgl. [18]) zusammen, dessen Konvergenzeigenschaften aber im wesentlichen nur für deterministische Zielfunktionen bekannt sind.

2. Allgemeine Hilfssätze

Kann auf Grund einer Beobachtung der zufälligen Variablen s eine Schätzung $f(x|s)$ für $f(x) = \mathsf{E}\{y(x, \vartheta)\}$ bestimmt werden, dann nennen wir eine Entscheidungsfunktion x_s mit

$$f(x_s|s) = \max_{x \in X} f(x, s) \tag{20}$$

empirische Entscheidungsfunktion. Hängt $s = s^{(n)}$ von einem Parameter n ab und ist $f^{(n)}(x|s)$ für jedes $n = 1, 2, \ldots$ eine reelle Funktion auf $X \times S^{(n)}$ [$S^{(n)}$ Wertebereich von $s^{(n)}$], dann nennen wir $f^{(n)}$ eine *konsistente Schätzung* für f, falls

$$p - \lim_{n \to \infty} \left\{\sup_{x \in X} \left|f(x) - f^{(n)}(x|s^{(n)})\right|\right\} = 0 \tag{21}$$

gilt.¹)

Zu jedem n und jedem $s \in S^{(n)}$ existiere ein $x_s^{(n)}$ mit

$$f^{(n)}(x_s^{(n)}, s) = \max_{x \in X} f^{(n)}(x|s)\,.$$

Satz 1. *Ist $X \subset R^h$, ist $f(x)$ eine stetige reelle Funktion auf der kompakten Hülle X^K von X* ²) *und ist $f^{(n)}$ eine konsistente Schätzung für f, dann gilt für die empirische Entscheidungsfunktion $x_s^{(n)}$*

$$\lim_{n \to \infty} \mathsf{E}\{y(x_s^{(n)}, \vartheta)\} = f_0\,. \tag{22}$$

Zum Beweis betrachten wir eine beliebige Teilfolge

$$\{n_i : i = 1, 2, \ldots\} \qquad \text{von} \qquad \{n : n = 1, 2, \ldots\}$$

und zeigen, daß es eine Teilfolge $\{n_{i_j} : j = 1, 2, \ldots\}$ gibt, für welche

$$\mathsf{P}\left\{\lim_{j \to \infty} f\left(x_{s^{(n_{i_j})}}^{(n_{i_j})}\right) = f_0\right\} = 1 \tag{23}$$

gilt. Wegen der Beschränktheit von $f(x)$ folgt (22) aus der somit bewiesenen Konvergenz

$$p - \lim_{n \to \infty} \mathsf{E}\left\{y\left(x_{s^{(n)}}^{(n)}, \vartheta\right) \middle| s^{(n)}\right\} = p - \lim_{n \to \infty} f\left(x_{s^{(n)}}^{(n)}\right) = f_0\,.$$

Wir bemerken zunächst, daß es wegen der Konsistenz von $f^{(n)}$ eine Teilfolge $\{\nu_j = n_{i_j} : j = 1, 2, \ldots\}$ gibt, für welche

$$\lim_{j \to \infty} \sup_{x \in X} \left|f(x) - f^{(\nu_j)}(x| s^{(\nu_j)})\right| = 0 \tag{24}$$

mit Wahrscheinlichkeit 1 gilt. Ist $\{s^{(\nu_j)} \in S^{(\nu_j)} : j = 1, 2, \ldots\}$ eine Folge mit (24), dann gilt

$$\lim_{j \to \infty} f(x^j) = f_0 \qquad \left[x^j = x_{s^{(\nu_j)}}^{(\nu_j)}\right]. \tag{25}$$

Wäre (25) nicht richtig, dann gäbe es ein $\varepsilon > 0$, ein $x^* \in X$ und eine Teilfolge $\{j_k : k = 1, 2, \ldots\}$ von $\{j : j = 1, 2, \ldots\}$ mit

$$\lim_{k \to \infty} x^{j_k} = x^*; \qquad |f(x^{j_k}) - f_0| > \varepsilon \qquad (k = 1, 2, \ldots)\,. \tag{26}$$

¹) Konvergenz in Wahrscheinlichkeit.

²) X^K kompakte Hülle im erweiterten euklidischen Raum $\overline{R}^h = R^h \cup \{\infty\}$.

Andererseits gibt es wegen der Stetigkeit von $f(x)$ ein $x_0 \in X^K$ mit

$$f_0 = f(x_0) = \lim_{k\to\infty} f^{(\nu_{j_k})}(x^0 | s^{(\nu_{j_k})}) \leqq \lim_{k\to\infty} f^{(\nu_{j_k})}(x^{j_k} | s^{(\nu_{j_k})}) = \lim_{k\to\infty} f(x^{j_k}) = f(x^*) = f_0 ,$$

im Widerspruch zu (26). Aus (24) folgt also (25), d. h., es gilt (23), q. e. d.

Die für eine durch (3) bzw. (4) vorgegebene Genauigkeit benötigte Größe von n kann auf Grund der nachfolgenden Ergebnisse berechnet werden. Wir betrachten jetzt wieder eine feste zufällige Variable s (eine Abhängigkeit von einem Parameter n wird jetzt nicht besonders hervorgehoben) und setzen voraus, daß $s = (s_1, s_2)$ aus zwei Komponenten besteht.

Satz 2. *Es gelte*

$$-\infty < c \leqq \inf_{x \in X} f(x) \leqq f_0 - \varepsilon < f_0 \leqq k < +\infty . \tag{27}$$

Weiter gelten die Voraussetzungen:

a) $\varphi(s_1)$ *ist eine obere Konfidenzgrenze für* f_0 *mit einem Konfidenzkoeffizienten* $\mathfrak{R} \geqq \beta$,

$$\beta = (k - c - \varepsilon + q)^{-1} (k - c - \varepsilon) \qquad [q \geqq 0] . \tag{28}$$

b) *Es ist* $b(\varphi)$ *eine Funktion mit positiven Werten und* $w(s)$ *eine Funktion mit* $w(s) \leqq f_0 - c$. *Die Entscheidungsfunktion* x_s *genügt für* $\varphi \geqq f_0$ *den Bedingungen*

$$\mathsf{P}\,\{f_0 - f(x_s) \leqq w | \varphi(s_1) = \varphi;\ w(s) = w\} \geqq \pi(\varphi) , \tag{29}$$

$$\pi(\varphi) = [\varphi - c - \varepsilon + q + b(\varphi)]^{-1} (\varphi - c - \varepsilon + q) , \tag{30}$$

$$\mathsf{E}\,\{w(s) | \varphi(s_1) = \varphi\} \leqq \varepsilon - q - b(\varphi) . \tag{31}$$

Dann ist (3) *erfüllt.*

Die Behauptung des Satzes folgt aus den Abschätzungen

$$\begin{aligned} \mathsf{E}\{y(x_s, \vartheta)\} &= \mathsf{E}\{\mathsf{E}\,\{f(x_s) | \varphi\}\} \\ &\geqq c + \int_{\varphi \geqq f_0} \mathsf{E}\,\{f(x_s) - c | \varphi\}\, P(d\varphi) , \end{aligned}$$

$$\begin{aligned} \mathsf{E}\,\{f(x_s) - c | \varphi\} &= \mathsf{E}\,\{\mathsf{E}\,\{f(x_c) - c | \varphi, w\} | \varphi\} \\ &\geqq \pi(\varphi)\, \mathsf{E}\,\{f_0 - c - w(s) | \varphi\} \\ &\geqq \pi(f_0)\, [f_0 - c - \varepsilon + q + b(\varphi)] \qquad (\varphi \geqq f_0) , \\ \mathsf{E}\,\{y(x_s, \vartheta)\} &\geqq c + \beta\, (f_0 - c - \varepsilon + q) \geqq f_0 - \varepsilon . \end{aligned}$$

Satz 3. *Es gelte* $f(x) \geqq 0$ $(x \in X)$ *und*

$$0 < d < c\,(1 - \eta) < c < f_0 \tag{32}$$

$$[bzw. \quad A + d < c < f_0] . \tag{33}$$

a) *Es ist* $\gamma \in (c\,\eta\,[c - d]^{-1}, 1)$ [*bzw.* $\gamma \in (A\,[c - d]^{-1}, 1)$] *und* $\varphi(s_1)$ *eine untere Konfidenzgrenze für* f_0 *mit* $\varphi(s_1) \geqq c$ *und mit dem Konfidenzkoeffizienten* γ.

b) *Es ist* $w(s)$ *eine Funktion mit* $w(s) \leqq f_0$. *Die Entscheidungsfunktion* x_s *genügt für* $\varphi \leqq f_0$ *den Bedingungen*

$$\mathsf{P}\,\{f_0 - f(x_s) \leqq w | \varphi(s_1) = \varphi;\ w(s) = w\} \geqq \varrho(\varphi) , \tag{34}$$

$$\varrho(\varphi) = \varphi\,\eta\,\gamma^{-1} (\varphi - d)^{-1} \tag{35}$$

$$[bzw. \quad \varrho(\varphi) = A\,\gamma^{-1} (\varphi - d)^{-1}] , \tag{36}$$

$$\mathsf{E}\,\{w(s) | \varphi(s_1) = \varphi\} \leqq d . \tag{37}$$

Dann ist (4) *bzw.* (13) *erfüllt.*

Der Satz folgt aus

$$\begin{aligned} \mathsf{E}\,\{y(x_s, \vartheta)\} &\geqq \int_{\varphi \leqq f_0} \mathsf{E}\,\{\mathsf{E}\,\{f(x_s)|\varphi, w\}|\varphi\}\, P(d\varphi) \\ &\geqq \int_{\varphi \leqq f_0} \varrho(\varphi)\, \mathsf{E}\,\{f_0 - w(s)|\varphi\}\, P(d\varphi) \geqq \gamma\, \varrho(f_0)\,(f_0 - d) \\ &\geqq \eta\, f_0 \qquad [\text{bzw.} \geqq A \text{ bei } (36)]\,. \end{aligned}$$

Bemerkung. Zur Anwendung der obigen Hilfssätze bei empirischen Entscheidungsfunktionen x_s, die auf Grund einer Schätzung $f(x|s)$ von $f(x)$ gebildet werden, bemerken wir, daß man die Erfüllung von Bedingung b) beim Satz 2 (und analog beim Satz 3) durch eine Schätzung $f(x|s)$ erreichen kann, welche von s_1 nur mittelbar durch $\varphi(s_1)$ abhängt und für die für jedes feste φ um $f(x|s)$ ein Konfidenzband für $f(x)$ mit vorgegebener Breite $2^{-1}\, w_\varphi = 2^{-1}\,[\varepsilon - q - b(\varphi)]$ und Konfidenzkoeffizienten $\Re \geqq \pi(\varphi)$,

$$\Re = \mathsf{P}\left\{\sup_{x \in X} |f(x) - f(x|s)| \leqq 2^{-1}\, w_\varphi|\varphi\right\} \geqq \pi(\varphi)\,,$$

gebildet wird. Es gilt dann (29) bei $w(s) = w_{\varphi(s)}$:

$$\mathsf{P}\,\{f_0 - f(x_s) \leqq w(s)|\varphi\} \geqq \mathsf{P}\left\{\sup_{x \in X} |f(x) - f(x|s)| \leqq 2^{-1}\, w_\varphi|\varphi\right\} \geqq \pi(\varphi)\,.$$

3. Ein Problem mit pseudolinearer Zielfunktion und normalverteilten Koeffizienten

Wir untersuchen in diesem Abschnitt das Problem (16). Dabei sei vorausgesetzt, daß es zu jedem $\mathbf{a} \in R^r$ mindestens ein $x_\mathbf{a}$ mit $\mathbf{a}^\mathsf{T}\, g(x_\mathbf{a}) = \max_{x \in X} \mathbf{a}^\mathsf{T}\, \mathrm{g}(x)$ gibt. Zunächst müssen s_1, s_2 und eine entsprechende Schätzung von $f(x) = \mathbf{a}^\mathsf{T}\, \mathrm{g}(x)$ gewählt werden. Wir setzen mit $n_1 > r$

$$s_1 = (\boldsymbol{\vartheta}^1, \ldots, \boldsymbol{\vartheta}^{n_1})\,, \qquad s_2 = (\boldsymbol{\vartheta}^{n_1+1}, \boldsymbol{\vartheta}^{n_1+2}, \ldots)\,, \tag{38}$$

wobei die zufälligen Vektoren $\boldsymbol{\vartheta}^k$ voneinander stochastisch unabhängig sind und die Verteilung $N(\mathbf{a}, \Lambda)$ besitzen. Bei festem $m > r$ sind durch

$$\left.\begin{aligned} \mathbf{a}^0(s) &= n_1^{-1} \sum_{k=1}^{n_1} \boldsymbol{\vartheta}^k\,, \\ \mathbf{a}^l(s) &= l^{-1} \sum_{k=n_1+1}^{n_1+l} \boldsymbol{\vartheta}^k \qquad (l = 1, 2, \ldots)\,, \\ L_0(s) &= n_1^{-1} \sum_{k=1}^{n_1} \left(\boldsymbol{\vartheta}^k - \mathbf{a}^0(s)\right)\left(\boldsymbol{\vartheta}^k - \mathbf{a}^0(s)\right)^\mathsf{T}\,, \\ L_1(s) &= m^{-1} \sum_{k=n_1+1}^{n_1+m} \left(\boldsymbol{\vartheta}^k - \mathbf{a}^m(s)\right)\left(\boldsymbol{\vartheta}^k - \mathbf{a}^m(s)\right)^\mathsf{T} \end{aligned}\right\} \tag{39}$$

Schätzungen von $\mathbf{a}$ bzw. Λ definiert. Sind die $g_i(x)$ reelle stetige Funktionen auf X^K ($X \subset R^h$), dann ist

$$f^{(n_1)}(x|s_1) = [\mathbf{a}^0(s)]^\mathsf{T}\, \mathrm{g}(x) \tag{40}$$

(für $n_1 \to \infty$) eine konsistente Schätzung von $f(x)$, so daß nach Satz 1 eine entsprechende empirische Entscheidungsfunktion $x_{s_1}^{(n_1)}$ die Eigenschaft

$$\lim_{n_1 \to \infty} \mathsf{E}\{y(x_{s_1}^{(n_1)}, \vartheta)\} = f_0 \tag{41}$$

besitzt.

Im folgenden bezeichne $F_{\alpha;\, r,\, s}$ den α-Sicherheitspunkt bei der F-Verteilung mit r und s Freiheitsgraden ($\mathsf{P}\,\{F_{r,\,s} > F_{\alpha;\, r,\, s}\} = \alpha$). Eine Lösung des durch Kriterium (3) gegebenen Problems bietet der folgende Satz:

Satz 4. *Es sei* (27) *und* $\|\mathbf{g}(x)\| < H < \infty$ $(x \in X)$ *erfüllt.*[1] *Weiterhin sei* $q \in [0, \varepsilon)$ *und* $b(\varphi)$ *eine reelle Funktion mit Werten aus* $(0, \varepsilon - q)$. *Ist* x_s *eine empirische Entscheidungsfunktion zu*

$$f(x|s) = [\mathbf{a}^{n(s)}(s)]^{\mathsf{T}}\, \mathbf{g}(x)\,, \tag{42}$$

wobei $n(s)$ *die kleinste ganze Zahl größer oder gleich*

$$4\, m\, r\, (m - r)^{-1}\, [\varepsilon - q - b(\varphi[s])]^{-2}\, \lambda_1\, F_{1-\pi(\varphi[s]);\, r,\, m-r} \tag{43}$$

$$\left[\lambda_i = \sup_{x \in X} \{[\mathbf{g}(x)]^{\mathsf{T}}\, \mathbf{L}_i\, \mathbf{g}(x)\}\right]$$

ist, $\varphi[s]$ *durch*

$$\varphi[s] = \min\left\{k, \max_{x \in X} f^{(n_1)}(x|s_1) + [r\,(n_1 - r)^{-1}\, \lambda_0\, F_{1-\beta;\, r,\, n_1-r}]^{1/2}\right\}, \tag{44}$$

$\pi(\varphi)$ *durch* (30) *und* β *durch* (28) *gegeben sind, dann ist* (3) *erfüllt.*

Der Beweis des Satzes stützt sich auf die Bemerkung in Abschnitt 2. Wegen

$$\sup_{x \in X} |f(x) - f^{(n_1)}(x|s_1)| \leqq [\lambda_0\, (\mathbf{a} - \mathbf{a}^0)^{\mathsf{T}}\, L_0^{-1}\, (\mathbf{a} - \mathbf{a}^0)]^{1/2}$$

und damit

$$\Re = \mathsf{P}\,\{f_0 \leqq \varphi[s]\} \geqq \mathsf{P}\,\{(\mathbf{a} - \mathbf{a}^0)^{\mathsf{T}}\, \mathbf{L}_0^{-1}\, (\mathbf{a} - \mathbf{a}^0) \leqq r\,(n_1 - r)^{-1}\, F_{1-\beta;\, r,\, n_1-r}\} \tag{45}$$

ist $\varphi[s]$ eine obere Konfidenzgrenze für f_0 mit Konfidenzkoeffizient $\Re \geqq \beta$; denn es ist die letzte Wahrscheinlichkeit in (45) bekanntlich gleich β (vgl. [19]).

Nun ist, wie man leicht nachprüft,

$$\mathbf{u}(s) = [n(s)]^{1/2}\, [\mathbf{a} - \mathbf{a}^{n(s)}(s)]$$

nach $N(0, \Lambda)$ verteilt und von $\varphi[s]$ und $L_0(s)$ stochastisch unabhängig, so daß

$$Q(s) = (r\, m)^{-1}\, (m - r)\, \mathbf{u}^{\mathsf{T}}\, \mathbf{L}_0^{-1}\, \mathbf{u}$$

eine F-Verteilung mit r und $m - r$ Freiheitsgraden hat und von $\varphi[s]$ stochastisch unabhängig ist (vgl. [19]). Da $f(x|s)$ nicht von s_1 abhängt, folgt die Behauptung des Satzes aus den Abschätzungen

$$\begin{aligned}
&\mathsf{P}\left\{\sup_{x \in X} |f(x) - f(x|s)| \leqq 2^{-1}\, w_\varphi | \varphi\right\} \\
&\geqq \mathsf{P}\{\lambda_1\, (\mathbf{a} - \mathbf{a}^n)^{\mathsf{T}}\, \mathbf{L}_1^{-1}\, (\mathbf{a} - \mathbf{a}^n) \leqq 4^{-1}\, w_\varphi^2 | \varphi\} \\
&= \mathsf{P}\,\{Q(s) \leqq 4^{-1}\, w_\varphi^2 (m\, r)^{-1}\, (m - r)\, \lambda_1^{-1}\, n(s) | \varphi\}, \\
&\geqq \mathsf{P}\,\{Q(s) \leqq F_{1-\pi(\varphi);\, r,\, m-r} | \varphi\} = \pi(\varphi)\,.
\end{aligned}$$

Mit Hilfe von Satz 3 können wir analog zu Satz 4 auch den folgenden Satz beweisen:

Satz 5. *Es gelte* (32) *und* $\|\mathbf{g}(x)\| < H < \infty$ $(x \in X)$. *Weiterhin sei* $\gamma \in$

[1]) Es ist $\|\mathbf{z}\|^2 = \sum_i z_i^2$.

$\in (c\,\eta\,[c - d]^{-1}, 1)$. *Ist* x_s *eine empirische Entscheidungsfunktion zu* (42), *wobei* $n(s)$ *die kleinste ganze Zahl größer oder gleich*

$$4\,r\,m\,(m - r)^{-1}\,\lambda_1\,d^{-2}\,F_{1-\varrho(\varphi[s]);\,r,\,m-r} \tag{46}$$

ist, $\varphi[s]$ *durch*

$$\max\left\{d, \max_{x \in X} f^{(n_1)}(x|s_1) - [r\,(n_1 - r)^{-1}\,\lambda_0\,F_{1-\gamma;\,r,\,m-r}]^{1/2}\right\} \tag{47}$$

und $\varrho(\varphi)$ *durch* (35) [*bzw.* (36)] *gegeben sind, dann ist* (4) [*bzw.* (13)] *erfüllt.*

Wir interessieren uns nun für die Kriterien (5), (6) und (15). Führen wir eine neue Zielfunktion durch

$$y^*(x, \vartheta) = \begin{cases} 0 & \text{für} \quad y(x, \vartheta) < A\,, \\ 1 & \text{für} \quad y(x, \vartheta) \geqq A \end{cases} \tag{48}$$

ein, dann ist $f^*(x) = \mathsf{E}\,\{y^*(x, \vartheta)\} = \mathsf{P}\,\{y(x, \vartheta) \geqq A\}$. Wir könnten eine Lösung mit Hilfe der Sätze in Abschnitt 2 suchen. Mit den schon eingeführten Bezeichnungen ist wegen der bekannten Konsistenz der Schätzungen $\mathbf{a}^0$ und $\mathbf{L}^0$

$$f^{*(n_1)}(x|s_1) = \Phi\{([\mathbf{g}(x)]^\mathsf{T}\,\mathbf{L}_0\,\mathbf{g}(x))^{1/2}\,(\mathbf{a}^{0\,\mathsf{T}}\,\mathbf{g}(x) - A)\} \tag{49}$$

eine konsistente Schätzung für $f^*(x)$ (vgl. 2.), falls die $g_i(x)$ reelle, stetige und nicht gleichzeitig verschwindende Funktionen auf X^K ($X \subset R^h$) sind. Existiert für jedes $n_1 = 1, 2, \ldots$ eine entsprechende empirische Entscheidungsfunktion $x_{s_1}^{(n_1)}$, dann gilt

$$\lim_{n_1 \to \infty} \mathsf{P}\,\{y(x_{s_1}^{(n_1)}, \vartheta) \geqq A\} = g_0\,. \tag{50}$$

Um eine vorgegebene Genauigkeit der Näherung mit Hilfe unserer Sätze zu erreichen, müßte eine Konfidenzgrenze $\varphi(s_1)$ für g_0 bzw. eine Konfidenzband für $f^*(x)$ konstruiert werden. Leider konnte dieses Problem vom Verfasser bisher noch nicht gelöst werden.

4. Ein Problem mit Regressionsannahmen über die Zielfunktion

Wir betrachten das durch Annahme (10) gegebene Problem. Dabei sei vorausgesetzt, daß es zu jedem $\mathbf{a} \in R^r$ ein $x_\mathbf{a}$ mit $\mathbf{a}^\mathsf{T}\,\mathbf{g}(x_\mathbf{a}) = \max_{x \in X} \mathbf{a}^\mathsf{T}\,\mathbf{g}(x)$ gibt. Wir werden eine Lösung ähnlich wie in Abschnitt 3 unter Verwendung der bekannten *Kleinst-Quadrat-Schätzungen* und Konfidenzellipsoide für Regressionskoeffizienten a_i finden.

Es seien n_1, m feste natürliche Zahlen, die größer als r sind. x^k ($k = 1, 2, \ldots$) seien feste Elemente aus X. y^k ($k = 1, 2, \ldots$) sei eine Folge voneinander stochastisch unabhängiger Variabler, wobei y^k die Verteilung $N(\mathbf{a}^\mathsf{T}\,\mathbf{g}(x^k), \sigma^2)$ hat. Mit den Bezeichnungen

$$\left.\begin{array}{ll} & \mathbf{G}_\alpha = (g(x^1), \ldots, g(x^{n_1}))\,, \\ & \mathbf{V}_\alpha = \mathbf{G}_\alpha\,\mathbf{G}_\alpha^\mathsf{T}\,, \\ & \mathbf{y}^\alpha = (y^1, \ldots, y^{n_1})\,, \\ \mathbf{G}_0 = (\mathbf{g}(x^{n_1+1}), \ldots, \mathbf{g}(x^{n_1+m}))\,, & \mathbf{G}_l = (\mathbf{g}(x^{n_1+m+1}), \ldots, \mathbf{g}(x^{n_1+m+l}))\,, \\ \mathbf{V}_0 = \mathbf{G}_0\,\mathbf{G}_0^\mathsf{T}\,, & \mathbf{V}_l = \mathbf{G}_l\,\mathbf{G}_l^\mathsf{T}\,, \\ \mathbf{y}^0 = (y^{n_1+1}, \ldots, y^{n_1+m})\,, & \mathbf{y}^l = (y^{n_1+m+1}, \ldots, y^{n_1+m+l}) \end{array}\right\} \tag{51}$$

sind

$$\mathbf{a}^\alpha = \mathbf{V}_\alpha^{-1}\,\mathbf{G}_\alpha\,\mathbf{y}^\alpha\,,\qquad \mathbf{a}^0 = \mathbf{V}_0^{-1}\,\mathbf{G}_0\,\mathbf{y}^0\,,\qquad \mathbf{a}^l = \mathbf{V}_l^{-1}\,\mathbf{G}_l\,\mathbf{y}^l \tag{52a}$$

Kleinst-Quadrat-Schätzungen für **a**. Hierbei und im folgenden wird vorausgesetzt, daß die Matrizen $\mathbf{V}_l$ ($l = \alpha, 0, 1, 2, \ldots$) regulär sind. Ist die *Versuchsplanung*, d. h. die Folge x^k ($k = 1, 2, \ldots$), derart eingerichtet, daß $n_1^{-1}\,\mathbf{V}_\alpha$ für $n_1 \to \infty$ gegen eine reguläre Matrix konvergiert, dann ist die Schätzung $\mathbf{a}^\alpha$ konsistent (vgl. [20]). Deshalb ist dann

$$f^{(n_1)}(x\,|\,s_1) = [\mathbf{a}^0(s)]^\mathsf{T}\,\mathbf{g}(x)$$

eine konsistente Schätzung für $f(x)$, falls weiterhin die $g_i(x)$ reelle stetige Funktionen auf X^K ($X \subset R^h$) sind. Eine entsprechende empirische Entscheidungsfunktion $x_{s_1}^{(n_1)}$ hat nach Satz 1 die Eigenschaft (41).

Im folgenden verwenden wir die Bezeichnungen

$$\left.\begin{aligned} z_l(s) &= \|y^l - \mathbf{G}_l^\mathsf{T}\,\mathbf{a}^l\|^2\,,\\ v_l &= \operatorname{Spur}\mathbf{V}_l^{-1}\,,\\ \gamma_l &= (1 + v_0\,v_l^{-1})^{-1}\,,\\ \mathbf{W}_l &= \gamma_l^2\,\mathbf{V}_0^{-1} + (1-\gamma_l)^2\,\mathbf{V}_l^{-1} \qquad (l \geqq 0),\ \mathbf{W}_\alpha = \mathbf{V}_\alpha^{-1}\,,\\ \varphi_l &= \sup_{x\in X}\,\{[\mathbf{g}(x)]^\mathsf{T}\,\mathbf{W}_l\,\mathbf{g}(x)\}\,. \end{aligned}\right\} \tag{52b}$$

Es gilt:

Satz 6. *Es sei* (27) *und* $\|\mathbf{g}(x)\| < H < \infty$ ($x \in X$) *erfüllt. Weiterhin sei* $q \in [0, \varepsilon)$ *und* $b(\varphi)$ *eine reelle Funktion mit Werten aus* $(0, \varepsilon - q)$. *Ist* x_s *eine empirische Entscheidungsfunktion zu*

$$f(x\,|\,s) = [\hat{\mathbf{a}}^{n(s)}]^\mathsf{T}\,\mathbf{g}(x) \tag{53}$$

$$[\hat{\mathbf{a}}^n = \gamma_n\,\mathbf{a}^0 + (1-\gamma_n)\,\mathbf{a}^n]\,,$$

wobei $n(s)$ *die kleinste ganze Zahl* l *mit*

$$\varphi_l \leqq (m - r)\,[\varepsilon - q - b(\varphi)]^2\,\left(4\,r\,z_0(s)\,F_{1-\pi(\varphi[s]);\,r,\,m-r}\right)^{-1} \tag{54}$$

ist, $\varphi[s]$ *durch*

$$\varphi[s] = \min\left\{k,\ \max_{x\in X} f^{(n_1)}(x\,|\,s) + [r\,(n_1 - s)^{-1}\,\varphi_\alpha\,z_\alpha(s)\,F_{1-\beta;\,r,\,n_1-r}]^{1/2}\right\}, \tag{55}$$

$\pi(\varphi)$ *durch* (30) *und* β *durch* (28) *gegeben sind, dann ist* (3) *erfüllt.*

Der Beweis des Satzes kann analog wie beim Satz 4 geführt werden. Anstelle der quadratischen Form $Q(s)$ tritt dabei

$$\tilde{Q}(s) = (m - r)\,r^{-1}\,z_0^{-1}(s)\,(\mathbf{a} - \hat{\mathbf{a}}^{n(s)})^\mathsf{T}\,\mathbf{W}_{n(s)}^{-1}\,(\mathbf{a} - \hat{\mathbf{a}}^{n(s)})\,,$$

die wegen der stochastischen Unabhängigkeit von $\hat{\mathbf{a}}^{n(s)}$ und $z_0(s)$ eine F-Verteilung besitzt (vgl. [19]).

Bemerkung. Man kann leicht nachprüfen, daß die folgende Gleichung gilt:

$$Q_\pi'\{y(x, \vartheta)\} = \mathbf{a}^\mathsf{T}\,\mathbf{g}(x) - \sigma\,u_\pi$$

$$[\Phi(u_\pi) = \pi]\,. \tag{56}$$

Hiermit erhält man aus (41)

$$\lim_{n_1\to\infty} \mathsf{E}\,\{Q_\pi'\{y(x_{s_1}^{(n_1)}, \vartheta)\,|\,x_{s_1}^{(n_1)}\}\} = f_0 - \sigma\,u_\pi = q_0\,, \tag{57}$$

d. h., die Entscheidungsfunktion $x_{s_1}^{(n_1)}$ erfüllt die Forderung (15) für genügend großes n_1. Eine vorgegebene Genauigkeit kann mit der Entscheidungsfunktion x_s aus Satz 6 erreicht werden; denn es gilt unter den Voraussetzungen von Satz 4

$$\mathsf{E}\,\{Q_\pi'\{y(x_s, \vartheta)|x_s\}\} = \mathsf{E}\,\{y(x_s, \vartheta)\} - \sigma\, u_\pi \geqq f_0 - \varepsilon - \sigma\, u_\pi = q_0 - \varepsilon\,. \quad (58)$$

Analog zum Satz 5 können durch Anwendung des Satzes 3 auf das Problem (10) Bedingungen für (4) oder (13) angegeben werden. Bedingungen für (50) können wir in Abschnitt 3 erhalten werden, aber wie dort sind uns keine Bedingungen für (5), (6) oder (14) bekannt. Während wir obere bzw. untere Konfidenzgrenzen für g_0 angeben können, haben wir noch kein Konfidenzband für $f^*(x)$ gefunden.

5. Ein Problem mit unbekannter Gestalt der Zielfunktion und endlich vielen Entscheidungen

Wir untersuchen das durch (18) gegebene Problem, wobei wir voraussetzen, daß X genau r Elemente enthält. Wir werden eine Lösung mit Hilfe der Sätze in Abschnitt 2 bzw. der Resultate von BECHHOFER und SOBEL [23] finden.

Es sei $\{y_x^k : x \in X;\ k = 1, 2, \ldots\}$ eine Folge stochastisch unabhängiger zufälliger Variablen, wobei y_x^k die Verteilung $N(f(x), \sigma^2)$ besitzt. n_1 und m seien feste natürliche Zahlen, welche größer als 1 sind. Wir setzen

$$s_1 = \{y_x^k : x \in X,\ k = 1, \ldots, n_1\},\ s_2 = \{y_x^k : x \in X;\ k = n_1 + 1, n_1 + 2, \ldots\} \quad (59)$$

und bilden

$$\left.\begin{aligned} \bar y_x(l, n) &= (n-l)^{-1} \sum_{k=l}^{n} y_x^k\,, \\ S_x^2(l, n) &= (n-l)^{-1} \sum_{k=l}^{n} [y_x^k - \bar y_x(l, n)]^2\,, \\ S^2(l, n) &= r^{-1} \sum_{x \in X} S_x^2(l, n)\,. \end{aligned}\right\} \quad (60)$$

Durch $f^{(n_1)}(x|s_1) = \bar y_x(1, n_1)$ ist eine konsistente Schätzung von $f(x)$ gegeben. Nach Satz 1 hat eine entsprechende empirische Entscheidungsfunktion $x_{s_1}^{(n_1)}$ die Eigenschaft (41).

Im folgenden bezeichne $h_m(p)$ einen Sicherheitspunkt bei der in [21] und [23] betrachteten mehrdimensionalen Verallgemeinerung der t-Verteilung, der durch

$$\int_{-\infty}^{h_m(p)} \cdots \int_{-\infty}^{h_m(p)} \Gamma(2^{-1}(m-r-1))\, r^{-\frac{1}{2}}\, [2^{-1}\pi\,[m-1]\,r)^{\frac{r-1}{2}}\, [\Gamma(2^{-1}n)]^{-1}$$
$$\times \left\{1 + (m-r)\, r \sum_{i=1}^{r-1} \sum_{j=1}^{r-1} b_{ij}\, t_i\, t_j\right\}^{-\frac{(m\,r-1)}{2}} dt_1 \cdots dt_{r-1} = p$$
$$\left[b_{ij} = \begin{cases} 2\,r^{-1}\,(r-1) & \text{für} \quad i = j\,, \\ -\,2\,r^{-1} & \text{für} \quad i \neq j \end{cases}\right]$$

definiert ist. Für $r = 3$ findet man in [21] Tabellen von $h_m(p)$. $t_{\alpha;n}$ sei der (z. B. in [22] tabellierte) α-Sicherheitspunkt bei der t-Verteilung mit n Freiheitsgraden: $P\,\{|t| \geqq t_{\alpha;n}\} = \alpha$. Für $r = 2$ ist $h_m(p) = t_{2(1-p);\,R(m-1)}$.

Satz 7. *Gilt* (27), *ist* $q \in [0, \varepsilon)$, $b(\varphi)$ *eine reelle Funktion mit Werten aus* $(0, \varepsilon - q)$ *und ist* x_s *eine empirische Entscheidungsfunktion zu*

$$f(x|s) = \bar{y}_x(n_1 + m + 1, n_1 + m + n(s)), \tag{61}$$

wobei $n(s)$ *die kleinste ganze Zahl größer oder gleich*

$$\max\{0, 2\, S^2(n_1 + 1, n_1 + m)\, [\varepsilon - q - b(\varphi[s])]^{-2}\, h_m^2(\pi(\varphi[s])) - m\} \tag{62}$$

ist, $\pi(\varphi)$ *durch* (30), $\varphi[s]$ *durch*

$$\varphi[s] = \min\left\{k, \max_{x \in X} [\bar{y}_x(1, n_1) + n_1^{-1/2}\, t_{2(1-\beta^{1/r}); n_1 - 1}\, S_x(1, n_1)\right\} \tag{63}$$

und β *durch* (18) *gegeben ist, dann ist* (3) *erfüllt.*

Zum Beweis bemerken wir zunächst, daß wegen

$$\mathsf{P}\{\varphi[s] \geqq f_0\} \geqq \mathsf{P}\{\bar{y}(1, n_1) + n_1^{-1/2}\, t_{2(1-\beta^{1/r}); n_1 - 1}\, S_x(1, n_1) \geqq f(x);\, x \in X\} = \beta\}$$

$\varphi[s]$ die Bedingung a) im Satz 2 erfüllt. Es sei nun

$$X_\varphi = \{x \in X : f(x) \leqq f_0 - \varepsilon + q + b(\varphi)\}\,.$$

Ist X_φ die leere Menge, dann gilt trivialerweise (29), falls $w(s) = \varepsilon - q - b(\varphi[s])$ gesetzt wird. Sonst gilt mit $f_0 = f(x_0)$ nach Definition von x_s

$$\mathsf{P}\{f_0 - f(x_s) \leqq w(s)|\varphi\} \geqq \mathsf{P}\left\{\max_{x \in X_\varphi} f(x|s) < f(x_0|s)|\varphi\right\}.$$

Während wir bisher die Verteilung von s unter Voraussetzung einer beliebigen festen Funktion $f(x)$ mit P bezeichnet haben, werden wir im folgenden mit P^φ die Verteilung von s unter der Voraussetzung

$$f(x_0) = 0; \quad f(x) = q + b(\varphi) - \varepsilon \quad (x \subset X - \{x_0\})$$

bezeichnen. Wie man leicht sieht, ist für festes φ die letzte Wahrscheinlichkeit nicht kleiner als

$$\mathsf{P}^\varphi\left\{\max_{x \in X_\varphi} f(x|s) < f(x_0|s)\right\} \tag{64}$$

(vgl. [11]). Der Ausdruck (64) ist andererseits nicht kleiner als

$$\mathsf{P}^\varphi\left\{\max_{x \in X - \{x_0\}} f(x|s) < f(x_0|s)\right\}. \tag{65}$$

$f(x|s)$ und $n(s)$ haben wir aber genauso wie beim zweistufigen Verfahren von Bechhofer und Sobel zur Auswahl des größten unter r Erwartungswerten gewählt, so daß (65) nach [23] die untere Schranke $\pi(\varphi)$ besitzt. Für alle φ ist also (29) erfüllt und die Behauptung folgt aus Satz 2.

Analog zu Satz 5 können auch Bedingungen für die Erfüllung von (4) oder (13) durch Anwendung des Satzes 3 gefunden werden. Die Erfüllung von (50) kann man nach Satz 1 erreichen, indem eine empirische Entscheidungsfunktion $x_{s_1}^{(n_1)}$ zu

$$f^{(n_1)}(x|s_1) = \Phi\{n_1^{1/2}[S(1, n_1)]^{-1}\, [\bar{y}_x(1, n_1) - A]\} \tag{66}$$

bei genügend großem n_1 verwendet wird.

Im folgenden werden wir zeigen, wie man mit Hilfe eines vierstufigen Verfahrens die für die Erfüllung von (5) benötigte Anzahl von Beobachtungen der Zielfunktion bestimmen kann.

Es sei

$$\left.\begin{aligned} &\varepsilon \in \left(0, g_0 - \min_{x \in X} \mathsf{P}\,\{y(x, \vartheta) \geqq A\}\right), \\ &q \in [0, \varepsilon), \quad \beta = (1 - \varepsilon + q)^{-1}(1 - \varepsilon), \quad \gamma \in (0, 1 - \beta). \end{aligned}\right\} \tag{67}$$

Weiterhin sei l eine natürliche Zahl größer als 1 und $b(\varphi)$ eine reelle Funktion mit Werten in $(0, \varepsilon - q)$. $\pi(\varphi)$ sei durch (30) definiert. Es sei

$$\zeta_\varphi \in (\pi(\varphi), 1) \quad \text{und} \quad \lambda_\varphi \in (0, 1 - \zeta_\varphi)$$

für jedes $\varphi \in [0, 1]$. Mit den Bezeichnungen

$$z_x = \bar{y}_x(1, n_1) + n_1^{-1/2}\, t_{2(1-[\beta+\gamma]^{1/r});\, n_1-1}\, S_x(1, n_1), \tag{68}$$

$$Z_x = \begin{cases} \chi_{1-2^{-1}\gamma;\, r(n_1-1)}\, S^{-1}(1, n_1)\,[A - z_x] & \text{für} \quad z_x \leqq A, \\ \chi_{2^{-1}\gamma;\, r(n_1-1)}\, S^{-1}(1, n_1)\,[A - z_x] & \text{für} \quad z_x > A, \end{cases} \tag{69}$$

$$u_x^\varphi = \bar{y}_x(n_1 + 1, n_1 + m) + m^{1/2}\, t_{1-(\zeta_\varphi+\lambda_\varphi)^{1/r};\, m-1}\, S_x(n_1 + 1, n_1 + m), \tag{70}$$

$$U_x = \begin{cases} \chi_{2^{-1}\lambda_\varphi;\, r(m-1)}\, S^{-1}(n_1 + 1, n_1 + m)\,[A - u_x^\varphi] & \text{für} \quad u_x^\varphi \leqq A, \\ \chi_{1-2^{-1}\lambda_\varphi;\, r(m-1)}\, S^{-1}(n_1 + 1, n_1 + m)\,[A - u_x^\varphi \varphi] & \text{für} \quad u_x^\varphi > A, \end{cases} \tag{71}$$

$$v_x^\varphi(d) = \bar{y}_x(n_1 + 1, n_1 + m) - m^{1/2}\, t_{1-(\zeta_\varphi+\lambda_\varphi)^{1/r};\, m-1}\, S_x(n_1 + 1, n_1 + m) + d \tag{72}$$

$$V_x^\varphi(d) = \begin{cases} \chi_{1-2^{-1}\lambda_\varphi;\, r(m-1)}\, S^{-1}(n_1 + 1, n_1 + m)\,[A - v_x^\varphi(d)] & \text{für} \quad v_x^\varphi(d) \leqq A, \\ \chi_{2^{-1}\lambda_\varphi;\, r(m-1)}\, S^{-1}(n_1 + 1, n_1 + m)\,[A - v_x^\varphi(d)] & \text{für} \quad v_x^\varphi(d) > A \end{cases} \tag{73}$$

sei $d = d_\varphi$ die Lösung der Gleichung

$$\min_{x \in X} \Phi\{V_x^\varphi(d)\} = \min_{x \in X} \Phi\{U_x^\varphi\} + \varepsilon - q - b(\varphi). \tag{74}$$

Satz 8. *Ist x_s eine empirische Entscheidungsfunktion zu*

$$f(x|s) = \bar{y}_x(n_1 + m + 1, n_1 + m + n(s)), \tag{75}$$

wobei $n(s)$ die kleinste ganze Zahl größer oder gleich

$$\max\{l;\, 2\, d_\varphi^{-2}\, S^2(n_1 + m + 1, n_1 + m + l)\, h_l(\zeta_\varphi^{-1}\, \pi(\varphi[s]))\} \tag{76}$$

und

$$\varphi[s] = 1 - \min_{x \in X} \Phi\{Z_x\} \tag{77}$$

ist, dann ist (6) erfüllt.

Den Beweis führen wir durch Anwendung des Satzes 2 auf das Problem mit der durch (48) gegebenen neuen Zielfunktion $y^*(x, \vartheta)$. Zunächst zeigen wir, daß $\varphi[s]$ eine obere Konfidenzgrenze für $g_0 = \max_{x \in X} f^*(x)$ mit einem Konfidenzkoeffizienten $\mathfrak{R} \geqq \beta$ ist. Dies folgt aus den Abschätzungen

$$\begin{aligned} \mathfrak{R} &= \mathsf{P}\,\{g_0 \leqq \varphi[s]\} = \mathsf{P}\left\{\min_{x \in X} Z_x \leqq \min_{x \in X} \sigma^{-1}\,[A - f(x)]\right\} \\ &\geqq \mathsf{P}\,\{z_x \leqq f(x)\ [x \in X];\ \chi_{1-2^{-1}\gamma;\, r(n_1-1)}^{-1}\, S(1, n_1) \leqq \sigma \leqq \chi_{2^{-1}\gamma;\, r(n_1-1)}\, S(n_1, n_1)\} \\ &\geqq \prod_{x \in X} \mathsf{P}\,\{n_1^{1/2}\, S_x^{-1}(1, n_1)\,[\bar{y}_x(1, n_1) - f(x)] \leqq t_{2(1-[\beta+\gamma]^{1/r});\, n_1-1}\} - \gamma = \beta. \end{aligned}$$

Der Satz ist bewiesen, wenn wir die Gültigkeit von

$$\mathsf{P}\,\{g_0 - f^*(x_s) \leqq w_\varphi | \varphi\} \geqq \pi(\varphi) \tag{78}$$
$$[w_\varphi = \varepsilon - q - b(\varphi)]$$

nachweisen. $\delta = \delta_\varphi$ sei die Lösung von

$$\Phi\,\{\sigma^{-1}\,[A - f_0 + \delta]\} = \Phi\,\{\sigma^{-1}\,[A - f_0]\} + w_\varphi\,. \tag{79}$$

Auf Grund der Definition von d_φ [vgl. (74)] gilt

$$\begin{aligned}
&\mathsf{P}\,\{d_\varphi \leqq \delta_\varphi | \varphi\} \\
&\geqq \mathsf{P}\,\{\sigma^{-1}\,[A - f(x)] \geqq U_x^\varphi;\ \sigma^{-1}\,[A - f(x) + d_\varphi] \leqq V_x^\varphi(d_\varphi);\ \ x \in X | \varphi\} \\
&\geqq \prod_{x \in X} \mathsf{P}\,\{m^{1/2}\,S^{-1}(n_1+1, n_1+m) | \bar{y}_x\,(n_1+1, n_1+m) - f(x)| \leqq t_{1-(\zeta_\varphi+\lambda_\varphi)^{1/r},\, m-1} | \varphi\} \\
&\quad - \mathsf{P}\,\{\chi^{-1}_{1-2^{-1}\lambda_\varphi;\, r(m-1)}\,S\,(n_1+1,\, n_1+m) \leqq \sigma \leqq \chi^{-1}_{2^{-1}\lambda_\varphi;\, r(m-1)}\,S(n_1+1, n_1+m) | \varphi\} \\
&= [\zeta_\varphi + \lambda_\varphi] - \lambda_\varphi = \zeta_\varphi\,.
\end{aligned}$$

Hieraus folgt

$$\begin{aligned}
\mathsf{P}\,\{g_0 - f^*(x_s) \leqq w_\varphi | \varphi\} &= \mathsf{P}\,\{f(x_s) \geqq f_0 - \delta_\varphi | \varphi\} \\
&\leqq \zeta_\varphi\,\mathsf{P}\,\{f(x_s) \geqq f_0 - d_\varphi | \varphi\}\,.
\end{aligned} \tag{80}$$

Nun ist aber x_s wie im Satz 6 in Übereinstimmung mit dem zweistufigen Verfahren von BECHHOFER und SOBEL [vgl. (75) und (76)] gewählt, so daß man wie im Satz 6 die Gültigkeit von

$$\mathsf{P}\,\{f(x_s) \geqq f_0 - d_\varphi | \varphi\} \geqq \zeta_\varphi^{-1}\,\pi(\varphi)$$

zeigen kann. Hieraus und aus (80) folgt (78), w. z. b. w.

Literatur

[1] LUCE, R. D., and H. RAIFFA: Games and decisions. New York 1957.

[2] TINTNER, G.: Handbuch der Ökonometrie. Berlin 1960.

[3] CHARNES, A., and W. W. COOPER: Chance-constrained programming. Management Sci. 6, 73–79 (1959).

[4] FORTET, R.: Programmes linéaires stochastiques. Mathématique des programmes économiques, Paris 1964.

[5] GOL'STEIN, E. G. und D. B. JWDIN: Neue Richtungen in der linearen Optimierung. Moskau 1966 (Russisch).

[6] DANTZIG, G. B.: Lineare Programmierung und Erweiterungen. Berlin 1966.

[7] DANTZIG, G. B., and A. MADANSKY: Linear programming under uncertainty. Proc. 4th Berkeley Symposium, Berkeley 1960.

[8] BEREANU, B.: Distribution problems and minimum risk solutions in stochastic programming. Colloq. on applications of mathematics on economics, Budapest 1965.

[9] JOSIFESCU, P. L., and R. THEODORESCU: Linear programming under uncertainty. Colloq. appl. math. on economics, Budapest 1965.

[10] BUNKE, O.: Einige Hilfsmittel zur Lösung statistischer Probleme bei der linearen und nichtlinearen Optimierung. Monatsber. DAdW 8, 699–703 (1966).

[11] BUNKE, O.: Bedingte Strategien in der Spieltheorie: Existenzsätze und Anwendung auf statistische Entscheidungsfunktionen. Trans. Third Prague Conf. Information Theory, Statist. Decision Functions, Random Processes, Prag 1964.

[12] BUNKE, O.: Über die Güte der linearen und nichtlinearen Optimierung bei geschätzten Parametern. Operationsforschung und Mathematische Statistik I. Berlin 1968.
[13] BUNKE, O.: Theorie strategischer Spiele. Mathematische Methoden und Anwendungen. Mathemat. u. phys. Probleme der Kybernetik, Berlin 1963.
[14] WALD, A.: Statistical decision functions. New York 1950.
[15] BECHHOFER, R. E.: A sequential multiple-decision procedure for selecting the best one of several normal populations with a common unknown variance, and its use with various experimental designs. Biometrics **14**, 408—429 (1958).
[16] LOGINOV, N. V.: Methoden der stochastischen Approximation. Avtomat. i. Telemech. **27**, 185—204 (1966) (Russisch).
[17] BUNKE, H.: Ein Verfahren der stochastischen Approximation. ZAMM **46**, 533—536 (1966).
[18] BOX, G. E. P., and K. G. WILSON: On the experimental attainement of optimum conditions. J. Roy. Stat. Soc., Ser. B **13**, 1—45 (1951).
[19] ANDERSON, T. W.: An introduction to multivariate statistical analysis. New York 1958.
[20] GOLDBERGER, A. S.: Econometric Theory. New York 1964.
[21] DUNNETT, C. W., and M. SOBEL: A bivariate generalization of Student's t-distribution with tables for certain special cases. Biometrika **41**, 153—169 (1954).
[22] PEARSON, E. S., and N. O. HARTLEY: Biometrika Tables for Statisticians. Vol. 1. Cambridge 1954.
[23] BECHHOFER, R. E., C. W. DUNNET and M. SOBEL: A two-sample multiple decision procedure for ranking means of normal populations with common unknown variance. Biometrika **41**, 170—176 (1914).

Lineare Optimierungsprobleme mit optimalen Vektoren von gleicher Struktur

Von Horst Hollatz[1])

Es werden lineare Optimierungsprobleme mit veränderlichen Koeffizienten betrachtet, wobei nur solche Änderungen zugelassen sind, die die Struktur des optimalen Vektors nicht beeinflussen. Dabei werden einmal die Zielfunktionen des Primal- und des Dualproblems als veränderlich betrachtet, und zum anderen wird ein Bereich bestimmt, innerhalb dessen die Koeffizienten der Optimalmatrix variiert werden können.

1. Problemstellung

Wir betrachten das allgemeine lineare Optimierungsproblem:

Es ist innerhalb eines konvexen Polyeders R, das als Durchschnitt von m abgeschlossenen Halbräumen H_i

$$H_i = \{\mathbf{x} \,|\, \mathbf{P}_i^\mathsf{T}\, \mathbf{x} \leqq q_i\} \qquad (i = 1, \ldots, m)$$

gegeben ist, ein Punkt $\mathbf{x}^0$ zu bestimmen, der einer gegebenen linearen Funktion $f(\mathbf{x}) = \mathbf{P}_0^\mathsf{T}\, \mathbf{x}$, die *Zielfunktion* genannt wird, einen maximalen Wert bezüglich R erteilt; kurz in der Form

$$\text{Max}\ \{\mathbf{P}_0^\mathsf{T}\, \mathbf{x} \,|\, \mathbf{P}_i^\mathsf{T}\, \mathbf{x} \leqq q_i,\ i = 1, \ldots, m\} \tag{1}$$

geschrieben.

Jeder Vektor $\mathbf{x}^0$, der das Problem (1) löst, heißt *optimaler Vektor* und jeder Vektor $\mathbf{x}$ aus R heißt *zulässig*.

Wir setzen voraus, daß das Problem (1) genau einen optimalen Vektor $\mathbf{x}^0$ besitzt und für $\mathbf{x} = \mathbf{x}^0$ genau n Restriktionen als Gleichung erfüllt sind. Außerdem möge die Dimension des Polyeders R mit der Anzahl der Komponenten von $\mathbf{x}$ übereinstimmen.

Definition. Zwei lineare Optimierungsprobleme

$$\text{Max}\ \{\mathbf{P}_0^\mathsf{T}\, x \,|\, \mathbf{P}_i^\mathsf{T}\, \mathbf{x} \leqq q_i,\ i = 1, \ldots, m\}\,,$$

$$\text{Max}\ \{(\mathbf{P}_0 + \mathbf{P}_0^*)\,^\mathsf{T}\mathbf{x} \,|\, (\mathbf{P}_i + \mathbf{P}_i^*)\,^\mathsf{T}\mathbf{x}_i \leqq q_i + q_i^*,\ i = 1, \ldots, m\} \tag{2}$$

haben optimale Vektoren von gleicher Struktur, wenn für den optimalen Vektor in beiden Problemen die gleichen Restriktionen als Gleichung erfüllt sind.

Es ergibt sich nun das folgende Problem:

---

[1]) IAMM, DAdW, 108 Berlin, Mohrenstr. 39

Wie können sich die in das Problem (1) eingehenden Konstanten ändern, ohne die Struktur des optimalen Vektors zu beeinflussen?

Bisher ist dieses Problem für das Transportproblem untersucht und gelöst worden (vgl. [2]). Bei S. BARNETT [11] werden Bedingungen dafür angegeben, daß sich die Struktur des optimalen Vektors nicht ändert, wenn man genau eine Restriktion variiert. Lineare Optimierungsprobleme mit veränderlichen Koeffizienten werden auch bei T. L. SAATY [12] untersucht. Dort wird der Fall betrachtet, daß die Koeffizienten der Restriktionen in parameterischer Form vorgegeben sind. C. M. SHETTY [13] berechnet den optimalen Vektor des variierten Problems mit Hilfe eines Eckpunktes des ursprünglichen Restriktionsbereiches.

Es sollen hier die folgenden Teilprobleme betrachtet werden:

Problem A.

Das Problem (1) läßt sich bekanntlich gleichwertig auf ein Problem der Form

$$\mathrm{Max}\,\{\mathbf{c}^{\mathsf{T}}\,\mathbf{x} \mid \mathbf{A}_k^{\mathsf{T}}\,\mathbf{x} \leqq b_k\,, \quad k = 1, \ldots, m;\ \mathbf{x} \geqq 0\}$$

transformieren, das wir auch in der Form

$$\mathrm{Max}\,\{\mathbf{c}^{\mathsf{T}}\,\mathbf{x} \mid \mathbf{A}\,\mathbf{x} \leqq \mathbf{b},\ \mathbf{x} \geqq \mathbf{o}\} \tag{3}$$

mit

$$\mathbf{A}^{\mathsf{T}} = (\mathbf{A}_1, \ldots, \mathbf{A}_m),\ \mathbf{b}^{\mathsf{T}} = (b_1, \ldots, b_m)$$

schreiben können.

Dann sind (konvexe) Mengen S, T zu bestimmen, so daß (3) und

$$\mathrm{Max}\,\{\mathbf{c}^{*\mathsf{T}}\,\mathbf{x} \mid \mathbf{A}\,\mathbf{x} \leqq \mathbf{b}^*, \quad \mathbf{x} \geqq \mathbf{o}\} \tag{4}$$

optimale Vektoren von gleicher Struktur besitzen für alle $\mathbf{c}^* \in S$ und alle $\mathbf{b}^* \in T$.

Problem B.

In (1) sei $m = n$, d. h., das konvexe Polyeder R sei ein n-dimensionaler polyedrischer Kegel mit genau n Kanten und dem Scheitel $\mathbf{x}^0$. Der Vektor $\mathbf{x}^0$ ist optimal für (1) und Lösung von

$$\mathbf{P}_k^{\mathsf{T}}\,\mathbf{x} = q_k \qquad (k = 1, \ldots, n)\,,$$

oder in Matrizenform

$$\mathbf{P}\,\mathbf{x} = \mathbf{q}\,.$$

Dann ist ein Matrizenbereich $\mathbf{S}(\mathbf{P})$ zu bestimmen, so daß für alle $\mathbf{P}^* \in \mathbf{S}(\mathbf{P})$ die Probleme

$$\mathrm{Max}\,\{\mathbf{P}_0^{\mathsf{T}}\,\mathbf{x} \mid \mathbf{P}^*\,\mathbf{x} \leqq \mathbf{q}\} \tag{5}$$

und (1) einen optimalen Vektor von gleicher Struktur besitzen, d. h., daß der Scheitel des polyedrischen Kegels

$$R^* = \{\mathbf{x} \mid \mathbf{P}^*\,\mathbf{x} \leqq \mathbf{q}\}$$

optimal für (5) ist.

2. Das Problem A

Es sei $\mathbf{x}^0$ optimaler Vektor von (3) und Lösung des Systems

$$\mathbf{A}_i^{\mathsf{T}}\,\mathbf{x} = b_i \qquad (i = 1, \ldots, r;\; x_i = 0,\; i = r+1, \ldots, n)\,.$$

Die Matrix ${}^o\mathbf{A}$ mit ${}^o\mathbf{A}^{\mathsf{T}} = (\mathbf{A}_1, \ldots, \mathbf{A}_r, -\mathbf{E}_{r+1}, \ldots, -\mathbf{E}_n)$ heißt *Optimalmatrix* von (3). Auf Grund der Voraussetzungen über (1) ist die Optimalmatrix eindeutig bestimmt und regulär.

Satz 1. *Die Probleme* (3) *und* (4) *haben genau dann optimale Vektoren von gleicher Struktur, wenn*

$$\mathfrak{c}^{*\mathsf{T}}\,{}^o\mathbf{A}^{-1} \geqq \mathbf{o}\,, \qquad \mathfrak{b}^{*\mathsf{T}}\,{}^o\mathbf{B}^{-1} \geqq \mathbf{o} \tag{6}$$

ist, wobei ${}^o\mathbf{A}$ *die Optimalmatrix von* (3) *ist und* ${}^o\mathbf{B}$ *die Optimalmatrix des zu* (3) *dualen linearen Optimierungsproblems*

$$\mathrm{Min}\,\{\mathfrak{b}^{\mathsf{T}}\,\mathbf{u}\,|\,\mathbf{A}^{\mathsf{T}}\,\mathbf{u} \geqq \mathfrak{c},\;\; \mathbf{u} \geqq \mathbf{o}\}\,. \tag{7}$$

Beweis. Nach dem Sattelpunktsatz von Kuhn-Tucker [1] ist die Bedingung

$$\mathfrak{b}^{*\mathsf{T}}\,{}^o\mathbf{B}^{-1} \leqq \mathbf{o}$$

notwendig und hinreichend dafür, daß (7) und

$$\mathrm{Min}\,\{\mathfrak{b}^{*\mathsf{T}}\,\mathbf{u}\,|\,\mathbf{A}^{\mathsf{T}}\,\mathbf{u} \geqq \mathfrak{c}\,,\; \mathbf{u} \geqq \mathbf{o}\} \tag{8}$$

die gleiche Optimalmatrix besitzen (vgl. [3]). Nach dem Dualitätsprinzip (vgl. [1]) haben damit (3) und

$$\mathrm{Max}\,\{\mathfrak{c}^{\mathsf{T}}\,\mathbf{x}\,|\,\mathbf{A}\,\mathbf{x} \geqq \mathfrak{b}^*,\; \mathbf{x} \geqq \mathbf{o}\} \tag{9}$$

optimale Vektoren von gleicher Struktur und die gleiche Optimalmatrix ${}^o\mathbf{A}$. Die Bedingung

$$\mathfrak{c}^{*\mathsf{T}}\,{}^o\mathbf{A}^{-1} \geqq \mathbf{o}$$

ist notwendig und hinreichend dafür, daß (9) und (4) die gleiche Optimalmatrix und den gleichen optimalen Vektor besitzen. Also ist (6) eine notwendige und hinreichende Bedingung für die Behauptung des Satzes.

Damit ändert sich die Struktur des optimalen Vektors von (3) nicht, wenn man die Komponenten von $\mathfrak{c}$ innerhalb des polyedrischen Kegels

$$S = \{\mathbf{y}\,|\,\mathbf{y}^{\mathsf{T}}\,{}^o\mathbf{A}^{-1} \geqq \mathbf{o}\}$$

variiert, während man $\mathfrak{b}$ durch einen beliebigen Vektor aus dem m-dimensionalen polyedrischen Kegel

$$T = \{\mathbf{v}\,|\,\mathbf{v}^{\mathsf{T}}\,{}^o\mathbf{B}^{-1} \geqq \mathbf{o}\}$$

ersetzen kann.

Bemerkungen. Besitzt die Ecke des konvexen Polyeders R, die den optimalen Vektor für das lineare Optimierungsproblem liefert, mehr als n Kanten — man spricht dann von einem entarteten optimalen Vektor —, so ist nach dem Dualitätsprinzip der optimale Vektor des Dualproblems (7) nicht eindeutig bestimmt. Dann kann man jedoch durch eine geeignete Änderung der Koeffizienten der Zielfunktion von (7) Eindeutigkeit des optimalen Vektors erreichen, womit die Entartung im ursprünglichen Problem (3) beseitigt wird (man vgl. z. B. [1], [4]).

Ist (3) selbst nicht eindeutig lösbar, so hat man eine entsprechende Änderung der Koeffizienten der Zielfunktion auszuführen, um die Voraussetzungen zu erfüllen.

Ist das Polyeder R von (1) nicht n-dimensional, so ist (1) ein lineares Optimierungsproblem mit gemischten Restriktionen, d. h. ein Problem der Form

$$\text{Max}\,\{\mathbf{P}_0^{\mathsf{T}}\,\mathbf{x}\,|\,\mathbf{P}_i^{\mathsf{T}}\,\mathbf{x} \leqq q_i,\ i = 1, \ldots, m_0;\ \mathbf{P}_i^{\mathsf{T}}\,\mathbf{x} = q_i,\ i = m_0 + 1, \ldots, m\}\,.$$

In diesem Fall kann man das Problem gleichwertig auf ein Problem transformieren, bei dem die Dimension des zugehörigen konvexen Polyeders mit der Anzahl der Variablen übereinstimmt. An dem neuen Problem kann man dann die obigen Betrachtungen durchführen.

Wir betrachten das folgende numerische Beispiel:

$$\begin{aligned}\text{Max}\,\{(2\,x_1 + 5\,x_2 + 3\,x_3 - x_4)|\,x_1 + 2\,x_2 + x_4 + 2\,x_3 &\leqq 9;\\ 3\,x_1 + x_3 + 2\,x_4 &\leqq -3\,,\\ x_1 - x_2 + x_3 - x_4 &\leqq -1;\ x_1, x_2, x_3, x_4 \geqq 0\}\,.\end{aligned}$$

Mit Hilfe der Simplexmethode (vgl. [1], [3], [5]) erhält man den optimalen Vektor

$$\mathbf{x}^0 = (1; 4; 0; 0)$$

und die Optimalmatrix

$$^0\mathbf{A} = \begin{pmatrix} 1 & 2 & 2 & 1\\ -3 & 0 & 1 & 2\\ 0 & 0 & -1 & 0\\ 0 & 0 & 0 & -1\end{pmatrix}.$$

Die Optimalmatrix der dualen Aufgabe lautet

$$^0\mathbf{B} = \begin{pmatrix} 1 & -3 & 1\\ 2 & 0 & -1\\ 0 & 0 & 1\end{pmatrix}.$$

Daraus ergeben sich die Inversen zu

$$^0\mathbf{A}^{-1} = \frac{1}{6}\begin{pmatrix} 0 & -2 & -2 & -4\\ 3 & 1 & 7 & 5\\ 0 & 0 & -6 & 0\\ 0 & 0 & 0 & -6\end{pmatrix} \qquad ^0\mathbf{B}^{-1} = \frac{1}{6}\begin{pmatrix} 0 & 3 & 3\\ -2 & 1 & 3\\ 0 & 0 & 6\end{pmatrix}.$$

Mit Satz 1 erhalten wir schließlich

$$S = \{(c_1, c_2, c_3, c_4)|\,c_2 \geqq 0,\ 2\,c_1 \leqq c_2,\ 2\,c_1 + 6\,c_3 \leqq 7\,c_2,\ 4\,c_1 + 6\,c_4 \leqq 5\,c_2\}\,,$$

$$T = \{(b_1, b_2, b_3)|\,b_2 \leqq 0,\ 3\,b_1 + b_2 \geqq 0,\ b_1 + b_2 + 2\,b_3 \geqq 0\}\,.$$

3. Das Problem B

Nach dem Sattelpunktsatz von KUHN-TUCKER ist das Problem B sicher dann gelöst, wenn die folgenden Bedingungen erfüllt sind:

1⁰. Jede Matrix $\mathbf{P}^* \in \mathbf{S}^*(\mathbf{P})$ ist positiv regulär.

2⁰. Zu jedem $\mathbf{P}^* \in \mathbf{S}^*(\mathbf{P})$ gibt es ein $\mathbf{x}^* > 0$ mit $\mathbf{P}_0 = \mathbf{P}^{*\mathsf{T}}\,\mathbf{x}^*$.

3.1. Erfüllung von 1°-p-Regularitätsbereiche für Matrizen

Es sei $\mathbf{P}$ eine beliebig vorgegebene reguläre reelle Matrix mit den Zeilenvektoren $\mathbf{P}_1^\mathsf{T}, \mathbf{P}_2^\mathsf{T}, \ldots, \mathbf{P}_n^\mathsf{T}$ und $\mathbf{u}$, $\mathbf{v}$ seien zwei Vektoren mit durchweg positiven Komponenten: $\mathbf{u} > \mathbf{o}$, $\mathbf{v} > \mathbf{o}$. Daraus bilden wir

$$\mathbf{P}_0 = \mathbf{P}^\mathsf{T} \mathbf{u}\,, \quad \mathbf{Z}_k = \frac{v_k}{\mathbf{u}^\mathsf{T} \mathbf{v}} \mathbf{P}_0 - \mathbf{P}_k\,, \quad \mathbf{Z} = (\mathbf{Z}_1, \ldots, \mathbf{Z}_n)\,.$$

Man kann leicht zeigen, daß

$$\mathbf{Z}\,\mathbf{u} = \mathbf{o}\,, \tag{10}$$

$$\operatorname{rang}(\mathbf{Z}_1, \ldots, \mathbf{Z}_{k-1}, \mathbf{Z}_{k+1}, \ldots, \mathbf{Z}_n) = n - 1 \quad (k = 1, \ldots, n)\,, \tag{11}$$

$$\operatorname{Det}(\mathbf{Z}_1, \ldots, \mathbf{Z}_{k-1}, \mathbf{P}_0, \mathbf{Z}_{k+1}, \ldots, \mathbf{Z}_n) \neq 0 \quad (k = 1, \ldots, n) \tag{12}$$

ist.

Zur Betrachtung linearer Optimierungsprobleme mit optimalen Vektoren von gleicher Struktur benötigen wir den Begriff der *positiv-linearen Unabhängigkeit* von Vektoren.

Wir sagen, daß m Vektoren $\mathbf{P}_1, \ldots, \mathbf{P}_m$ *positiv-linear unabhängig* sind, wenn das System

$$\sum_{i=1}^{m} \mathbf{P}_i x_i = \mathbf{o}, \quad x_i \geqq 0 \quad (i = 1, \ldots, m) \tag{13}$$

nur trivial lösbar ist.

Falls das System (13) eine nicht triviale Lösung besitzt, heißen die Vektoren $\mathbf{P}_1, \ldots, \mathbf{P}_m$ *positiv linear abhängig.*

Eine Matrix soll *positiv regulär* (*p-regulär*) heißen, wenn ihre Zeilenvektoren (Spaltenvektoren) positiv linear unabhängig sind.

Offenbar ist jede reguläre Matrix auch p-regulär, während die Umkehrung im allgemeinen nicht gilt.

Es sei nun $K^+(n)$ die Menge aller Matrizen $\mathbf{A} = (a_{ij})_{n,n}$ mit

$$\begin{aligned} a_{ii} &= 0 \quad (i = 1, \ldots, n) \\ a_{ij} &> 0 \quad (i, j = 1, \ldots, n;\ i \neq j) \end{aligned} \tag{14}$$

und $E^+(n)$ die Menge aller n-dimensionalen Vektoren $\mathbf{a}$ mit durchweg positiven Komponenten.

Es ist klar, daß alle Matrizen der Form (14) p-regulär sind. Der folgende Satz gestattet es, zu jeder regulären Matrix $\mathbf{P}$ einen Bereich zu konstruieren, in welchem die Elemente von $\mathbf{P}$ unabhängig voneinander variieren können und die Matrix p-regulär bleibt. Dazu definieren wir für jedes k

$$S^k = \{\mathbf{Y}_k \mid \mathbf{Y}_k = a_k \mathbf{P}_0 + \mathbf{Z}\,\mathbf{A}_k\}$$

mit $\mathbf{a}^\mathsf{T} = (a_1, \ldots, a_n) \in E^+(n)$ und $(\mathbf{A}_1, \ldots, \mathbf{A}_n) \in K^+(n)$.

Satz 2. *Für jedes* $\mathbf{Y}_k \in S^k$ $(k = 1, \ldots, n)$ *ist die Matrix* $\mathbf{Y} = (\mathbf{Y}_1, \ldots, \mathbf{Y}_n)$ *p-regulär.*

Beweis. Sei $\mathbf{Y}\,\mathbf{x} = \mathbf{o}$, d. h. $-\mathbf{x}^\mathsf{T}\mathbf{a}\,\mathbf{P}_0 = \mathbf{Z}\,\mathbf{A}\,\mathbf{x}$. Aus (11) und (12) folgt notwendig $\mathbf{x}^\mathsf{T}\mathbf{a} = 0$, also $\mathbf{Z}\,\mathbf{A}\,\mathbf{x} = \mathbf{o}$. Wegen (10) und (11) gibt es ein t, so daß $\mathbf{A}\,\mathbf{x} = t \cdot \mathbf{u}$ ist. Damit muß $\mathbf{x}$ Lösung von

$$\mathbf{a}^{\mathsf{T}}\,\mathbf{x} = 0\,, \qquad \mathbf{A}\,\mathbf{x} = t \cdot \mathbf{u}\,, \qquad \mathbf{x} \geqq \mathbf{o} \tag{15}$$

sein. Bezüglich t sind zwei Fälle möglich:

Fall 1. $t = 0$; dann ist $\mathbf{x}$ insbesondere Lösung von $\mathbf{A}\,\mathbf{x} = \mathbf{o}$, woraus wegen $\mathbf{A} \in K^{+}(n)$ folgt, daß $\mathbf{x} = \mathbf{o}$ sein muß.

Fall 2. $t \neq 0$; wir können $t = 1$ annehmen. In diesem Fall ist das System (15) unlösbar, da die erweiterte Koeffizientenmatrix aus $K^{+}(n+1)$ ist.

Es kann also nur Fall 1 eintreten, womit der Satz bewiesen ist.

Nach der Definition der $\mathbf{Z}_k$ und (10) folgt, daß $\mathbf{P}_k$ in S^k liegt ($k = 1, \ldots, n$). Somit besagt Satz 2, daß die p-Regularität von $\mathbf{P}$ erhalten bleibt, wenn man jeden Spaltenvektor $\mathbf{P}_k$ von $\mathbf{P}$ durch einen beliebig anderen Vektor aus S_k ersetzt.

Setzt man beispielsweise $\mathbf{P} = \mathbf{E}$, $\mathbf{u}^{\mathsf{T}} = \mathbf{v}^{\mathsf{T}} = (1; 1; \ldots; 1)$, so erhält man für S^k:

$$S^k = \left\{ \mathbf{Y}_k \,\middle|\, \sum_{i=1}^{n} y_{ik} > 0 \;\; y_{kk} > y_{ik},\;\; i = 1, \ldots, n;\;\; i \neq k \right\}.$$

Damit sind alle Matrizen p-regulär, deren Spalten diese Bedingungen erfüllen.

Bemerkungen. Zur numerischen Berechnung von S^k hat man im allgemeinen n Matrizen $(\mathbf{Z}_1, \ldots, \mathbf{Z}_{k-1}, \mathbf{Z}_{k+1}, \ldots, \mathbf{Z}_n, \mathbf{P}_0)$ zu invertieren. Da sich die einzelnen Matrizen jedoch nur in einer Spalte unterscheiden, kann man analog zur Simplexmethode durch Simplextransformationen aus der Inversen einer Matrix alle übrigen berechnen. Die polyedrischen Kegel S^k sind in folgendem Sinne maximal: Wenn man bei festen positiven Parametervektoren $\mathbf{u}$, $\mathbf{v}$ die S^k berechnet und ein $\mathbf{P}_k$ so abändert, daß man S^k verläßt, dann lassen sich stets $n - 1$ Vektoren angeben, die in ihren betreffenden Kegeln liegen, so daß die abgeänderte Matrix nicht p-regulär ist.

3.2. Erfüllung von Bedingung 2°

Wir werden das Problem unter einer Voraussetzung bezüglich der Vektoren $\mathbf{Z}_1, \ldots, \mathbf{Z}_n$ lösen:

Es gelte

$$\mathbf{Z}_j^{\mathsf{T}}\,\mathbf{Z}_k < 0 \qquad (j, k = 1, \ldots, n;\; j \neq k)\,. \tag{16}$$

Für jedes k definieren wir nun den $(n-1)$-dimensionalen Kegel $\dot{T}^k$, der in der Hyperebene $\mathbf{Q}_0^{\mathsf{T}}\,\mathbf{x} = 0$ liegt:

$$\dot{T}^k = \{\mathbf{y} \,|\, \mathbf{Q}_0^{\mathsf{T}}\,\mathbf{y} = 0;\;\; \mathbf{Z}_j^{\mathsf{T}}\,\mathbf{y} \geqq 0,\;\; j = 1, \ldots, n,\; j \neq k\}\,.$$

Es seien $\mathbf{V}_1^k, \ldots, \mathbf{V}_{k-1}^k, \mathbf{V}_{k+1}^k, \ldots, \mathbf{V}_n^k$ die Kantenvektoren von $\dot{T}^k$, d. h. für den Vektor $\mathbf{V}_i^k$ ($i \neq k$) gilt

$$\mathbf{Q}_0^{\mathsf{T}}\,\mathbf{V}_i^k = 0\,, \qquad \mathbf{Z}_j^{\mathsf{T}}\,\mathbf{V}_i^k = \delta_{ij} \qquad (j = 1, \ldots, n;\; j \neq k)\,. \tag{17}$$

Es sei $\mathbf{V}_k^k = \mathbf{o}$ und $\mathbf{V}^k = (\mathbf{V}_1^k, \ldots, \mathbf{V}_n^k)$; ferner

$$\dot{S}^k = \{\mathbf{y} \mid \mathbf{y} = a_k \mathbf{P}_0 + \mathbf{V}^k \mathbf{A}_k\}$$

mit $\mathbf{a}^\mathsf{T} = (a_1, \ldots, a_n) \in E^+(n)$ und $\mathbf{A} = (\mathbf{A}_1, \ldots, \mathbf{A}_n) \in K^+(n)$.

Da $-\mathbf{Z}_k$ wegen (16) im Innern von $\dot{T}^k$ liegt, folgt nach (10), daß $\mathbf{P}_k$ in $\dot{S}^k$ liegt:

$$\mathbf{P}_k \in \dot{S}^k \qquad (k = 1, \ldots, n)\,. \tag{18}$$

Wir wollen nun zeigen, daß $\dot{S}^k$ ein polyedrischer Teilkegel von S^k ist. Dazu genügt es nachzuweisen, daß T^k in $\dot{T}^k$ liegt, wobei

$$T^k = \{\mathbf{y} \mid \mathbf{y} = \mathbf{Z}\,\mathbf{B}_k\} \qquad (\mathbf{B} = (\mathbf{B}_1, \ldots, \mathbf{B}_n) \in K^+(n))$$

ist. Es sei

$$\mathbf{V}_j^k = \sum_{\substack{i=1 \\ i \neq k}}^{n} x_i \mathbf{Z}_i\,.$$

Wir multiplizieren diese Gleichung skalar mit $\mathbf{Z}_l$ $(l \neq k)$; dann muß wegen (17)

$$\sum_{i \neq k}^{n} x_i \mathbf{Z}_l^\mathsf{T} \mathbf{Z}_i = \delta_{lj} \qquad (l = 1, \ldots, n;\ l \neq k) \tag{19}$$

gelten. Die Determinante D dieses Systems ist eine GRAMsche Determinante, die wegen (11) nicht verschwindet. Jeder Hauptminor p-ter Ordnung $(1 \leqq p \leqq n-1)$ von D ist offenbar ebenfalls eine GRAMsche Determinante, die überdies positiv ist (vgl. [7]). Andererseits sind die Nichthauptdiagonalelemente von D sämtlich negativ [nach (16)], also kann man den Satz von TUTSCHKE [8] anwenden und erhält, daß die Lösung von (19) durchweg positiv ist. Damit liegen die Kantenvektoren von T^k sämtlich in $\dot{T}^k$; $\dot{T}^k$ ist somit ein polyedrischer Teilkegel von T^k, woraus unmittelbar folgt, daß $\dot{S}^k$ ein polyedrischer Teilkegel von S^k ist. Wir setzen $\mathsf{S}(\mathbf{P}) = (\dot{S}^1, \dot{S}^2, \ldots, \dot{S}^n)$ und können nun den folgenden Satz beweisen.

Satz 3. *Zu jedem* $\mathbf{P}^* \in \mathsf{S}(\mathbf{P})$ *gibt es ein* $\mathbf{x}^* > \mathbf{o}$, *so daß* $\mathbf{P}_0 = \mathbf{P}^{*\mathsf{T}} \mathbf{x}^*$ *ist.*

Beweis. Es sei $\mathbf{P}^{*\mathsf{T}} = (\mathbf{P}_1^*, \ldots, \mathbf{P}_n^*)$ und $\mathbf{P}_k^* \in \dot{S}^k$, d. h.

$$\mathbf{P}_k^* = a_k \mathbf{P}_0 + \mathbf{V}^k \mathbf{A}_k \qquad (k = 1, \ldots, n)\,. \tag{20}$$

Unter der Voraussetzung, daß $\mathbf{P}^*$ regulär ist gibt es ein $\mathbf{x}^*$, so daß

$$\mathbf{P}_0^\mathsf{T} = \mathbf{x}^{*\mathsf{T}} \mathbf{P}^*$$

ist. Wenn wir hierin $\mathbf{P}_k^*$ entsprechend (20) einsetzen, erhalten wir

$$(1 - \mathbf{a}^\mathsf{T} \mathbf{x}^*)\,\mathbf{P}_0 = \sum_{k=1}^{n} x_k^* \mathbf{V}^k \mathbf{A}_k\,.$$

Da $\mathbf{P}_0$ von allen $\mathbf{V}_j^k$ $(j \neq k)$ linear unabhängig ist, müssen die x_k^* Lösung des Systems

$$\mathbf{a}^\mathsf{T} \mathbf{x} = 1\,, \tag{21a}$$

$$\sum_{k=1}^{n} x_k \mathbf{V}^k \mathbf{A}_k = \mathbf{o} \tag{21b}$$

sein. Wir multiplizieren (21 b) skalar mit $-\mathbf{Z}\,\mathbf{u}$ und erhalten das Gleichungssystem

$$\sum_{k=1}^{n} \mathbf{B}_k x_k = \mathbf{o} \tag{22}$$

mit

$$\mathbf{B}_k = \mathbf{A}_k^{\mathsf{T}} (-\mathbf{Z}^{\mathsf{T}} \mathbf{V}^k)\,\mathbf{u}\,.$$

Es sei $\mathbf{B}_k^{\mathsf{T}} = (b_{1k}, \ldots, b_{nk})$; wegen (17) und (10) folgt

$$b_{kk} = \mathbf{A}_k^{\mathsf{T}}\,\mathbf{u}\,,$$

$$b_{ik} = -a_{ki}\,u_i \qquad (i \neq k).$$

Damit hat (22) die Koeffizientenmatrix

$$\left(-a_{ki}\,u_i + \delta_{ki} \sum_{j=1}^{n} a_{kj}\,u_j\right)_{n,n}.$$

Nach dem Satz von HADAMARD (vgl. [9]) folgt, daß für alle p $(1 \leqq p \leqq n-1)$ jeder Hauptminor p-ter Ordnung der Determinante dieser Matrix positiv ist. Insbesondere sind je $n-1$ Gleichungen von (22) linear unabhängig. Wir lassen aus (22) die n-te Gleichung fort und erhalten das System

$$\sum_{k=1}^{n-1} b_{ik}\,x_k = x_n\,a_{ni}\,u_i \qquad (i = 1, \ldots, n-1)\,.$$

Dieses System hat für beliebiges x_n genau eine Lösung, und nach dem Satz von TUTSCHKE haben alle x_k das Vorzeichen von x_n:

$$\operatorname{sign} x_k = \operatorname{sign} x_n \qquad (k = 1, \ldots, n-1)\,.$$

Auf Grund dieser Relation und (21 a) folgt

$$\operatorname{sign} x_n = 1\,.$$

Also müssen die x_k^* als Lösung von (21 a, b) durchweg positiv sein, womit wir den Satz bewiesen haben. Die angenommene Regularität von $\mathbf{P}^*$ ergibt sich auf analogem Wege.

Korollar. Es sei $\mathbf{P}_k^{\mathsf{T}}(t_k) = (p_{k1} + t_k, \ldots, p_{kn} + t_k)$ und

$$\underline{t}_k = \inf\,\{t_k \mid \mathbf{P}_k(t_k) \in \dot{S}^k\}\,,$$

$$\bar{t}_k = \sup\,\{t_k \mid \mathbf{P}_k(t_k) \in \dot{S}^k\}\,.$$

Dann haben die Probleme

$$\operatorname{Max}\,\{\mathbf{P}_0^{\mathsf{T}}\,\mathbf{x} \mid \mathbf{P}(t_1, \ldots, t_n)\,\mathbf{x} \leqq \mathbf{q}\}$$

optimale Vektoren von gleicher Struktur für alle $t_k \in (\underline{t}_k, \bar{t}_k)$, wobei $\mathbf{P}(t_1, \ldots, t_n)^{\mathsf{T}} = (\mathbf{P}_1(t_1), \ldots, \mathbf{P}_n(t_n))$ *ist.*

Wir wollen nun noch eine hinreichende Bedingung dafür angeben, daß (16) erfüllt ist.

Satz 4. *Ist* $\mathbf{P}_0 = \mathbf{Q}_0$ *und* $\mathbf{P}_j^\mathsf{T} \mathbf{P}_k \leqq 0$ *für alle* k, j *mit* $j \neq k$, *so gilt* $\mathbf{Z}_j^\mathsf{T} \mathbf{Z}_k < 0$ $(j \neq k)$.

Beweis. Es sei $\mathbf{P}_0 = \mathbf{P}^\mathsf{T} \mathbf{u}^* = \mathbf{Q}_0 = \mathbf{P}^{-1} \mathbf{v}^*$; wegen $\mathbf{P}_j^\mathsf{T} \mathbf{P}_k \leqq 0$ $(j \neq k)$ folgt

$$v_k^* + \mathbf{P}_j^\mathsf{T} \mathbf{P}_k \frac{\mathbf{u}^{*\mathsf{T}} \mathbf{v}^*}{v_j^*} < v_j^* + v_k^* \qquad (j \neq k)$$

und daraus wegen $v_j^* = \mathbf{Q}_0^\mathsf{T} \mathbf{P}_j = \mathbf{P}_0^\mathsf{T} \mathbf{P}_j$, $\mathbf{P}_0^\mathsf{T} \mathbf{P}_0 = \mathbf{Q}_0^\mathsf{T} \mathbf{Q}_0 = \mathbf{u}^{*\mathsf{T}} \mathbf{v}^*$

$$\frac{v_k^*}{\mathbf{u}^{*\mathsf{T}} \mathbf{v}^*} \mathbf{P}_0^\mathsf{T} \mathbf{P}_0 + \mathbf{P}_j^\mathsf{T} \mathbf{P}_k \frac{\mathbf{u}^{*\mathsf{T}} \mathbf{v}^*}{v_j^*} < \mathbf{P}_0^\mathsf{T} (\mathbf{P}_j + \mathbf{P}_k)\,.$$

Aus dieser Ungleichung erhält man durch Multiplikation mit $v_j^*/\mathbf{u}^{*\mathsf{T}} \mathbf{v}^*$ und weiteren elementaren Umformungen

$$\left(\frac{v_k^*}{\mathbf{u}^{*\mathsf{T}} \mathbf{v}^*} \mathbf{P}_0 - \mathbf{P}_k\right)^\mathsf{T} \left(\frac{v_j^*}{\mathbf{u}^{*\mathsf{T}} \mathbf{v}^*} \mathbf{P}_0 - \mathbf{P}_j\right) < 0 \qquad (j \neq k)\,,$$

was mit der Behauptung identisch ist. Die Voraussetzung $\mathbf{P}_0 = \mathbf{Q}_0$ läßt sich bei beliebigem $\mathbf{P}_0$ nach dem Satz von Tucker (vgl. [10]) stets erfüllen.

4. Probleme mit mehr als n Restriktionen

Unter den angegebenen Voraussetzungen betrachten wir nun das Problem

$$\operatorname{Max} \{\mathbf{P}_0^\mathsf{T} \mathbf{x} \,|\, \mathbf{P}_j^\mathsf{T} \mathbf{x} \leqq q_j,\ j = 1, \ldots, m\} \tag{23}$$

mit $m > n$.

Es sei $\mathbf{x}^o$ der optimale Vektor von (23) und Lösung von ${}^o\mathbf{P}\,\mathbf{x} = {}^o\mathbf{q}$, wobei ${}^o\mathbf{P}^\mathsf{T} = (\mathbf{P}_1, \ldots, \mathbf{P}_n)$ und $\mathbf{P}_j^\mathsf{T} \mathbf{x}^o < q_j$, $j = n + 1, \ldots, m$, ist. Die reguläre Matrix ${}^o\mathbf{P}$ ist dann die Optimalmatrix von (23).

Wir können gemäß 3.2 bei vorgegebenem $\mathbf{v}$ $(\mathbf{v} > \mathbf{o})$ n Intervalle $(\underline{t}_k, \overline{t}_k)$ angeben, so daß sich die Struktur des optimalen Vektors von

$$\operatorname{Max} \{\mathbf{P}_0^\mathsf{T} \mathbf{x} \,|\, {}^o\mathbf{P}(t_1, \ldots, t_n)\, \mathbf{x} \leqq {}^o\mathbf{q}\} \tag{24}$$

nicht ändert für alle $t_k \in (\underline{t}_k, \overline{t}_k)$ $(k = 1, \ldots, n)$.

Besitzt das vorgegebene lineare Optimierungsproblem mehr als n Restriktinonen, so müssen die t_k noch anderen Bedingungen genügen, die nun hergeleitet werden sollen. Dazu sei $D(t_1, \ldots, t_n)$ die Determinante von ${}^o\mathbf{P}(t_1, \ldots, t_n)$ und $D_{ik}(t_1, \ldots, t_{k-1}, t_{k+1}, \ldots, t_n)$ die Determinante derjenigen Teilmatrix von ${}^o\mathbf{P}(t_1, \ldots, t_n)$, die durch Streichen der i-ten Spalte und k-ten Zeile entsteht. Man kann leicht zeigen, daß für ${}^o\mathbf{P}(t_1, \ldots, t_n)^{-1} = \left(p_{ik}^{-1}(t_1, \ldots, t_n)\right)_{n,n}$

$$p_{ik}^{-1}(t_1, \ldots, t_n) = (-1)^{i+k} \frac{D_{ik}(t_1, \ldots, t_{k-1}, t_{k+1}, \ldots, t_n)}{D(t_1, \ldots, t_n)}$$

und

$$D(t_1, \ldots, t_n) = D(\mathbf{o}) + \sum_{k=1}^{n} \sum_{i=1}^{n} t_k\, D_{ik}(\mathbf{o})$$

gilt. Für $D_{ik}(t_1, \ldots, t_{k-1}, t_{k+1}, \ldots, t_n)$ gilt eine analoge Formel. Insbesondere sind $D(t_1, \ldots, t_n)$ und $D_{ik}(t_1, \ldots, t_{k-1}, t_{k+1}, \ldots, t_n)$ lineare Funktionen in den

Parametern t_j. Für jedes $t_k \in (\underline{t}_k, \overline{t}_k)$ erhalten wir somit als optimalen Vektor $\mathbf{x}^o(t_1, \ldots, t_n)$ von (24)

$$x_i^0(t_1, \ldots, t_n) = \frac{1}{D(t_1, \ldots, t_n)} \sum_{k=1}^{n} (-1)^{i+k} D_{ik}(t_1, \ldots, t_{k-1}, t_{k+1}, \ldots, t_n)\, q_k .$$

Wenn wir dies in die restlichen $m - n$ Restriktionen von (23) einsetzen, ergibt sich

$$\operatorname{sign} D(t_1, \ldots, t_n) \cdot \sum_{i,k=1}^{n} p_{ji}(-1)^{i+k} D_{ik}(t_1, \ldots, t_{k-1}, t_{k+1}, \ldots, t_n)\, q_k < q_j \cdot D(t_1, \ldots, t_n) \qquad (j = n+1, \ldots, m) . \tag{25}$$

Dies sind lineare Restriktionen für die Parameter $t_1, \ldots, t_n$. Zusammen mit $t_k \in (\underline{t}_k, \overline{t}_k)$ ergeben sie alle Bedingungen, die an die t_k zu stellen sind.

Zusammenfassend haben wir das folgende Ergebnis:

Besitzt das lineare Optimierungsproblem

$$\operatorname{Max} \{\mathbf{P}_0^\mathsf{T} \mathbf{x} \,|\, \sum_{i=1}^{n} (p_{ki} + t_k)\, x_i \leqq q_k,\ k = 1, \ldots, n;\ \sum_{i=1}^{n} p_{ji}\, x_i \leqq q_j ,\ j = n+1, \ldots, m)\} \tag{26}$$

für $t_k = 0$ $(k = 1, \ldots, n)$ den optimalen Vektor $\mathbf{x}^o$ mit der Optimalmatrix ${}^o\mathbf{P} = (p_{ki})_{n,n}$, so läßt sich unter der Voraussetzung (16) für jedes t_k ein Intervall $(\underline{t}_k, \overline{t}_k)$ angeben, so daß sich die Struktur des optimalen Vektors von (26) für alle $t_k \in (\underline{t}_k, \overline{t}_k)$, die den linearen Restriktionen (25) genügen, nicht ändert.

Das lineare Optimierungsproblem sei jetzt in der Form

$$\operatorname{Max} \{\mathbf{P}_0^\mathsf{T} \mathbf{x} \,|\, (\mathbf{P}_k^* + \mathbf{P}_k)^\mathsf{T} \mathbf{x} \leqq q_k,\ k = 1, \ldots, n;\ \mathbf{P}_j^\mathsf{T} \mathbf{x} \leqq q_j,\ j = n+1, \ldots, m\} \tag{27}$$

gegeben, und für $\mathbf{P}_k^* = \mathbf{o}$ $(k = 1, \ldots, n)$ sei ${}^o\mathbf{P}^\mathsf{T} = (\mathbf{P}_1, \ldots, \mathbf{P}_n)$ die Optimalmatrix und $\mathbf{x}^o$ der optimale Vektor.

Unter der Voraussetzung (16) können wir dann den Bereich $\mathbf{S}({}^o\mathbf{P})$ konstruieren und erhalten nach Satz 3, daß sich die Struktur des optimalen Vektors von

$$\operatorname{Max} \{\mathbf{P}_0^\mathsf{T} \mathbf{x} \,|\, ({}^o\mathbf{P} + \mathbf{P}^*)\, \mathbf{x} \leqq {}^o\mathbf{q}\} \tag{28}$$

für alle $\mathbf{P}_k^*$ mit

$$(\mathbf{V}_1^k, \ldots, \mathbf{V}_{k-1}^k, \mathbf{P}_o, \mathbf{V}_{k+1}^k, \ldots, \mathbf{V}_n^k)^{-1} (\mathbf{P}_k + \mathbf{P}_k^*) > \mathbf{o} \qquad (k = 1, \ldots, n) \tag{29}$$

nicht ändert.

Der optimale Vektor $\mathbf{x}^o$ von (28) hängt stetig von den Elementen der Matrix $\mathbf{P}^*$ ab:

$$\mathbf{x}^o = \mathbf{x}^o(\mathbf{P}^*) = ({}^o\mathbf{P} + \mathbf{P}^*)^{-1}\, {}^o\mathbf{q} .$$

Die restlichen $m - n$ Restriktionen von (27) liefern

$$\mathbf{P}_j^\mathsf{T}\, \mathbf{x}^o(\mathbf{P}^*) < q_j \qquad (j = n+1, \ldots, m) . \tag{30}$$

Damit bleibt die Struktur des optimalen Vektors von (27) erhalten, wenn alle $\mathbf{P}_k^*$ die Bedingungen (29) und (30) erfüllen.

Literatur

[1] KÜNZI, H. P., und W. KRELLE: Nichtlineare Programmierung. Berlin–Göttingen–Heidelberg 1962.

[2] BALAS, E. and P. IVANESCU: Transportation problems with variable data. Rev. Math. Pures et Appl. **6**, 713–734 (1961).

[3] ZOUTENDIJK, G.: Methods of feasible directions. A study in linear and nonlinear programming, Amsterdam 1960.

[4] CHARNES, A.: Optimality and degeneracy in linear programming. Econometrica **20** (1952).

[5] HADLEY, G.: Linear programming. Reading (Mass.) – London 1962.

[6] GASS, S. I.: Linear programming, methods and applications, New York 1958.

[7] GANTMACHER, F. R.: Matrizenrechnung I. 2. Aufl., Berlin 1965 (Übersetzung aus dem Russischen).

[8] TUTSCHKE, W.: Eine hinreichende Bedingung für die Existenz positiver Lösungen von linearen Gleichungssystemen, Monatsber. Dtsch. Akad. Wiss. **5**, 11–12 (1963).

[9] PARODI, M.: La localisation des valeurs caractéristiques des matrices et ses applications. Paris 1959.

[10] KUHN, H. W., and A. W. TUCKER: Linear inequalities and related systems, Ann. of Math. Studies, Nr. 38, Princeton 1956.

[11] BARNETT, S.: Stability of the solution to a linear programming problem. Operat. Res. Quart. **13**, 219–228 (1962).

[12] SAATY, T. L.: Coefficient perturbation of a constrained extremum. J. Operations Res. Soc. Amer. **7**, 294–302 (1959).

[13] SHETTY, C. M.: On analyses of the solution to a linear programming problem. Operations Res. Quart. **12**, 89–104 (1961).

Ein Trajektorienverfahren zur Lösung konvexer Optimierungsprobleme

Von JÜRGEN GUDDAT [1])

Es wird ein Verfahren zur Lösung konvexer Optimierungsprobleme entwickelt, das sich nicht entlang zulässiger Richtungen bewegt und das mit endlich vielen Iterationsschritten auskommt. Die Idee läßt sich im Dreidimensionalen wie folgt geometrisch interpretieren: Der zulässige Bereich bilde einen konvexen Behälter. Durch die orthogonalen Trajektorien zur Hyperflächenschar, die durch die Zielfunktion definiert wird, ist ein Gravitationsfeld gegeben, unter dessen Einwirkung ein Wassertropfen in das gesuchte Extremum läuft. Im vorliegenden Verfahren wird der Weg dieses Wassertropfens analytisch beschrieben.

1. Einleitung

Viele der bisher bekannten Verfahren zur Lösung konvexer Optimierungsprobleme sind im wesentlichen Spezialfälle des Verfahrens der zulässigen Richtungen von ZOUTENDIJK (vgl. [2]), die sich nur durch verschiedene Normierungen unterscheiden. Diese Verfahren haben alle eines gemeinsam, daß man sich entlang gewisser Geraden solange bewegt, wie die Zielfunktion zunimmt (abnimmt), oder man den zulässigen Bereich verläßt. Unter Hinzunahme der Normierungen erhält man damit die zulässigen Richtungen. Für allgemeine konvexe Optimierungsprobleme konvergieren diese Verfahren zwar, aber nicht nach endlich vielen Näherungsschritten.

In dieser Arbeit soll nun ein Verfahren entwickelt werden, das sich nicht entlang zulässiger Richtungen bewegt und das mit endlich vielen Iterationsschritten auskommt. Die Idee des Verfahrens läßt sich im Dreidimensionalen wie folgt geometrisch interpretieren:

Der zulässige Bereich bilde einen konvexen Behälter aus irgendeinem festen Material. Durch die orthogonalen Trajektorien zur Hyperflächenschar, die durch die Zielfunktion definiert wird, ist ein Gravitationsfeld gegeben. Im zulässigen Bereich befindet sich ein Partikel, etwa ein Wassertropfen. Unter Einwirkung des Gravitationsfeldes läuft dieser Wassertropfen in das gesuchte Extremum. In dem vorliegenden Verfahren wird der Weg dieses Wassertropfens analytisch beschrieben.

---

[1]) Sektion Mathematik, Humboldt-Universität, 108 Berlin, Unter den Linden 6.

Dazu betrachten wir das allgemeine konvexe Optimierungsproblem

$$\text{Min}\,\{F(\mathbf{x})\,|\,h_j(\mathbf{x}) \leqq 0,\ \ j = 1, \ldots, m;\ \mathbf{x} = (x_1, \ldots, x_n)\}\,, \tag{1.1}$$

wobei $F(\mathbf{x})$ und $h_j(\mathbf{x})$, $j = 1, \ldots, m$, konvexe Funktionen[1]) sind.

Das Verfahren beginnt mit einem inneren Punkt $\mathbf{x}^0$ des zulässigen Bereiches $R = \{\mathbf{x}\,|\,h_j(\mathbf{x}) \leqq 0,\ j = 1, \ldots, m;\ \mathbf{x} = (x_1, \ldots, x_n)\}$.

Man berechnet die orthogonale Trajektorie als Lösung eines gewissen Differentialgleichungssystems mit dem Anfangswert $\mathbf{x}^0$. Die Trajektorie hat die Eigenschaft, daß die Zielfunktion $F(\mathbf{x})$ auf ihr streng monoton fallend ist (Satz 1). Der Punkt $\mathbf{x}^1$ (unter Voraussetzung, daß solch ein Punkt existiert), in dem die orthogonale Trajektorie den zulässigen Bereich verläßt, ist demzufolge ein besserer Näherungspunkt. Es wird nun eine Trajektorie auf dem Rand von R durch den Punkt $\mathbf{x}^1$ konstruiert (Definition 1), auf der die Zielfunktion mit Ausnahme gewisser Punkte, der sogenannten Singularitäten, streng monoton abnimmt (Satz 2). In Definition 3 wird der wichtige Begriff einer $*$-Fläche angegeben. Das sind Flächen, auf denen sich der Wassertropfen im Gravitationsfeld bewegen kann. Das Verfahren beruht nun darauf, zulässige Trajektorien (Definition 2) in solchen $*$-Flächen zu berechnen. Auf diese Weise gelangt man bei jedem Iterationsschritt von einer $*$-Fläche zu einer anderen (Lemma 1), wobei gesichert ist, daß in jedem Näherungspunkt eine zulässige Trajektorie existiert oder der betreffende Punkt die optimale Lösung von Problem (1.1) liefert (Satz 4). Ein dem Verfahren eigenes Optimalitätskriterium erhält man durch die Tatsache, daß in den zulässigen Singularitäten innerhalb einer $*$-Fläche die optimalen Lösungen des Problems zu suchen sind (Satz 3). Für das Verfahren sind weitere Voraussetzungen an das Problem (1.1) unumgänglich.

2.1. Zusätzliche Voraussetzungen an das konvexe Optimierungsproblem

V1: Der Restriktionsbereich R ist nichtleer.

V2: $F(\mathbf{x}) \in C^{(2)}$ im Innern eines Gebietes D mit $R \subseteq D$.

V3: $P(1, \ldots, m)$ sei die Potenzmenge von $\{1, \ldots, m\}$. Für alle $A \in P(1, \ldots, m)$ haben die Matrizen

$$\left(\frac{\partial h_j(\mathbf{x})}{\partial x_i}\right)_{i=1,\ldots,n} j \in A \quad \text{in allen Punkten von } D \text{ maximalen Rang.}$$

V4: Kein absolutes Minimum von $F(\mathbf{x})$ über dem E^n liegt in R.

Für das Trajektorienverfahren benötigen wir noch eine Voraussetzung V5, die in 2.2 formuliert wird.

2.2. Trajektorien und deren Eigenschaften

Die orthogonalen Trajektorien $x(t)$ zur Flächenschar $F(\mathbf{x}) = k$ sind Lösungen des Systems

$$\frac{dx(t)}{dt} = -\operatorname{grad} F(\mathbf{x})\,. \tag{2.2.1}$$

---

[1]) Unter einer konvexen Funktion wollen wir in dieser Arbeit eine Funktion verstehen, die auf dem ganzen E^n konvex ist.

Aus V2 folgt, daß grad $F(\mathrm{x})$ im Innern von D beschränkt ist und alle Komponenten von grad $F(\mathrm{x})$ dort einer LIPSCHITZ-Bedingung bezüglich $x_1, \ldots, x_n$ genügen (vgl. [4]). Damit ist (2.2.1) für beliebigen Anfangszustand eindeutig lösbar und auf Grund der Stetigkeit von grad $F(\mathrm{x})$ (nach V2) kann jede Integralkurve von (2.2.1) bis an den Rand von D fortgesetzt werden. Mit Hilfe der LIPSCHITZ-Bedingung ergibt sich ferner die globale Eindeutigkeit der Integralkurven von (2.2.1) (man vgl. [3], [4]). Jede Integralkurve $x(t, \mathrm{x}^0)$ mit dem Anfangswert x^0 nennen wir eine orthogonale Trajektorie. Unter den singulären Stellen der Trajektorie $x(t)$ wollen wir hier diejenigen Punkte verstehen, in denen $|\text{grad } F(\mathrm{x})| = 0$ gilt.

Die orthogonale Trajektorie $x(t)$ besitzt folgende Eigenschaften:

(2.2.2) $x(t)$ bewegt sich mit wachsendem t in Richtung des größten Abstiegs von $F(\mathrm{x})$.

(2.2.3) Die Hyperflächenschar $F(\mathrm{x}) = k$ und die Schar der orthogonalen Trajektorien bedecken R schlicht und sind in allen Punkten von R zueinander orthogonal.

Aus diesen Eigenschaften ergibt sich sofort der folgende Satz:

Satz 1. *Die Zielfunktion $F(\mathrm{x})$ ist auf $x(t)$ streng monoton fallend.*

Wir bemerken, daß dieser Satz nicht die Konvexität von $F(\mathrm{x})$ zur Voraussetzung hat.

In den Randflächen von R sollen nun auch Trajektorien gefunden werden, für die Satz 1 gilt.

Dazu betrachten wir eine Menge

$$S_A = \{\mathrm{x} \mid h_j(\mathrm{x}) = 0, j \in A; \mathrm{x} \in D\},$$

wobei $A \in P(1, \ldots, m)$ ist. S_A soll einen Randpunkt des zulässigen Bereiches R besitzen. O. B. d. A. nehmen wir für unsere weiteren Überlegungen an, daß A aus r Elementen mit $r < n$ bestehe. Dann wird durch die Menge S_A eine Fläche in E^n definiert, deren Dimension nach V3 gleich $n - r$ ist. Das System $h_j(\mathrm{x}) = 0$, $j \in A$ läßt sich in D nach allen Variablen auflösen, etwa nach den ersten r Variablen $x_1, \ldots, x_r$. Nach r-maligem Auflösen und Eliminieren jeweils einer dieser Variablen erhalten wir

$$S_A = \{\mathrm{x} \mid x_i = \bar{h}_i(x_{r+1}, \ldots, x_n),\ i = 1, \ldots, r;\ \mathrm{x} \in D\}.$$

Setzen wir dies in die Zielfunktion ein, so ergibt sich

$$F(\mathrm{x}) = F(\bar{h}_1, \ldots, \bar{h}_r, x_{r+1}, \ldots, x_n) = F_A(x_{r+1}, \ldots, x_n).$$

Die Funktion F_A ist somit die Einschränkung von F auf die $(n - r)$-dimensionale Fläche S_A. Ferner ist $F_A(x_{r+1}, \ldots, x_n) = k$ eine Flächenschar im E^{n-r}, wenn k den Wertebereich von F_A durchläuft. Analog zu (2.2.1) erhält man die orthogonalen Trajektorien zu $F_A = k$ als Lösungen von

$$\frac{dx_i}{dt} = - \text{grad } F_A(x_{r+1}, \ldots, x_n), \quad i = r + 1, \ldots, n. \tag{2.2.4}$$

Setzen wir voraus, daß

V5: $F_A \in C^{(2)}$ im E^{n-r} für alle $A \in P(1, \ldots, m)$ mit Ausnahme der Singularitäten von F_A, d. h. der Stellen mit $|\text{grad}\, F_A| = 0$, so ist wie oben die Fortsetzbarkeit der lokalen Lösungen von (2.2.4) und die globale Eindeutigkeit der Integralkurven gesichert (mit Ausnahme der Singularitäten).

Definition 1. Sei $\left(x_{r+1}(t), \ldots, x_n(t)\right)$ die Lösung von (2.2.4) mit dem Anfangswert $(x^0_{r+1}, \ldots, x^0_n)$. Dann heißt die Kurve

$$y_A(t) = \left(\bar{h}_1(t), \ldots, \bar{h}_r(t), x_{r+1}(t), \ldots, x_n(t)\right)$$

eine *Trajektorie* in S_A.

Aus den singulären Stellen von F_A ergeben sich nach Definition 1 die singulären Punkte von $y_A(t)$.

Die Trajektorie $y_A(t)$ hat die gewünschte Eigenschaft, denn F_A ist nach Satz 1 auf $\left(x_{r+1}(t), \ldots, x_n(t)\right)$ streng monoton fallend (mit Ausnahme der Singularitäten); andererseits ist F_A die Einschränkung von F auf S_A und $y_A(t)$ die kanonische Einbettung von $\left(x_{r+1}(t), \ldots, x_n(t)\right)$ in den E^n, woraus man sofort den folgenden Satz erhält:

Satz 2. *Die Zielfunktion $F(\mathbf{x})$ ist auf der Trajektorie $y_A(t)$ mit Ausnahme der Singularitäten von $y_A(t)$ streng monoton fallend.*

Für das Verfahren interessieren die zulässigen Trajektorien, die nun definiert werden sollen.

Definition 2. Es sei $y_A(t, \underline{\mathbf{x}})$ die Trajektorie in S_A, die zum Zeitpunkt $\underline{t}$ durch $\underline{\mathbf{x}} \in R$ läuft. Diese Trajektorie heißt *zulässig* im Punkte $\underline{\mathbf{x}} \in S_A$, wenn es ein $\bar{t} > \underline{t}$ gibt, so daß $y_A(t, \underline{\mathbf{x}}) \in R$ ist für alle $t \in [\underline{t}, \bar{t}]$.

Eine zulässige Trajektorie verläuft also mit wachsendem Kurvenparameter zeitweise auf dem Rande von R. Für $A = \emptyset$ ist durch die Definition 2 die Zulässigkeit einer orthogonalen Trajektorie zur Zielfunktion definiert.

Definition 3. Eine Fläche S_A, für die es einen inneren Punkt $\mathbf{x}^0 \in R$ gibt, so daß die orthogonale Trajektorie $x(t, \mathbf{x}^0)$ mit wachsendem t die Fläche S_A schneidet und von $\mathbf{x}^0$ bis zum Schnittpunkt in R verläuft, nennen wir eine *$*$-Fläche.*

$*$-Flächen enthalten also insbesondere Randpunkte von R. Wir werden später sehen, daß das Optimum von (1.1) gerade in einer $*$-Fläche zu suchen ist.

Lemma 1. *Es sei $B \subset A \in P(1, \ldots, m)$; A enthalte r Elemente; S_B sei $*$-Fläche, $\mathbf{x}^1 \in S_B$ ein entsprechender Schnittpunkt mit S_B; ferner $y_B(t, \mathbf{x}^1)$ eine zulässige Trajektorie und $\mathbf{x}^2 \in S_A$ derart, daß x^2 nicht optimal für (1.1) ist, auf $y_B(t, \mathbf{x}^1)$ liegt und $y_B(t, \mathbf{x}^1)$ den Bereich R mit wachsendem t in $\mathbf{x}^2$ verläßt. Dann ist S_A $*$-Fläche.*

Beweis. Angenommen, S_A sei nicht $*$-Fläche. Dann gibt es insbesondere keinen inneren Punkt $\mathbf{x}^0 \in R$, so daß $\mathbf{x}^2$ auf der Trajektorie $x(t, \mathbf{x}^0)$ liegt.

Es sei $F(\mathbf{x}^2) = k^2$. Wir haben zwei Fälle zu unterscheiden:

Fall 1. Die Menge $\{\mathbf{x} | F(\mathbf{x}) = F(\mathbf{x}^2)\} \cap R$ enthält nur Randpunkte von R. Dann ist $F(\mathbf{x}) = F(\mathbf{x}^2)$ Stützfläche an R in x^2. Andererseits ist $F(\mathbf{x})$ auf $y_B(t, \mathbf{x}^1)$ streng monoton fallend, also ist $\mathbf{x}^2$ optimal für (1.1) im Widerspruch zur Voraussetzung (siehe Abb. 1).

Fall 2. Die Menge $\{x | F(\mathbf{x}) = F(\mathbf{x}^2)\} \cap R$ enthält innere Punkte von R. Die Fläche $F(\mathbf{x}) = F(\mathbf{x}^2)$ zerlegt R in zwei Teile R_1 und R_2:

$$R_1 = \{x | F(\mathbf{x}) > F(\mathbf{x}^2); \mathbf{x} \in R\},$$

$$R_2 = \{\mathbf{x} | F(\mathbf{x}) < F(\mathbf{x}^2); \mathbf{x} \in R\}.$$

Es sei $\bar{\mathbf{x}} \in R_1$ ein beliebiger innerer Punkt von R und $x(t, \bar{\mathbf{x}})$ die entsprechende orthogonale Trajektorie, die dann einen Schnittpunkt y mit $F(\mathbf{x}) = F(\mathbf{x}^2)$ hat, der innerer Punkt von R ist, da S keine $*$-Fläche sein sollte. Nach Satz 1 nimmt $F(\mathbf{x})$ auf $x(t, \bar{\mathbf{x}})$ streng monoton ab; folglich kann S_B keine $*$-Fläche sein (siehe Abb. 1).

Da dies offenbar erst recht für $\bar{\mathbf{x}} \in R_2$ gilt, ist das Lemma bewiesen.

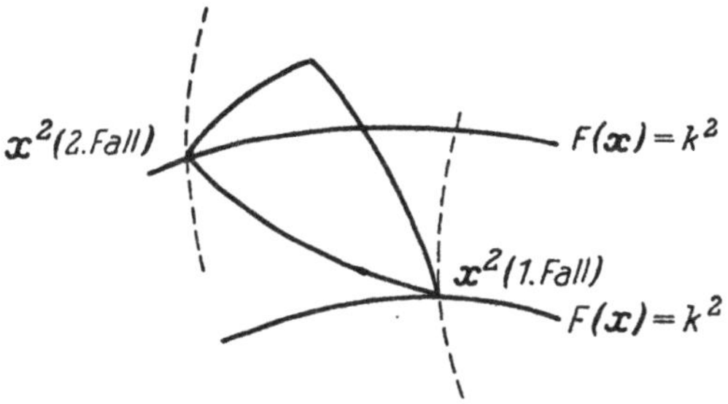

Abb. 1

2.3. Singuläre Stellen der Trajektorien

Im folgenden soll untersucht werden, welche Eigenschaften der Singularitäten einer Trajektorie für das Verfahren ausgenutzt werden können. Die lokalen Extrema von $F_A(x_{r+1}, \ldots, x_n)$ liegen notwendig in den Singularitäten von $(x_{r+1}(t), \ldots, x_n(t))$ als Lösung von (2.2.4). Auf Grund des Zusammenhanges zwischen F und F_A sowie den Punkten aus S_A und E^{n-r} folgt sofort:

Lemma 2. *Hat F_A in $(\hat{x}_{r+1}, \ldots, \hat{x}_n)$ ein lokales Minimum, so ist $\hat{\mathbf{x}}_A = (\bar{h}_1, \ldots, \bar{h}_r, \hat{x}_{r+1}, \ldots, \hat{x}_n)$, wobei $\bar{h}_i = \bar{h}_i(\hat{x}_{r+1}, \ldots, \hat{x}_n)$ ist, ein lokales Minimum von $\{F(\mathbf{x}) | S_A\}$.*

Lemma 3. *Ist $\hat{\mathbf{x}} \in R$ ein lokales Minimum von $\{F(\mathbf{x}) | S_A\}$ und S_A eine $*$-Fläche, so ist $\hat{\mathbf{x}}$ optimal für (1.1).*

Beweis. Es genügt offenbar zu zeigen, daß $\hat{\mathbf{x}}$ optimal ist für

$$\text{Min}\,\{F(\mathbf{x}) | h_j(\mathbf{x}) \leqq 0,\ j \in A\}. \tag{2.3.1.}$$

Wegen $\hat{\mathbf{x}} \in R$ und V4 gibt es eine n-dimensionale offene Kugel $K(\hat{\mathbf{x}})$ mit dem Mittelpunkt in $\hat{\mathbf{x}}$, so daß keine absoluten Minima von $F(\mathbf{x})$ in $K(\hat{\mathbf{x}})$ liegen. Ferner sei

$$V(\hat{\mathbf{x}}) = K(\mathbf{x}) \cap \{\mathbf{x} | h_j(\mathbf{x}) \leqq 0,\ j \subset A\}, \quad W(\hat{\mathbf{x}}) = K(\mathbf{x}) \cap \{\mathbf{x} | h_j(\mathbf{x}) > 0,\ j \in A\}.$$

Berücksichtigt man außerdem, daß $\hat{\mathbf{x}}$ ein lokales Minimum von $\{F(\mathbf{x}) | S_A\}$ ist und daß die Mengen $\{\mathbf{x} | h_j(\mathbf{x}) \leqq 0,\ j \in A\}$ und $\{x | F(\mathbf{x}) \leqq F(\hat{\mathbf{x}})\}$ konvex sind, so hat man zwei Fälle zu unterscheiden.

Fall 1. $\{\mathbf{x}|h_j(\mathbf{x}) \leqq 0, \ j \in A\}$ und $\{\mathbf{x}|F(\mathbf{x}) \leqq F(\hat{\mathbf{x}})\}$ haben nur Randpunkte gemeinsam, d. h., es gilt $F(\mathbf{x}) \geqq F(\hat{\mathbf{x}})$ für alle $\mathbf{x} \in V(\hat{\mathbf{x}})$ und $F(\mathbf{x}) < F(\hat{\mathbf{x}})$ für alle $\mathbf{x} \in W(\hat{\mathbf{x}})$ (siehe Abb. 2).

Fall 2. $\{\mathbf{x}|F(\mathbf{x}) \leqq F(\hat{\mathbf{x}})\} \supseteqq \{\mathbf{x}|h_j(\mathbf{x}) \leqq 0, \ j \in A\}$, d. h. $F(\mathbf{x}) > F(\hat{\mathbf{x}})$ für alle $\mathbf{x} \in W(\hat{\mathbf{x}})$ und $F(\mathbf{x}) \leqq F(\hat{\mathbf{x}})$ für alle $\mathbf{x} \in V(\hat{\mathbf{x}})$ (siehe Abb. 3).

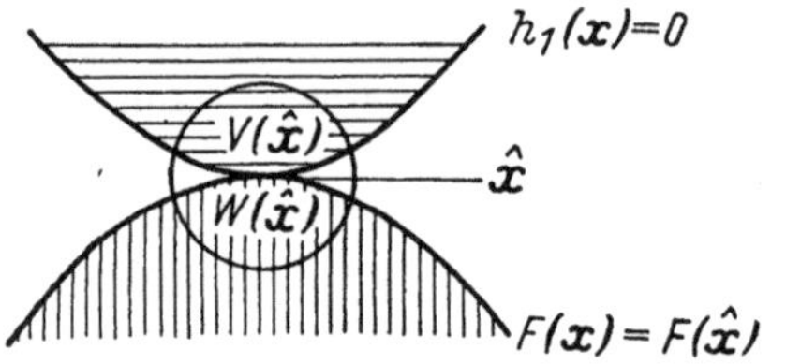

Abb. 2

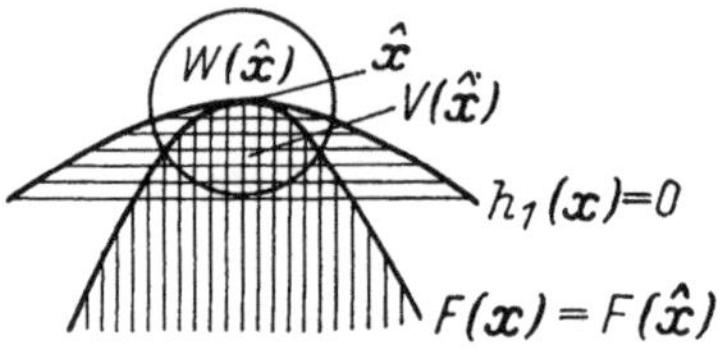

Abb. 3

Im ersten Fall ist $\hat{\mathbf{x}}$ optimal für (2.3.1). Für den zweiten Fall nutzen wir aus, daß S_A eine $*$-Fläche ist. Danach gibt es durch einen inneren Punkt $\mathbf{x}^0 \in R$ eine orthogonale Trajektorie $x(t, \mathbf{x}^0)$, die S_A mit wachsendem t schneidet und auf der $F(\mathbf{x})$ streng monoton fallend ist. Insbesondere verläuft $x(t, \mathbf{x}^0)$ bis zum Schnittpunkt mit S_A mit wachsendem t in $\{\mathbf{x}|h_j(\mathbf{x}) < 0, j \in A\}$. Demzufolge kann nur Fall 1 eintreten, womit das Lemma bewiesen ist.

Aus Lemma 2 und 3 ergibt sich

Satz 3. *Ein in einer Randfläche S_A von R gelegener zulässiger Punkt $\hat{\mathbf{x}}$ ist optimal für* (1.1), *falls die Einschränkung F_A von F auf S_A in dem entsprechenden Punkt im E^{n-r} ein lokales Minimum besitzt und S_A eine $*$-Fläche ist.*

Die Notwendigkeit dieses Kriteriums ist trivial, wobei die Voraussetzung einer $*$-Fläche in diesem Fall entbehrlich ist.

Als nächstes untersuchen wir, wann in einem Randpunkt von R eine zulässige Trajektorie existiert.

Satz 4. *Wenn ein zulässiger, jedoch nicht optimaler Punkt $\hat{\mathbf{x}}$ von* (1.1) *in einer $*$-Fläche S_A liegt, so gibt es für ein $\bar{A} \in P(A)$ eine in $\hat{\mathbf{x}}$ zulässige Trajektorie $y_{\bar{A}}(t, \hat{\mathbf{x}})$.*

Den Beweis überlegt man sich leicht mit Hilfe von Lemma 3.

2.4. Die Iterationsschritte

Bisher wurde die allgemeine Theorie für die Iterationsschritte ausgearbeitet. Es folgt nun ein Vorschlag für einen Algorithmus.

A. *Anfangsschritt*

A 1. Bestimmung eines inneren Punktes $\mathbf{x}^0 \in R$.

A 2. Berechnung der orthogonalen Trajektorie $x(t, \mathbf{x}^0)$ als Lösung von (2.2.1) mit dem Anfangswert $\mathbf{x}^0$.

A 3. Es sei $x(t^0, \mathrm{x}^0) = x^0$; Berechnung von t^1 aus

$$t^1 = \sup \left\{ t \,|\, t \geqq t^0;\ \frac{d}{dt} F\big(x(t, \mathrm{x}^0)\big) \leqq 0;\ h_j\big(x(t, \mathrm{x}^0)\big) \leqq 0, j = 1, \ldots, m \right\}.$$

Ist $t^1 = \infty$, so existiert wegen Satz 1 für (1.1) kein endliches Optimum. Ist $\frac{d}{dt} F\big(x(t^1, \mathrm{x}^0)\big) = 0$, so ist $\mathrm{x}^1 = x(t^1, \mathrm{x}^0)$ optimal für (1.1) nach Satz 3. Andernfalls sei $A^1 = \{j \,|\, h_j(\mathrm{x}^1) = 0\}$, und man fahre mit B fort.

B. *Der k-te Schritt*

B 1. Es sei x^{k-1} der $(k-1)$-te Iterationspunkt, $A^{k-1} = \{j \,|\, h_j(\mathrm{x}^{k-1}) = 0\}$; Berechnung der Trajektorien durch x^{k-1} in S_A für jedes $A \in P(A^{k-1})$. (Dies kann etwa so geschehen, daß man $P(A^{k-1})$ lexikographisch ordnet.) Abbrechen bei der ersten zulässigen Trajektorie $y_{\bar{A}}(t, \mathrm{x}^{k-1})$.

B 2. Die Trajektorie $y_{\bar{A}}(t, \mathrm{x}^{k-1})$ liege in $\bar{A} \in P(A^{k-1})$ [1]; es sei t^{k-1} Lösung von $y_{\bar{A}}(t, \mathrm{x}^{k-1}) = \mathrm{x}^{k-1}$; Berechnung von t^k aus

$$t^k = \sup \Big\{ t \,|\, t \leqq t^{k-1};\ \frac{d}{dt} F\big(y_{\bar{A}}(t, \mathrm{x}^{k-1})\big) \leqq 0;\ h_j\big(y_{\bar{A}}(t, \mathrm{x}^{k-1})\big) \leqq 0,$$
$$j = 1, \ldots, m \Big\}.$$

Bezüglich t^k gibt es nun drei Fälle zu unterscheiden:

Ist $t^k = \infty$, so existiert kein endliches Optimum (nach Satz 2).
Ist $\frac{d}{dt} F\big(y_A(t^k, \mathrm{x}^{k-1})\big) = 0$, so ist $\mathrm{x}^k = y_{.}(t^k, \mathrm{x}^{k-1})$ optimal für (1.1) nach Satz 3.
Andernfalls sei $A^k = \{j \,|\, h_j(\mathrm{x}^k) = 0\}$, und man fahre mit B 1 fort.

Zu dem vorliegenden Algorithmus sind noch einige Bemerkungen zu machen.

Es ist leicht einzusehen, daß dieses Verfahren endlich ist. Der Anfangsschritt ist erforderlich, damit alle auftretenden Randflächen $*$-Flächen sind (wegen Lemma 1).

Häufig wird es sich als zweckmäßig erweisen, die singulären Stellen der ausgewählten zulässigen Trajektorie zu berechnen und auf Zulässigkeit zu prüfen (siehe Satz 3).

Bei großen Optimierungsproblemen ist es unter Umständen rechnerisch schwierig, einen inneren Punkt von R zu finden. Man kann das Verfahren aber auch mit einem Randpunkt x^0 von R beginnen, indem man die orthogonale Trajektorie $x(t, \mathrm{x}^0)$ berechnet und prüft, ob sie in x^0 zulässig ist. In x^0 kann wegen V4 keine singuläre Stelle von $x(t, \mathrm{x}^0)$ auftreten. Ist diese Trajektorie in x^0 zulässig, so beginnt man das Verfahren mit dem Anfangsschritt. Sollte sie nicht zulässig sein, so befindet man sich bereits in einer $*$-Fläche und kann mit dem allgemeinen Iterationsschritt beginnen.

Besteht im $(k + 1)$-ten Iterationsschritt die Indexmenge A^k aus r Elementen und enthält die Indexmenge $\bar{A}$, die den Übergang von x^{k-1} zu x^k liefert, s Ele-

---

[1]) $\bar{A}$ ist die Indexmenge aus $\{1, \ldots, m\}$, die den Übergang von A^{k-1} zu A^k definiert.

mente, so ist die maximale Anzahl p der im $(k+1)$-ten Schritt zu berechnenden Trajektorien

$$p = \sum_{i=1}^{r} \binom{r}{i} - \sum_{i=1}^{s} \binom{s}{i}.$$

Wählt man aus allen in $\mathbf{x}^k$ zulässigen Trajektorien diejenige aus, auf der die Zielfunktion maximal abnimmt, so entscheidet man sich für den Weg, auf dem der Wassertropfen (siehe Einleitung) ins Minimum laufen würde.

3. Das Trajektorienverfahren für quadratische und lineare Optimierung

Wir spezialisieren nun die Ergebnisse auf quadratische und lineare Optimierungsprobleme. Das quadratische Problem formulieren wir folgendermaßen:

$$\operatorname{Min} \{F(\mathbf{x}) = \mathbf{p}' \mathbf{x} + \mathbf{x}' \mathbf{C} \mathbf{x} \,|\, h_j(\mathbf{x}) = \mathbf{a}^{j\prime} \mathbf{x} + b_j \leqq 0\}, \tag{3.1}$$

wobei $\mathbf{p}$, $\mathbf{x}$ und $\mathbf{a}^j$ n-Vektoren sind und $\mathbf{C}$ eine $(n \times n)$-Matrix ist.

Die Voraussetzungen V2 und V4 sind erfüllt. Die Voraussetzung V3 ist entbehrlich, da man für das quadratische Problem auch linear abhängige Hyperebenen zulassen kann. Somit ist auf jedes quadratische konvexe Optimierungsproblem das Trajektorienverfahren anwendbar. Überdies ist in diesem Fall das System (2.2.1) ein Differentialgleichungssystem mit konstanten Koeffizienten

$$\frac{dx(t)}{dt} = -(\mathbf{p} + 2\,\mathbf{C}\,\mathbf{x}), \tag{3.2}$$

das sich mit dem bekannten Exponentialansatz (vgl. [4]) lösen läßt.

Für die Anwendung des Verfahrens auf lineare Probleme der Form

$$\operatorname{Min} \left\{ F(\mathbf{x}) = \mathbf{c}' \mathbf{x} \,|\, h_j(\mathbf{x}) = \sum_{i=1}^{n} a_{ij} x_i - b_j \leqq 0,\ j = 1, \ldots, m \right\} \tag{3.3}$$

muß lediglich vorausgesetzt werden, daß der zulässige Bereich R nicht leer ist. Der negative Gradient in einer niederdimensionalen Seite wird analog zu Definition 1 berechnet, wobei bei der Bestimmung der restlichen Komponenten beachtet werden muß, daß die konstanten Glieder b_j wegfallen, da es sich um einen Vektor handelt.

Man kann leicht beweisen, daß die Verfahren der projizierten Gradienten (vgl. [5]) für lineare Probleme keine Spezialfälle des Trajektorienverfahrens sind, weil in unserem Verfahren die induzierte Metrik in den Hyperflächen nicht berücksichtigt wurde. Ändert man jedoch die Definition 2 der Trajektorien entsprechend ab, so kann man für lineare Probleme zeigen, daß die so definierten Trajektorien mit den projizierten Gradienten übereinstimmen.

4. Beispiele

Zwei einfache Beispiele der quadratischen und linearen Optimierung sollen das Trajektorienverfahren illustrieren.

Beispiel 1. Es sei $\mathfrak{x}' = (x_1, x_2)$, und $F(\mathfrak{x}) = (-6; 0)\,\mathfrak{x} + \mathfrak{x}'\begin{pmatrix} 2 & -1 \\ -1 & 2 \end{pmatrix}\mathfrak{x}$ ist unter folgenden Nebenbedingungen zu minimieren:

$$\begin{aligned} h_1(\mathfrak{x}) &= x_1 + x_2 - 2 \leqq 0\,, \\ h_2(\mathfrak{x}) &= -\,x_1 \leqq 0\,, \\ h_3(\mathfrak{x}) &= -\,x_2 \leqq 0\,. \end{aligned}$$

A. *Anfangsschritt*

A 1. Ein innerer Punkt von R ist $\mathfrak{x}^{0\prime} = (0{,}5; 1)$.

A 2. Zur Berechnung der orthogonalen Trajektorie haben wir das System

$$\frac{d\mathfrak{x}}{dt} = -\,(\mathfrak{p} + 2\,\mathfrak{C}\,\mathfrak{x}) = -\,(4\,x_1 - 2\,x_2 - 6;\; -\,2\,x_1 + 4\,x_2)$$

mit dem Anfangswert $\mathfrak{x}^0$ zu lösen. Wir erhalten

$$x(t, \mathfrak{x}^0) = \left(-\frac{3}{4}\,e^{-2t} - \frac{3}{4}\,e^{-6t} + 2;\;\; -\frac{3}{4}\,e^{-2t} + \frac{3}{4}\,e^{-6t} + 1\right).$$

A 3. Für t^1 ergibt sich $t^1 = 0{,}2028$. Der Schnittpunkt ist dann $\mathfrak{x}^{1\prime} = x(t^1, \mathfrak{x}^0) = (1{,}2776; 0{,}7224)$. Er liegt in $h_1(\mathfrak{x}) = 0$ und ist nicht optimal.

B. *Der 1. Iterationsschritt*

B 1. Entsprechend der obigen Bemerkung berechnen wir das lokale Minimum von $F_{\{1\}}(x_1) = 6\,x_1^2 - 18\,x_1 + 8$ und finden $\hat{x}_1^1 = \frac{3}{2}$. Dann ist

$$\hat{\mathfrak{x}}^{1\prime} = (\hat{x}_1^1, \bar{h}_1(\hat{\mathfrak{x}}_1^1)) = \left(\frac{3}{2}; \frac{1}{2}\right).$$

Da $\hat{\mathfrak{x}}^1$ zulässig ist, muß es wegen Satz 3 optimal sein.

Beispiel 2. Es sei $\mathfrak{x}' = (x_1, x_2, x_3)$, und $F(\mathfrak{x}) = -\,x_1 + x_2 - x_3$ ist unter folgenden Nebenbedingungen zu minimieren:

$$\begin{aligned} h_1(\mathfrak{x}) &= x_1 - 2\,x_2 + x_3 - 8 \leqq 0\,, & h_3(\mathfrak{x}) &= -\,x_1 \leqq 0\,, \\ h_2(\mathfrak{x}) &= 2\,x_1 - x_2 + 4\,x_3 + 2 \leqq 0\,, & h_4(\mathfrak{x}) &= -\,x_2 \leqq 0\,, \end{aligned} \qquad h_5(\mathfrak{x}) = -\,x_3 \leqq 0\,.$$

A. *Anfangsschritt*

A 1. Ein innerer Punkt von R ist $\mathfrak{x}^{0\prime} = (1; 10; 1)$.

A 2. Die orthogonale Trajektorie ist hier ein Gradient und lautet

$$\mathfrak{x}^{0\prime} + t \cdot (-\,\mathrm{grad}\,F(\mathfrak{x}))' = (1 + t; 10 - t; 1 + t)\,.$$

A 3. Für t^1 ergibt sich hier $t^1 = 0{,}286$ und für $\mathfrak{x}^{1\prime} = \mathfrak{x}^{0\prime} + t^1\,(1; -1; 1) = (1{,}286; 0{,}714; 1{,}286)$, wobei dieser Punkt nicht optimal ist.

B_1. *Der 1. Iterationsschritt*

B_1 1. x^1 liegt in $h_2(x) = 0$; die Trajektorie in x^1 lautet

$$y_{\{2\}}(t, x^1) = x^{1'} - t(-1; -14; -3)$$
$$= (1{,}286 - t; 0{,}714 - 14t; 1{,}286 - 3t)\,.$$

B_1 2. Die Trajektorie verläßt zum Zeitpunkt $t^2 = 0{,}43$ den zulässigen Bereich; daraus folgt $x^{2'} = (0{,}858; 3{,}722; 0)$, x^2 ist nicht optimal.

B_2. *Der 2. Iterationsschritt*

B_2 1. x^2 liegt in $h_2(x) = 0$ und $h_5(x) = 0$.

a) Die Trajektorie durch x^2 in der Hyperebene $h_5(x) = 0$ ist nicht zulässig in x^2.

b) $y_{\{2;5\}}(t, x^1) = (0{,}858 - t;\ 3{,}722 - 2t;\ 0)\,.$

B_2 2. Für t^3 erhalten wir 0,858, woraus sich $x^{3'} = (0; 2; 0)$ ergibt, also ein Eckpunkt des zulässigen Bereichs R, der in den Hyperebenen $h_j(x) = 0$, $j = 2, 3, 5$, liegt und sich als optimal erweist.

Literatur

[1] KÜNZI, H. P., und W. KRELLE: Nichtlineare Programmierung. Berlin–Göttingen–Heidelberg 1962.

[2] ZOUTENDIJK, G.: Methods of feasible directions. A study in linear and non-linear programming. Amsterdam–London–New York–Princeton 1960.

[3] KAMKE, E.: Differentialgleichungen reeller Funktionen I, II. 5. Aufl., Leipzig 1964 bzw. 1965.

[4] STEPANOW, W. W.: Lehrbuch der Differentialgleichungen. 3. Aufl., Berlin 1967 (Übersetzung aus dem Russischen).

[5] ROSEN, J. B.: The gradient projection method for nonlinear programming, Part I: Linear constraints. J. Soc. Industr. Appl. Math. 8 (1960).

Über die Optimalität von (s, S)-Strategien bei stochastischen Lagerhaltungsproblemen mit Lagerkostenfunktionen, die eine Sprungstelle haben

Von Helmut Limberg[1])

Es wird eine Differentialungleichung für die Bedarfsdichte als hinreichende Bedingung dafür angegeben, daß eine (s, S)-Strategie der Lagerhaltung für ein n-periodisches Problem minimale mittlere Gesamtkosten garantiert. Die Gesamtkosten bestehen aus Bestell-, Lager- und Fehlkosten. Die Bestell- und Lagerkosten seien linear bis auf eine Sprungstelle, die Fehlkosten linear und stetig. Es wird nachgewiesen, daß einige einfache Klassen von Bedarfsdichten, insbesondere Gamma-Dichten, die Differentialungleichung erfüllen.

A. Problemstellung

Ein Warenlager habe die Aufgabe, zu Beginn jeder zeitlichen Periode (etwa jeder Woche) so viele Einheiten einer Ware (z. B. beim Produzenten) zu bestellen, d. h. eine optimale Strategie der Warenbestellung zu wählen derart, daß die Befriedigung des statistisch bekannten Bedarfs der Verbraucher mit minimalen mittleren Gesamtkosten für das Lager gewährleistet wird. Die Gesamtkosten bestehen aus den Bestell-, Lager- und Fehlkosten, die über eine betrachtete Zahl n von Perioden anfallen. Dabei wird vorausgesetzt, daß die Warenbelieferung (vom Produzenten an das Lager) sofort nach der Bestellung erfolgt (Sofortbelieferung) und daß die Bestellkosten $c(z)$ einer Warenmenge z für $z > 0$ einen fixen Anteil K enthalten und darüber hinaus linear ansteigen:

$$c(z) = \begin{cases} 0 & \text{für} \quad z = 0\,, \\ K + c_0 \cdot z & \text{für} \quad z > 0; \quad K, c_0 > 0\,. \end{cases} \tag{1}$$

Man nimmt oft an, daß die Lagerkosten $h(l)$ und die Fehlkosten $p(f)$ (z. B. Kosten für die Nachbestellung oder Strafkosten) lineare Funktionen der auf Lager befindlichen Warenmenge l bzw. der bei auftretendem Bedarf im Lager nicht vorhandenen sogenannten Fehlmenge f sind und für $l \leqq 0$ bzw. $f \leqq 0$ identisch verschwinden, also durch

$$h(l) = \begin{cases} 0 & \text{für} \quad l \leqq 0\,, \\ h_0 \cdot l & \text{für} \quad l > 0\,, \quad h_0 > 0 \end{cases} \tag{2}$$

[1]) IAMM, DAdW, 108 Berlin, Mohrenstr. 39.

bzw.

$$p(f) = \begin{cases} 0 & \text{für} \quad f \leqq 0\,, \\ p_0 \cdot f & \text{für} \quad f > 0\,, \quad p_0 > 0 \end{cases} \tag{3}$$

beschrieben werden (Abb. 1). Die Wahrscheinlichkeitsverteilung des Bedarfs ξ in einer Periode sei für alle Perioden dieselbe und durch eine (evtl. bis auf die Stelle $\xi = 0$) stetige Dichte $\varphi(\xi)$ gegeben. Der Lagerbestand nach Lieferung der bestellten Ware werde mit y bezeichnet. Dann beträgt der Erwartungswert der Lager- und Fehlkosten während der betrachteten Periode

$$L(y) = \begin{cases} \int\limits_0^y h\,(y-\xi)\,\varphi(\xi)\,d\xi + \int\limits_y^\infty p\,(\xi - y)\,\varphi(\xi)\,d\xi & \text{für} \quad y \geqq 0\,, \\ \int\limits_0^\infty p\,(\xi - y)\,\varphi(\xi)\,d\xi & \text{für} \quad y < 0\,, \end{cases} \tag{4}$$

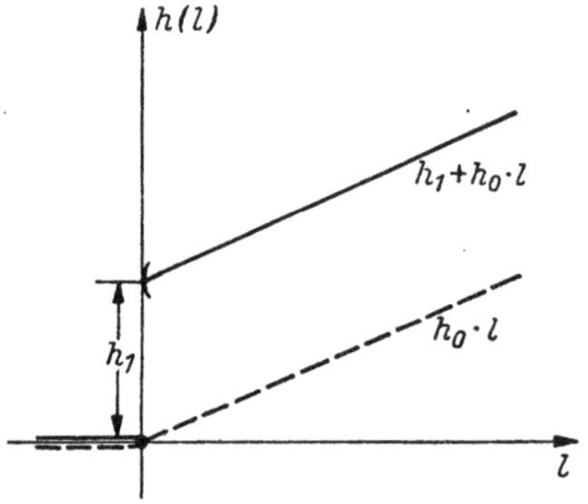

Abb. 1

insbesondere also bei den linearen Kosten (2) bzw. (3)

$$L(y) = \begin{cases} h_0 \int\limits_0^y (y-\xi)\,\varphi(\xi)\,d\xi + p_0 \int\limits_y^\infty (\xi - y)\,\varphi(\xi)\,d\xi & \text{für} \quad y \geqq 0\,, \\ p_0 \int\limits_0^\infty (\xi - y)\,\varphi(\xi)\,d\xi & \text{für} \quad y < 0\,. \end{cases} \tag{5}$$

In diesem Fall ist

$$\frac{d^2 L}{dy^2} = L''(y) = \begin{cases} (h_0 + p_0)\,\varphi(y) & \text{für} \quad y \geqq 0\,, \\ 0 & \text{für} \quad y < 0\,, \end{cases} \tag{6}$$

d. h. $L''(y) \geqq 0$ für alle y und alle Dichten $\varphi(\xi)$ mit endlichem Erwartungswert. $L(y)$ ist also konvex, wobei $L''(y)$ für $y = 0$ eventuell eine Sprungstelle haben kann (falls $\varphi(0) \neq 0$ ist).

In einer grundlegenden Arbeit hat H. SCARF [1] mit Hilfe der Methode der dynamischen Optimierung gezeigt, daß bei Bestellkosten der Form (1) sowie solchen Lager- und Fehlkosten, für die $L(y)$ in (4) eine konvexe Funktion ist, eine optimale Strategie der Warenbestellung bzw. der Lagerhaltung vom einfachen (s, S)-Typ ist, d. h., es gibt n Zahlenpaare (s_1, S_1), (s_2, S_2), ..., (s_n, S_n)

mit $s_i < S_i$, $i = 1, \ldots, n$, derart, daß die gesamten mittleren Kosten (Bestell-, Lager- und Fehlkosten) über n Perioden minimal werden, sobald man nach der folgenden einfachen Regel Waren bestellt: Ist der Warenbestand x am Ende der $(i-1)$-ten bzw. zu Beginn der i-ten Periode kleiner als s_i, $x < s_i$, so fülle man den Bestand auf S_i auf, bestelle also $S_i - x$, so daß nach der Lieferung der Bestand $y_i = S_i$ zu Beginn der i-ten Periode zur Verfügung steht; ist jedoch $x \geqq s_i$, so bestelle man nichts. Es ist also die folgende, sogenannte (s, S)-Strategie der Lagerhaltung optimal:

$$y_i(x) = \begin{cases} S_i & \text{für} \quad x < s_i\,, \\ x & \text{für} \quad x \geqq s_i\,, \end{cases} \qquad i = 1, \ldots, n\,. \tag{7}$$

Scarf bewies die Optimalität von (s, S)-Strategien für konvexe, differenzierbare Kostenfunktionen $L(y)$, insbesondere also wegen (5) und (6) für den Fall linearer Lager- und Fehlkosten (2) bzw. (3). Später hat E. Zabel [2] diesen Beweis auch für konvexe, nicht notwendig differenzierbare Kostenfunktionen $L(y)$ geführt.

Während die Bestellkosten (1) und die Fehlkosten (3) die wirklichen Verhältnisse in den meisten Fällen gut approximieren, kann man dies von den linearen Lagerkosten (2) kaum sagen. Schon bei geringen Lagerbeständen l wird man gewisse Kosten (z. B. Miete für den Lagerraum, Einstellung von Wartungspersonal usw.) in fast gleicher Höhe einkalkulieren müssen wie bei vollem Lagerraum, also für größere l. Realistischer als (2) ist deshalb folgende Lagerkostenfunktion (Abb. 1):

$$h(l) = \begin{cases} 0 & \text{für} \quad l \leqq 0\,, \\ h_1 + h_0\, l & \text{für} \quad l > 0\,; \qquad h_1, h_0 = 0\,. \end{cases} \tag{8}$$

Wie bei den Bestellkosten (1) tritt hier also ein fixer Anteil h_1 auf. Während nach Scarf [1] auf Grund von (6) für die Kostenfunktionen (1), (2) und (3) optimale Strategien vom (s, S)-Typ bei beliebigen Dichten $\varphi(\xi)$ existieren, wird man in dem nichtlinearen Fall (8) [(1) und (3) bleiben unverändert] nicht mehr für jede Dichte $\varphi(\xi)$ optimale (s, S)-Strategien erwarten können.

In der vorliegenden Arbeit sollen auf der Grundlage der Beweise von Scarf und Zabel [1], [2] hinreichende Bedingungen für die Bedarfsdichten $\varphi(\xi)$ sowie gewisse Klassen solcher Dichten angegeben werden, für die auch noch optimale Strategien vom einfachen (s, S)-Typ existieren, wenn die Kostenfunktionen von der Form (1), (3) und (8) sind.

Zur Vereinfachung der Schreibweise definieren wir die Bedarfsdichte $\varphi(\xi)$ auch für negative ξ, indem wir sie identisch Null setzen:

$$\varphi(\xi) \begin{cases} = 0 & \text{für } \xi < 0\,, \\ \geqq 0 & \text{für } \xi \geqq 0 \end{cases} \tag{9}$$

mit

$$\int_y^\infty \varphi(\xi)\, d\xi = 1\,.$$

Dann kann man $L(y)$ in (4) für alle y einfacher schreiben:

$$L(y) = \int_0^y h\,(y - \xi)\, \varphi(\xi)\, d\xi + \int_y^\infty p(\xi - y)\, \varphi(\xi)\, d\xi\,. \tag{10}$$

B. Eine Differentialungleichung für $\varphi(\xi)$ als hinreichende Bedingung für die Konvexität von $L(y)$

Falls $\varphi(\xi)$ stetig differenzierbar ist bis auf die Stelle $\xi = 0$, an der $\varphi(\xi)$ einen Sprung von $\lim_{\xi \to -0} \varphi(\xi) = 0$ auf $\lim_{\xi \to +0} \varphi(\xi) = \varphi_+(0) > 0$ machen kann, ergibt sich aus (10) für (3) und (8)

$$L(y) = h_1 \int_0^y \varphi(\xi)\, d\xi + h_0 \int_0^y (y - \xi)\, \varphi(\xi)\, d\xi + p_0 \int_y^\infty (\xi - y)\, \varphi(\xi)\, d\xi \tag{11}$$

und nach zweimaliger Differentiation bei $y \neq 0$

$$L'(y) = h_1\, \varphi(y) + (h_0 + p_0) \int_0^y \varphi(\xi)\, d\xi - p_0\,, \tag{12}$$

$$L''(y) = h_1\, \varphi'(y) + (h_0 + p_0)\, \varphi(y)\,. \tag{13}$$

Man sieht, daß $L(y)$ auch dann stetig ist für $y = 0$, wenn $\varphi(\xi)$ für $\xi = 0$ eine Sprungstelle hat. Dagegen ist $L'(y) = -p_0$ für $y < 0$, aber $\lim_{y \to +0} L'(y) = h_1\, \varphi_+(0) - p_0 > -p_0$, da $h_1 > 0$ und in diesem Fall $\varphi_+(0) > 0$ ist. $L(y)$ hat dann bei $y = 0$ einen „Knick nach oben", d. h., $L(y)$ ist für $y < 0$ eine Gerade mit negativem Steigungsmaß $-p_0$, also daselbst konvex, für $y = 0$ nicht differenzierbar, bleibt aber konvex, wenn es auch für $y > 0$ konvex ist. Dies ist sicher dann der Fall, wenn für $y \geqq 0$ (vgl. (13))

$$L''(y) = h_1\, \varphi'(y) + (h_0 + p_0)\, \varphi(y) \geqq 0$$

ist. Damit haben wir eine hinreichende Bedingung für $\varphi(\xi)$, bei der die Konvexität von $L(y)$ für alle y gesichert ist. Nach ZABEL [2] ist also auch unter unseren allgemeineren Voraussetzungen über die Kostenfunktionen (1), (3) und (8) eine Strategie der Lagerhaltung vom (s, S)-Typ optimal, wenn die Bedarfsdichte der Differentialungleichung

$$\varphi'(y) \geqq -\frac{h_0 + p_0}{h_1}\, \varphi(y) \tag{14}$$

für $y \geqq 0$ genügt.

C. Zwei einfache Lösungen der Differentialungleichung

Eine Lösung der (14) entsprechenden Differentialgleichung

$$\varphi'(y) = -\frac{h_0 + p_0}{h_1}\, \varphi(y)$$

läßt sich sofort angeben (Abb. 2):

$$\varphi_1(y) = \begin{cases} 0 & \text{für} \quad y < 0\,, \\ \dfrac{p_0 + h_0}{h_1} \exp\left(-\dfrac{p_0 + h_0}{h_1}\, y\right) & \text{für} \quad y \geqq 0\,. \end{cases} \tag{15}$$

Für diese sogenannte Exponentialdichte ist also $L''(y) \equiv 0$, d. h. $L(y)$ konvex. $\varphi_1(y)$ ist eine Dichte mit endlichem Erwartungswert:

$$\mathsf{E}\,\varphi_1 = \frac{h_1}{p_0 + h_0} < \infty\,.$$

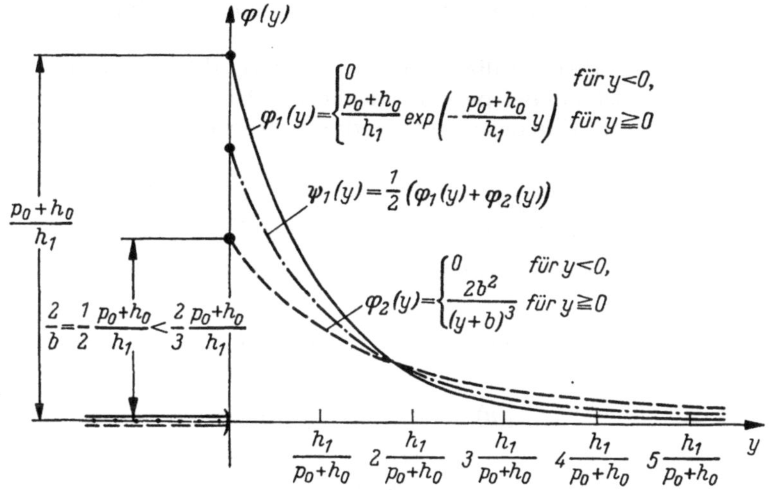

Abb. 2

Eine andere einfache Dichte, die eine Lösung der Differentialungleichung (14) ist, wird (Abb. 2)

$$\varphi_2(y) = \begin{cases} 0 & \text{für} \quad y < 0\,, \\ \dfrac{2\,b^2}{(y+b)^3} & \text{für} \quad y \geqq 0\,, \end{cases} \tag{16}$$

wenn $b > 0$ und die Ungleichung

$$\frac{3}{b} \leqq \frac{h_0 + p_0}{h_1} \tag{17}$$

erfüllt ist, ansonsten aber beliebig sein kann.

Dies sieht man folgendermaßen: Aus (17) folgt

$$-\,3\,h_1 + (p_0 + h_0)\,b \geqq 0\,.$$

Addiert man dazu die entsprechenden Seiten der für $y > 0$ geltenden Ungleichung $(h_0 + p_0)\,y > 0$ und multipliziert beide Seiten dann mit $\dfrac{2\,b^2}{(y+b)^4} > 0$, so ergibt sich

$$h_1\left(\frac{-\,6\,b^2}{(y+b)^4}\right) + (p_0 + h_0)\left(\frac{2\,b^2}{(y+b)^3}\right) > 0$$

oder nach (16), wenn man $\varphi_2(y)$ noch differenziert,

$$h_1\,\varphi_2'(y) + (p_0 + h_0)\,\varphi_2(y) > 0\,.$$

$\varphi_2(y)$ erfüllt für $y > 0$ also die echte Ungleichung (14). Man überzeugt sich auch davon, daß $\varphi_2(y)$ wirklich eine Dichte mit endlichem Erwartungswert ist.

D. Drei Sätze über die Mannigfaltigkeit von Wahrscheinlichkeitsdichten, die Lösungen der Differentialungleichung sind

Kennt man bereits (bis auf die Stelle $y = 0$) stetig differenzierbare Dichten, die wie die obigen beiden Beispiele Lösungen der Differentialungleichung (14) sind, so kann man mit Hilfe der folgenden drei Sätze weitere Dichten konstruieren, die (14) erfüllen.

Satz 1. *Sind $\varphi_1(y)$ und $\varphi_2(y)$ Dichten mit endlichem Erwartungswert, die* (14) *erfüllen, so ist auch $\psi(y) = m\,\varphi_1(y) + (1 - m)\,\varphi_2(y)$ für jedes m, $0 \leqq m \leqq 1$, insbesondere das arithmetische Mittel für $m = \frac{1}{2}$, eine Dichte mit denselben Eigenschaften.*

Beweis. $\psi(y)$ ist offenbar eine Dichte mit endlichem Erwartungswert.

Aus

$$\varphi_1'(y) \geqq -\frac{p_0 + h_0}{h_1}\,\varphi_1(y)$$

und

$$\varphi_2'(y) \geqq -\frac{p_0 + h_0}{h_1}\,\varphi_2(y)$$

folgt durch Multiplikation mit $m \geqq 0$ bzw. $(1 - m) \geqq 0$

$$m\,\varphi_1'(y) + (1 - m)\,\varphi_2'(y) \geqq -\frac{p_0 + h_0}{h_1}\big(m\,\varphi_1(y) + (1 - m)\,\varphi_2(y)\big)$$

oder

$$\psi'(y) \geqq -\frac{p_0 + h_0}{h_1}\,\psi(y)\,,$$

d. h., $\psi(y)$ erfüllt (14).

Satz 2. *Genügt die Dichte $\varphi(y)$ außer den Ungleichungen* (14) *und $m_0 = \int\limits_0^\infty \xi\,\varphi(\xi)\,d\xi < \infty$ noch der Bedingung*

$$m_1 = \int\limits_0^\infty \xi^2\,\varphi(\xi)\,d\xi < \infty\,,$$

dann ist auch

$$\psi(y) = y\,\varphi(y)\left[\int\limits_0^\infty \xi\;\varphi(\xi)\,d\xi\right]^{-1}$$

eine Dichte mit endlichem Erwartungswert, die (14) *erfüllt.*

Beweis. Wir differenzieren

$$\psi(y) = \frac{1}{m_0}\,y\,\varphi(y)$$

und erhalten

$$\psi'(y) = \frac{1}{m_0}\big(y\,\varphi'(y) + \varphi(y)\big)\,.$$

Damit bilden wir

$$h_1 \psi'(y) + (p_0 + h_0)\,\psi(y) = \frac{h_1}{m_0}\,y\,\varphi'(y) + \frac{h_1}{m_0}\,\varphi(y) + \frac{p_0 + h_0}{m_0}\,y\,\varphi(y)$$

$$= \frac{y}{m_0}\,[h_1\,\varphi'(y) + (p_0 + h_0)\,\varphi(y)] + \frac{h_1}{m_0}\,\varphi(y) \geqq 0\,,$$

da $m_0 > 0$, $h_1 > 0$, $\varphi(y) \geqq 0$ sind und $h_1\,\varphi'(y) + (p_0 + h_0)\,\varphi(y) \geqq 0$ ist für $y \geqq 0$ auf Grund der Voraussetzung, daß (14) durch $\varphi(y)$ erfüllt wird. Deshalb ist für $y \geqq 0$ auch $\psi(y)$ eine Lösung von (14). $\psi(y)$ ist eine Dichte mit endlichem Erwartungswert; denn unter Benutzung der Voraussetzungen des Satzes gilt

$$\int_0^\infty \psi(\xi)\,d\xi = \frac{1}{m_0}\int_0^\infty \xi\,\varphi(\xi)\,d\xi = \frac{m_0}{m_0} = 1\,,$$

$$\mathsf{E}\,\psi = \int_0^\infty \xi\,\psi(\xi)\,d\xi = \frac{1}{m_0}\int_0^\infty \xi^2\,\varphi(\xi)\,d\xi = \frac{m_1}{m_0} < \infty\,.$$

Satz 3. *Mit der Dichte $\varphi(y)$ ist für beliebiges m, $0 < m < 1$, auch*

$$\psi(y) = \frac{1}{M_0}\,[\varphi(y)]^m$$

eine Dichte mit endlichem Erwartungswert, die (14) erfüllt, wenn $\varphi(y) > 0$ für $y \geqq 0$ und sowohl $M_0 = \int_0^\infty [\varphi(y)]^m\,dy < \infty$ als auch $M_1 = \int_0^\infty \xi[\varphi(\xi)]^m\,d\xi < \infty$ ist.

Beweis. Wir differenzieren

$$\psi(y) = \frac{1}{M_0}\,[\varphi(y)]^m$$

und erhalten

$$\psi'(y) = \frac{m}{M_0}\,[\varphi(y)]^{m-1}\,\varphi'(y)\,.$$

Nun bilden wir

$$h_1\,\psi'(y) + (p_0 + h_0)\,\psi(y) = \frac{\varphi^{m-1}}{M_0}\,[h_1\,m\,\varphi' + (p_0 + h_0)\,\varphi] \tag{18}$$

und weisen nach, daß die rechte Seite unter unseren Voraussetzungen nicht negativ werden kann.

Zunächst ist wegen $0 < m < 1$ und $\varphi(y) > 0$ für $y \geqq 0$

$$\varphi^{m-1} = \frac{1}{\varphi^{1-m}} > 0\,. \tag{19}$$

Fall a: Für solche $y \geqq 0$, für die $\varphi(y) > 0$ und $\varphi'(y) \geqq 0$ ist, muß natürlich

$$h_1\,m\,\varphi'(y) + (p_0 + h_0)\,\varphi(y) \geqq 0$$

und wegen (19) auch die rechte Seite von (18) nichtnegativ sein.

Fall b: Für diejenigen $y \geqq 0$, für die zwar $\varphi(y) > 0$, aber $\varphi'(y) < 0$ ist, folgt wegen $0 < m < 1$

$$\varphi' < m\,\varphi' < 0\,.$$

Multipliziert man jetzt die linke Ungleichung mit $h_1 > 0$ und addiert dann auf beiden Seiten $(p_0 + h_0)\,\varphi$, so ergibt sich

$$h_1\,\varphi' + (p_0 + h_0)\,\varphi < h_1\,m\,\varphi' + (p_0 + h_0)\,\varphi\,.$$

Da φ nach Voraussetzung (14) erfüllt, also $h_1\,\varphi' + (p_0 + h_0)\,\varphi \geqq 0$ ist, muß $h_1\,m\,\varphi' + (p_0 + h_0)\,\varphi > 0$ und damit auch die rechte Seite in (18) positiv sein. Für alle $y \geqq 0$ erfüllt $\psi(y)$ deshalb die Differentialungleichung (14).

Auf Grund der Voraussetzungen des Satzes 3 ist $\psi(y)$ eine Dichte mit endlichem Erwartungswert, denn es gilt

$$\int_0^\infty \psi(\xi)\,d\xi = \frac{1}{M_0}\int_0^\infty [\varphi(\xi)]^m\,d\xi = \frac{M_0}{M_0} = 1\,,$$

$$\mathsf{E}\,\psi = \int_0^\infty \xi\,\psi(\xi)\,d\xi = \frac{1}{M_0}\int_0^\infty \xi\,[\varphi(\xi)]^m\,d\xi = \frac{M_1}{M_0} < \infty\,.$$

E. Anwendungen der Sätze

a) Durch Anwendung des Satzes 1 ergibt sich aus unseren speziellen Dichten (15) und (16) beispielsweise $\left(\text{für } m = \frac{1}{2}\right)$ die folgende Dichte (Abb. 2):

$$\psi_1(y) = \frac{1}{2}\,(\varphi_1(y) + \varphi_2(y)) = \begin{cases} 0 & \text{für} \quad y < 0\,, \\ \dfrac{p_0 + h_0}{2\,h_1}\exp\left(-\dfrac{p_0 + h_0}{h_1}\,y\right) + \dfrac{b^2}{(y + b)^3} & \text{für} \quad y \geqq 0\,, \end{cases}$$

die für alle b, $0 < b < \infty$, mit $\frac{3}{b} \leqq \frac{h_0 + p_0}{h_1}$ und $y > 0$ sogar die echte Ungleichung (14) erfüllt.

b) Als Anwendung des Satzes 2 erhält man aus der Dichte (15) beispielsweise die Dichte (Abb. 3)

$$\psi_2(y) = \begin{cases} 0 & \text{für} \quad y < 0\,, \\ \left(\dfrac{p_0 + h_0}{h_1}\right)^2 y\,\exp\left(-\dfrac{p_0 + h_0}{h_1}\,y\right) & \text{für} \quad y \geqq 0\,; \end{cases}$$

denn es ist

$$\frac{1}{m_0} = \left[\int_0^\infty \xi\,\varphi_1(\xi)\,d\xi\right]^{-1} = \frac{1}{\mathsf{E}\,\varphi_1} = \frac{p_0 + h_0}{h_1}$$

und

$$m_1 = \int_0^\infty \xi^2\,\varphi_1(\xi)\,d\xi = \frac{2\,h_1^2}{(p_0 + h_0)^2} < \infty\,.$$

Man beachte, daß $\psi_2(y)$ für $y \geqq 0$ eine Lösung der echten Ungleichung (14) ist, während $\varphi_1(y)$ ein „Grenzfall" war in dem Sinne, daß $\varphi_1(y)$ für $y \geqq 0$ die zu

(14) gehörige Differentialgleichung erfüllt. Es gilt nämlich

$$h_1\, \psi_2'(y) + (p_0 + h_0)\, \psi_2(y) = \frac{(p_0 + h_0)^2}{h_1} \exp\left(- \frac{p_0 + h_0}{h_1} y\right) > 0 \quad \text{für} \quad y \geqq 0 .$$

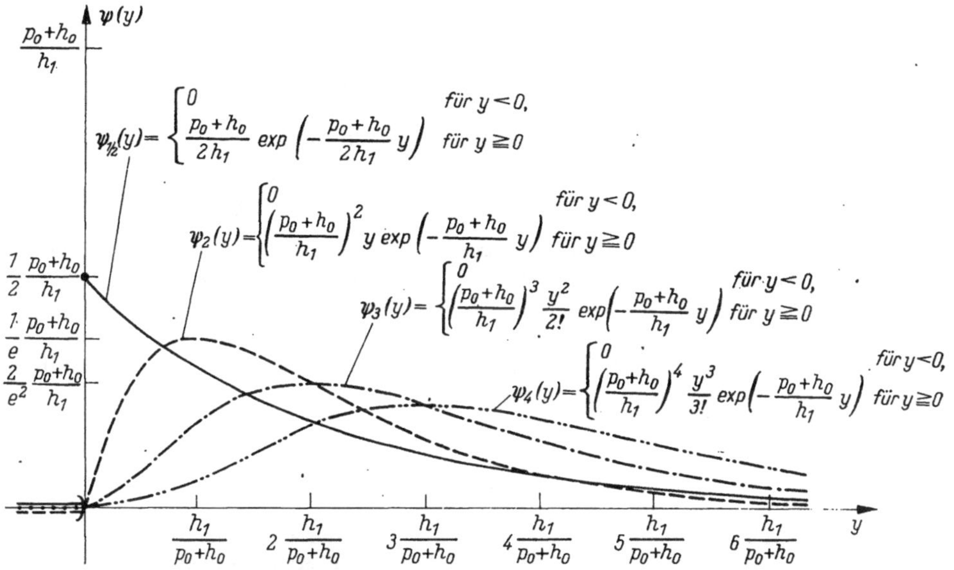

Abb. 3

Ist die Wahrscheinlichkeitsdichte des Bedarfs gleich $\psi_2(\xi)$, d. h. eine Gamma-Dichte 1. Ordnung, so wird die Kostenfunktion $L(y)$ nach (13) für $y \geqq 0$ eine streng konvexe Funktion. $L(y)$ hat in diesem Fall für $y = 0$ keine Ecke, sondern ist dort nach (12) stetig differenzierbar, weil $\psi_2(y)$ für $y = 0$ stetig ist.

Durch sukzessive Anwendung des Satzes 2 überzeugt man sich davon, daß auch die Gamma-Dichten höherer Ordnung ($i = 3, 4, \ldots$)

$$\psi_i(y) = \begin{cases} 0 & \text{für} \quad y < 0, \\ \left(\frac{p_0 + h_0}{h_1}\right)^i \frac{y^{i-1}}{(i-1)!} \exp\left(- \frac{p_0 + h_0}{h_1} y\right) & \text{für} \quad y \geqq 0 \end{cases}$$

die echte Ungleichung (14) für $y > 0$ erfüllen (Abb. 3).

c) Wendet man den Satz 3 auf die Dichte (15) an, so findet man daraus beispielsweise für $m = \frac{1}{2}$ die neue Dichte (Abb. 3)

$$\psi_{1/2}(y) = \begin{cases} 0 & \text{für} \quad y < 0, \\ \frac{p_0 + h_0}{2\, h_1} \exp\left(- \frac{p_0 + h_0}{2\, h_1} y\right) & \text{für} \quad y \geqq 0, \end{cases}$$

denn es ist

$$M_0 = \int_0^\infty [\varphi_1(\xi)]^{1/2}\, d\xi = 2\sqrt{\frac{h_1}{p_0 + h_0}} < \infty$$

und

$$M_1 = \int_0^\infty \xi[\varphi_1(\xi)]^{1/2}\, d\xi = 4\left(\frac{h_1}{p_0 + h_0}\right)^{3/2} < \infty\,.$$

Auch $\psi_{1/2}(y)$ genügt für $y \geqq 0$ der echten Ungleichung (14):

$$h_1\, \psi'_{1/2}(y) + (p_0 + h_0)\, \psi_{1/2}(y) = \frac{(p_0 + h_0)^2}{4\, h_1} \exp\left(-\frac{p_0 + h_0}{2\, h_1} y\right) > 0\,.$$

Damit ist auch bei unstetigen Lagerkosten der Form (8) *für eine große Klasse von Bedarfsdichten* $\varphi(\xi)$, *darunter wichtige Gamma-Dichten, gesichert, daß einfache* $(s,\, S)$*-Strategien der Lagerhaltung optimal sind.*

Zur numerischen Berechnung der $(s_i,\, S_i)$-Werte kann eine Abwandlung des Algorithmus von VEINOTT-WAGNER [3] verwendet werden. Diesbezügliche Untersuchungen werden noch durchgeführt.

Literatur

[1] SCARF, H.: The Optimality of (S, s) Policies in the Dynamic Inventory Problem. In: ARROW, K. I., S. KARLIN and P. SUPPES: Mathematical Methods in the Social Sciences 1959, Stanford University Press, 1960, pp. 196—202.

[2] ZABEL, E.: A Note on the Optimality of (S, s) Policies in Inventory Theory. Management Sci. **9**, 123—125 (1962).

[3] VEINOTT, A. F. Jr., and H. M. WAGNER: Computing Optimal (s, S) Inventory Policies. Management Sci. **11**, 525—552 (1965).

Bedienungssysteme mit unendlich vielen Bedienungsapparaten

Von Peter Franken und Johannes Kerstan[1])

Es werden Bedienungssysteme mit unendlich vielen Bedienungsapparaten untersucht, deren Eingang, d. h. die Folge der Ankunftszeitpunkte der Forderungen, eine ganz beliebige stationäre Punktfolge ist. Die Bedienungszeiten sind vom Eingang und untereinander unabhängige identisch verteilte Zufallsgrößen, über deren Verteilung nichts vorausgesetzt wird.

Befindet sich das System bereits im Zustand des statistischen Gleichgewichts, so lassen sich die Binomialmomente der Anzahl der belegten Bedienungsapparate zu einem beliebigen Zeitpunkt bzw. unmittelbar vor dem Eintreffen einer neuen Forderung als Integrale bezüglich der sogenannten Kovarianzmaße des Eingangs darstellen. Mit Hilfe dieser Darstellung gelangt man in vielen Spezialfällen zu überschaubaren Formeln.

Ferner kann für Bedienungszeitverteilungen mit von unten konvexer Verteilungsfunktion eine Optimalitätseigenschaft des regulären Eingangs nachgewiesen werden.

Es werden Bedienungssysteme mit unendlich vielen Apparaten untersucht. Der Eingang, d. h. die Folge der Zeitpunkte, in denen Forderungen auf Bedienung in das System eintreffen, möge eine beliebige zufällige Punktfolge mit dem Verteilungsgesetz $\mathcal{P}$ sein. Es wird vorausgesetzt, daß die mit den Forderungen verknüpften Bedienungszeiten eine Folge unabhängiger, identisch verteilter Zufallsgrößen bilden, die in ihrer Gesamtheit unabhängig vom Eingang sind. Unter diesen Voraussetzungen werden Formeln für Binomialmomente der Anzahl der belegten Bedienungsapparate im System zu einem bestimmten Zeitpunkt in Form von Integralen über die im § 1 eingeführten Kovarianzmaße von $\mathcal{P}$ abgeleitet (§ 2). Dabei existieren die Binomialmomente genau dann, wenn die rechte Seite in der Formel (2.1) existiert. Wir beschränken uns vorwiegend auf den Fall, daß das Bedienungssystem sich im stationären Zustand befindet, und bestimmen die Binomialmomente für die Anzahl der belegten Bedienungsapparate in einem beliebigen Zeitpunkt oder unmittelbar vor dem Eintreffen einer neuen Forderung. Die Methode läßt sich jedoch auch auf den instationären Fall anwenden. Für gewisse Typen von Verteilungsgesetzen $\mathcal{P}$ des Eingangs gelangt man mit unserer Methode leicht zu einer Reihe bereits bekannter (vgl. [3], [4]) und neuer Formeln.

In § 3 befassen wir uns mit einer Extremaleigenschaft des regulären Eingangs, bei dem die Abstände zwischen den Punkten konstant sind. Ist die Verteilungs-

[1]) IAMM, DAdW, 108 Berlin, Mohrenstr. 39.

funktion der Bedienungszeit von unten konvex, so ist der reguläre Eingang unter allen stationären Verteilungsgesetzen $\mathcal{P}$, für die das statistische Gleichgewicht des Systems möglich ist, in dem Sinne der beste, daß er zu minimalen Werten für Binomialmomente der Anzahl der belegten Bedienungsapparate führt.

§ 1. Kovarianzmaße für zufällige Punktfolgen

Es sei M die Menge aller Folgen Φ von Punkten aus R^1, die sich im Endlichen nicht häufen. Mit $n_B(\Phi)$ bezeichnen wir die Anzahl der Punkte von Φ, die in $B \subseteqq R^1$ liegen.

Es sei $\mathcal{F}_M$ die kleinste σ-Algebra, bezüglich der alle $n_B(\Phi)$, B-BOREL-Menge des R^1, meßbar sind. Ist $\mathcal{P}$ ein Verteilungsgesetz auf $\mathcal{F}_M$, so bezeichnen wir $[M, \mathcal{F}_M, \mathcal{P}]$ als zufällige Punktfolge mit dem Verteilungsgesetz $\mathcal{P}$ (vgl. [1]).

Es sei f eine meßbare reelle Funktion auf R^k. Wir setzen

$$I_f(\Phi) = \sum_{x_1 \in \Phi, \ldots, x_k \in \Phi} f(x_1, \ldots, x_k) . \tag{1.1}$$

Für $f = k_A$ (k_A Indikatorfunktion einer BOREL-Menge $A \subseteqq R^k$) ist $I_f(\Phi)$ gleich der Anzahl der in A liegenden Kombinationen mit Wiederholung aus k Elementen aus der Menge Φ.

Es gilt:

1. Für jedes f liegt die Menge $D_f = \{\Phi : I_{|f|}(\Phi) < \infty\}$ in $\mathcal{F}_M$. Die Funktion $I_f(\Phi)$ ist in Φ meßbar.

2. Für jedes f sei $I_f = \mathsf{E}_{\mathcal{P}}\{I_f(\mathcal{P})\} = \int_{D_f} I_f(\Phi)\, \mathcal{P}(d\Phi)$.

   Ferner sei

$$F = \{f : f \geqq 0, \mathcal{P}(D_f) = 1, I(f) < \infty\} .$$

   Damit ist $I(f)$ ein Integral auf F, d. h., es existiert ein Maß μ_k auf $\mathcal{F}_{R^k}$ derart, daß $I(f) < \infty$ ist genau dann, wenn f bezüglich μ_k integrierbar ist, und es gilt

$$I(f) = \int_{R^k} f(x)\, \mu_k(dx) . \tag{1.2}$$

Wir bezeichnen das Maß μ_k als Kovarianzmaß k-ter Ordnung von $\mathcal{P}$. Das Kovarianzmaß erster Ordnung ist einfach das Intensitätsmaß von $\mathcal{P}$ (vgl. [1])

$$\mu_1(A) = \lambda(A) = \mathsf{E}_{\mathcal{P}}\{n_A(\Phi)\} .$$

Für beliebiges k gilt

$$\mu_k(A \times \cdots \times A) = \mathsf{E}_{\mathcal{P}}\{n_A^k(\Phi)\} .$$

Sind die Mengen $A_1, \ldots, A_k$ paarweise disjunkt, so gilt

$$\mu_k\,(A_1 \times \cdots \times A_k) = \mathsf{E}_{\mathcal{P}}\,\{n_{A_1}(\Phi) \cdots n_{A_k}(\Phi)\} .$$

Insbesondere gilt für $k = 2$ und $A_1 \cap A_2 = \emptyset$

$$\mu_2\,(A_1 \times A_2) = \operatorname{Cov}\left(n_{A_1}(\Phi), n_{A_2}(\Phi)\right) + \lambda(A_1)\, \lambda(A_2) .$$

Aus den angeführten Formeln ergibt sich, daß alle Momente

$$\mathsf{E}_{\mathcal{P}}\,\{n_{A_1}^{k_1}(\Phi)\cdots n_{A_m}^{k_m}(\Phi)\}$$

durch Kovarianzmaße ausgedrückt werden können. Daher bestimmen die Kovarianzmaße das Verteilungsgesetz $\mathcal{P}$ eindeutig.

§ 2. Anwendung auf Bedienungssysteme mit unendlich vielen Bedienungsappparaten

1. Wir betrachten ein Bedienungssystem mit unendlich vielen Bedienungsapparaten. Die Folge der Zeitpunkte, in denen in das System Forderungen auf Bedienung eintreffen (der sogenannte Eingang), sei eine zufällige Punktfolge mit dem Verteilungsgesetz $\mathcal{P}$. Die Realisierungen des Eingangs bezeichnen wir mit Φ. Wir betrachten ferner eine Folge (χ_i), $-\infty < i < +\infty$, von unabhängigen, identisch verteilten, nichtnegativen Zufallsgrößen mit $\mathsf{P}(\chi_i < t) = G(t)$.

Die Folge (χ_i) sei vom Eingang unabhängig. Die χ_i interpretieren wir als Bedienungszeiten, die mit den Punkten des Eingangs verbunden sind. Es sei $\eta_t(\Phi)$ die Anzahl der zur Zeit t belegten Bedienungsapparate bei einer festen Realisierung Φ des Eingangs. Dann ist

$$\eta_t(\Phi) = \sum_{x \in \Phi,\, x<t} \eta_x .$$

Dabei sind die η_x, $x \in \Phi$, unabhängig, und es gilt

$$\eta_x = \begin{cases} 0\,, & \text{falls } \chi_x < t - x\,, \\ 1\,, & \text{falls } \chi_x \geqq t - x\,, \end{cases}$$

wobei χ_x die Bedienungszeit der im Zeitpunkt x eingetroffenen Forderung ist. Mit $\overline{G}(t)$ wollen wir die Funktion $1 - G(t)$ bezeichnen. Das k-te Binomialmoment $B_k(\Phi, t)$ von $\eta_t(\Phi)$, Φ fest, ergibt sich zu

$$\begin{aligned} B_k(\Phi, t) &= \frac{1}{k!}\,\mathsf{E}\,\{\eta_t(\Phi)\,[\eta_t(\Phi) - 1]\cdots[\eta_t(\Phi) - k + 1]\} \\ &= \sum_{\substack{x_1 < \cdots < x_k < t \\ x_i \in \Phi}} \prod_{i=1}^{k} \overline{G}\,(t - x_i) = \frac{1}{k!} \sum_{\{x_1, \ldots, x_k\} \subseteqq \Phi} \prod_{i=1}^{k} \overline{G}\,(t - x_i)\,, \end{aligned}$$

da die Binomialmomente einer Summe von unabhängigen Zufallsgrößen sich mit Hilfe der Faltungsformel aus den Binomialmomenten der Summanden berechnen.

Für das k-te Binomialmoment $B_k(t)$ der Anzahl der belegten Bedienungsapparate gilt die Formel

$$B_k(t) = \mathsf{E}_{\mathcal{P}}\,\{B_k(\Phi, t)\} = \int_M B_k(\Phi, t)\,\mathcal{P}(d\Phi)\,.$$

Setzt man

$$f(x_1, \ldots, x_n) = \begin{cases} \dfrac{1}{k!} \displaystyle\prod_{i=1}^{k} \overline{G}\,(t - x_i)\,, & \text{falls } x_i \text{ paarweise verschieden und } x_i < t, \\ 0 & \text{sonst,} \end{cases}$$

so hat $B_k(\Phi, t)$ die Gestalt $I_f(\Phi)$, und wir erhalten nach § 1 die Formel

$$B_k(t) = \frac{1}{k!} \int_{-\infty}^{t} \cdots \int_{-\infty}^{t} \prod_{i=1}^{k} \overline{G}(t - x_i)\, \mu_k(dx_1, \ldots, dx_k) \tag{2.1}$$

oder

$$B_k(t) = \int \cdots \int_{x_k < \cdots < x_1 < t} \prod_{i=1}^{k} \overline{G}(t - x_i)\, \mu_k(dx_1, \ldots, dx_k)\,, \tag{2.1'}$$

wobei μ_k das Kovarianzmaß k-ter Ordnung von $\mathcal{P}$ ist.

2. Es sei $\mathcal{P}$ das Verteilungsgesetz einer stationären zufälligen Punktfolge mit der endlichen Intensität $\lambda = \frac{1}{\Delta}$ und $\mathcal{P}^{(0)}$ die dazugehörige PALMsche Verteilung (vgl. [1]). In diesem Fall interessieren wir uns für die Binomialmomente

$$B_k = \mathsf{E}_{\mathcal{P}} \left\{ \frac{1}{k!}\, \eta(0)\, (\eta(0) - 1) \cdots (\eta(0) - k + 1) \right\}$$

und

$$B_k^{(0)} = \mathsf{E}_{\mathcal{P}^{(0)}} \left\{ \frac{1}{k!}\, \eta(0)\, (\eta(0) - 1) \cdots (\eta(0) - k + 1) \right\}.$$

Mit anderen Worten, wir betrachten das Bedienungssystem im Zustand des statistischen Gleichgewichts und wollen die Binomialmomente der Anzahl der belegten Redienungsapparate in einem beliebigem Zeitpunkt oder „unmittelbar vor dem Eintreffen einer beliebigen Forderung" berechnen.

Wir numerieren die im $(-\infty, 0)$ liegenden Punkte von Φ durch: $0 > t_1(\Phi) > t_2(\Phi) > \cdots$. Für beliebige Zahlen $i_1, \ldots, i_k > 0$ sei $P_{-t_{i_1},\, t_{i_1+\cdots+i_{k-1}} - t_{i_1+\cdots+i_k}}$ die durch $\mathcal{P}$ erzeugte Verteilung des zufälligen Vektors $(-t_{i_1}, t_{i_1} - t_{i_1+i_2}, \ldots, t_{i_1+\cdots+i_{k-1}} - t_{i_1+\cdots+i_k})$. Dann ergeben sich aus (2.1) für $t = 0$ die Formeln

$$B_k = \sum_{i_1, \ldots, i_k = 1}^{\infty} \int_0^{\infty} \cdots \int_0^{\infty} \overline{G}(u_k + \cdots + u_1) \cdots \overline{G}(u_1)\, P_{-t_{i_1}, \ldots, t_{i_1+\cdots+i_{k-1}} - t_{i_1+\cdots+i_k}} \times (du_1, \ldots, du_k)\,, \tag{2.2}$$

$$B_k^{(0)} = \sum_{i_1, \ldots, i_k = 1}^{\infty} \int_0^{\infty} \cdots \int_0^{\infty} \overline{G}(u_k + \cdots + u_1) \cdots \overline{G}(u_1)\, P^{(0)}_{-t_{i_1}, \ldots, t_{i_1+\cdots+i_{k-1}} - t_{i_1+\cdots+i_k}} \times (du_1, \ldots, du_k)\,. \tag{2.2'}$$

Unter der Beachtung der Beziehung $\sum_{i_1=1}^{\infty} \mathcal{P}(-t_{i_1} < x) = \lambda x = \frac{1}{\Delta} x$ und der Definition der PALMschen Verteilung folgt für B_k

$$B_1 = \frac{1}{\Delta} \int_0^{\infty} \overline{G}(u)\, du = \frac{1}{\Delta} \int_0^{\infty} (1 - G(u))\, du\,,$$

$$B_k = \frac{1}{\Delta} \sum_{i_2, \ldots, i_k = 1}^{\infty} \int_0^{\infty} \cdots \int_0^{\infty} \overline{G}(u_k + \cdots + u_1) \cdots \overline{G}(u_1)\, du_1 \times P^{(0)}_{-t_{i_2}, \ldots, (t_{i_2+\cdots+i_{k-1}} - t_{i_2+\cdots+i_k}}(du_2 \ldots du_k)\,, \quad k \geqq 2\,. \tag{2.2''}$$

Für $\overline{G}(t) = e^{-\mu t}$ erhalten wir aus (2.2″) die Formel

$$B_k = \frac{1}{k\,\mu\,\Delta}\,B_{k-1}^{(0)}\,, \qquad k \geqq 1\,,$$

die bisher nur für den Fall des rekurrenten Eingangs bewiesen wurde (vgl. [2], [3]).

Wir wollen jetzt die Größen B_k und $B_k^{(0)}$ für einige spezielle Typen von Verteilungsgesetzen $\mathcal{P}$ und $G(x)$ berechnen.

3. Rekurrenter Eingang

Es sei $\mathcal{P}$ das Verteilungsgesetz einer stationären rekurrenten Punktfolge mit der Pausenlängenverteilung $F(x)$, deren Erwartungswert $\Delta = \int_0^\infty x\,dF < \infty$ ist, und $\mathcal{P}^{(0)}$ dessen Palmsche Verteilung. Mit $F_0(x)$ wollen wir die stationäre Anfangsverteilung $F_0(x) = \mathcal{P}\left(-t_1(\Phi) < x\right) = \frac{1}{\Delta}\int_0^x \left(1 - F(u)\right)du$ und mit $F^{(i)}(x)$ die i-te Faltungspotenz von $F(x)$ bezeichnen. Aus (2.2) und (2.2′) erhalten wir unmittelbar die Formeln

$$\begin{aligned} B_k &= \sum_{i_1,\ldots,i_k=1}^{\infty} \int_0^\infty \cdots \int_0^\infty \overline{G}\,(u_k + \cdots + u_1) \cdots \overline{G}(u_1) \\ &\quad \times dF^{(i_k)}(u_k) \cdots dF^{(i_2)}(u_2)\, d(F_0 * F^{(i_1-1)})\,(u_1) \\ &= \frac{1}{\Delta} \sum_{i_2,\ldots,i_k=1}^{\infty} \int_0^\infty \cdots \int_0^\infty \overline{G}\,(u_k + \cdots u_1) \cdots \overline{G}(u_1)\; dF^{(i_k)}(u_k) \cdots dF^{(i_2)}(u_2)\; du_1\,, \end{aligned} \tag{2.3}$$

$$B_k^{(0)} = \sum_{i_1,\ldots,i_k=1}^{\infty} \int_0^\infty \cdots \int_0^\infty \overline{G}\,(u_k + \cdots + u_1) \cdots \overline{G}(u_1)\, dF^{(i_k)}(u_k) \cdots dF^{(i_1)}\,(u_1)\,. \tag{2.3′}$$

Für den Spezialfall $\overline{G}(t) = e^{-\mu t}$ erhält man aus (2.3) und (2.3′) die bekannten Formeln

$$B_k = \frac{1}{k\,\mu\,\Delta} \prod_{i=1}^{k-1} \frac{\varphi(i\,\mu)}{1 - \varphi(i\,\mu)}\,, \tag{2.4}$$

$$B_k^{(0)} = \prod_{i=1}^{k} \frac{\varphi(i\,\mu)}{1 - \varphi(i\,\mu)}\,, \tag{2.4′}$$

wobei $\varphi(s) = \int_0^\infty e^{-s x}\, dF(x)$ bezeichnet (vgl. [2], Formeln (44) und (47)).

Für $F(t) = \exp\left(-\frac{t}{\Delta}\right)$ (Poissonscher Eingang) gilt

$$B_k = B_k^{(0)} = \frac{1}{k!}\left(\frac{\int_0^\infty x\,dG(x)}{\Delta}\right)^k$$

(vgl. [3], Satz 1 auf S. 160).

Es sei $\bar{G}(t) = \int\limits_0^\infty e^{-\mu t}\, Q(d\mu)$, wobei Q ein beliebiges Verteilungsgesetz auf $[0, \infty]$ ist. Die Formeln (2.3) und (2.3′) führen dann zu den Ausdrücken

$$B_k = \int\limits_0^\infty \cdots \int\limits_0^\infty \frac{1}{k\,\Delta\,(\mu_1 + \cdots + \mu_k)}\, l(\mu_1, \ldots, \mu_{k-1})\, Q(d\mu_1) \cdots Q(d\mu_k)\,, \tag{2.5}$$

$$B_k^{(0)} = \int\limits_0^\infty \cdots \int\limits_0^\infty l(\mu_1, \ldots, \mu_k)\, Q(d\mu_1) \cdots Q(d\mu_k)\,, \tag{2.5′}$$

wobei

$$l(\mu_1, \ldots, \mu_i) = \frac{\varphi(\mu_1)}{1 - \varphi(\mu_1)} \cdots \frac{\varphi(\mu_1 + \cdots + \mu_i)}{1 - \varphi(\mu_1 + \cdots + \mu_i)}\,, \qquad \varphi(s) = \int\limits_0^\infty e^{-sx}\, dF(x)$$

ist.

Der Fall der endlichen Mischung $\bar{G}(t) = \sum\limits_{i=1}^{s} p_i\, e^{-\mu_i t}$ ist in [4] mit der Methode der eingebetteten MARKOWschen Kette behandelt worden. Diese Methode führt jedoch lediglich zu einem Algorithmus zur Berechnung von $B_k^{(0)}$ (vgl. Theorem 4 aus [4]).

Schließlich untersuchen wir noch den regulären Eingang, bei dem

$$F(x) \begin{cases} 0\,, & x \leqq \Delta\,, \\ 1\,, & x < \Delta \end{cases}$$

ist. Wir wollen in diesem Fall die Bezeichnungen $D_k(\Delta)$ und $D_k^{(0)}(\Delta)$ statt B_k und $B_k^{(0)}$ benutzen. Aus (2.3) und (2.3′) folgt dann

$$D_k(\Delta) = \frac{1}{\Delta} \sum_{i_2, \ldots, i_k = 1}^{\infty} \int\limits_0^\infty \bar{G}\big((i_k + \cdots + i_2)\,\Delta + u\big) \cdots \bar{G}\,(i_2\,\Delta + u)\; G(u)\, du\,, \tag{2.6}$$

$$D_k^{(0)}(\Delta) = \sum_{i_1, \ldots, i_k = 1}^{\infty} \bar{G}\big((i_k + \cdots + i_1)\,\Delta\big) \cdots \bar{G}\,(i_1\,\Delta)\,. \tag{2.6′}$$

4. Semimarkowscher Eingang

Es sei K eine endliche Menge, $(r_{\alpha,\beta})$, $\alpha, \beta \in K$, eine ergodische stochastische Matrix mit der stationären Anfangsverteilung q_α, $\alpha \in K$. Ferner sei $F_{\alpha\beta}(x)$, α, $\beta \in K$, eine Familie von Verteilungsgesetzen nichtnegativer Zufallsgrößen mit

$$\Delta_{\alpha\beta} = \int\limits_0^\infty x\, dF_{\alpha\beta}(x) < \infty\,, \qquad \Delta = \sum_{\alpha,\beta \in K} q_\alpha\, r_{\alpha\beta}\, \Delta_{\alpha\beta} < \infty\,. \tag{*}$$

Bekanntlich ist unter der Voraussetzung (*) das durch

$$Q\,(\Phi \,|\, \Phi \text{ hat in 0 einen Punkt}) = 1\,,$$

$$Q\,(-\,t_1(\Phi) < x) = \sum_{\alpha,\beta \in K} q_\alpha\, r_{\alpha\beta}\, F_{\alpha\beta}(x)\,,$$

$$Q\,\big(-\,t_1(\Phi) < x_1,\, t_1(\Phi) - t_2(\Phi) < x_2, \ldots, t_{n-1}(\Phi) - t_n(\Phi) < x_n\big)$$
$$= \sum_{\alpha, \varrho_1, \ldots, \varrho_n} q_\alpha\, r_{\alpha\varrho_1} \cdots r_{\varrho_{n-1}\varrho_n}\, F_{\alpha\varrho_1}(x_1) \cdots F_{\varrho_{n-1}\varrho_n}(x_n)$$

und analoge Formeln für $(0, +\infty)$ definierte Verteilungsgesetz $\mathcal{Q}$ die PALMsche Verteilung $\mathcal{P}^{(0)}$ einer stationären zufälligen Punktfolge $\mathcal{P}$, die man als stationäre semimarkowsche Punktfolge oder semimarkowscher Prozeß bezeichnet [5]. Die stationäre Verteilung $\mathcal{P}$ hat die Intensität Δ und die Anfangsverteilung

$$F_0(x) = \mathcal{P}\left(-t_1(\Phi) < x\right) = \frac{1}{\Delta} \sum_{\alpha,\beta} q_\alpha r_{\alpha\beta} \int_0^x \left(1 - F_{\alpha\beta}(u)\right) du .$$

Analog zu (2.3) und (2.3′) erhalten wir für semimarkowsche Punktfolgen aus (2.2), (2.2′) bzw. (2.2″) die Formeln

$$B_k = \frac{1}{\Delta} \sum_{i_1,\ldots,i_k=1}^{\infty} \sum_{\alpha,\varrho_1,\ldots,\varrho_k} \int_0^\infty \int_0^\infty \overline{G}(u_k + \cdots + u_1) \cdots \overline{G}(u_1) \times$$
$$\times\, q_\alpha (\mathcal{F}^{i_k})_{\alpha\varrho_k}(du_k) \cdots (\mathcal{F}^{i_2})_{\varrho_3\varrho_2} (\mathcal{F}_0 * \mathcal{F}^{i_1-1})_{\varrho_2\varrho_1}(du_1) , \qquad (2.7)$$

$$B_k^{(0)} = \sum_{i_1,\ldots,i_k=1}^{\infty} \sum_{\alpha,\varrho_1,\ldots,\varrho_k} \int_0^\infty \cdots \int_0^\infty \overline{G}(u_k + \cdots + u_1) \cdots \overline{G}(u_1)$$
$$\times\, q_\alpha (\mathcal{F}^{i_k})_{\alpha\varrho_k}(du_k) \cdots (\mathcal{F}^{i_1})_{\varrho_2\varrho_1}(du_1) , \qquad (2.7')$$

$$B_1 = \frac{1}{\Delta} \int_0^\infty \overline{G}(u)\, du ,$$

$$B_k = \frac{1}{\Delta} \sum_{i_2,\ldots,i_k=1}^{\infty} \sum_{\varrho_1,\ldots,\varrho_k} \int_0^\infty \cdots \int_0^\infty \overline{G}(u_k + \cdots + u_1) \cdots \overline{G}(u_1)\, q_{\varrho_k}$$
$$\times\, (\mathcal{F}^{i_k})_{\varrho_k\varrho_{k-1}}(du_k) \cdots (\mathcal{F}^{i_2})_{\varrho_2\varrho_1}\, du_1 , \quad k \geqq 2 . \qquad (2.7'')$$

Dabei bezeichnet $\mathcal{F}^i$ die i-te Matrixpotenz bezüglich der Faltung der Matrix $(\mathcal{F})_{\alpha\beta} = r_{\alpha\beta} F_{\alpha\beta}$, $(\mathcal{F}_0)_{\alpha\beta}$ die Matrix $r_{\alpha\beta} \int_0^x \left(1 - F_{\alpha\beta}(u)\right) du$ und $*$ das Matrizenprodukt bezüglich der Faltung.

Für $\overline{G}(t) = e^{-\mu t}$ gelangen wir von (2.7″) und (2.7′) zu Formeln

$$B_1 = \frac{1}{\mu\Delta} ,$$

$$B_k = \frac{1}{k\mu\Delta} \sum_{i_2,\ldots,i_k=1}^{\infty} \sum_{\varrho_1,\ldots,\varrho_k} q_{\varrho_k} (\sigma_1^{i_k})_{\varrho_k\varrho_{k-1}} \cdots (\sigma_{k-1}^{i_2})_{\varrho_2\varrho_1} , \qquad k \geqq 2 , \quad (2.8)$$

$$B_k^{(0)} = \sum_{i_1,\ldots,i_k=1}^{\infty} \sum_{\alpha,\varrho_1,\ldots,\varrho_k} q_\alpha (\sigma_1^{i_k})_{\alpha\varrho_k} \cdots (\sigma_k^{i_1})_{\varrho_2\varrho_1} , \qquad (2.8')$$

wobei σ_j die Matrix $(\sigma_j)_{\alpha\beta} = r_{\alpha\beta}\, \varphi_{\alpha\beta}(j\mu) = r_{\alpha\beta} \int_0^\infty e^{-j\mu x}\, dF_{\alpha\beta}(x)$ und σ_j^i deren i-te Potenz bezeichnet.

5. Die Formel (2.1′) ist an keinerlei Voraussetzungen über die Stationarität gebunden. Bei Studium des Übergangsverhalten von Bedienungssystemen setzt man gewöhnlich voraus, daß das System im Zeitpunkt 0 seine Arbeit auf-

nimmt, und interessiert sich für die Wahrscheinlichkeitscharakteristika des Systems zu einem beliebigem Zeitpunkt t oder in bestimmten „eingebetteten" Zeitpunkten, etwa in Zeitpunkten, in denen neue Forderungen eintreffen.

Bezeichnet man mit $B_k(t)$ oder $B_k^{(n)}$ das k-te Binomialmoment der Anzahl der belegten Buchungsapparate zum Zeitpunkt t oder unmittelbar vor dem Eintreffen der n-ten Forderung, so lassen sich sofort zu (2.2) analoge Formeln hinschreiben. Wir verzichten hier auf ausführliche Darlegung und bemerken folgendes. Wird der Eingang des Systems durch die PALMsche Verteilung einer stationären rekurrenten bzw. semimarkowschen Punktfolge beschrieben, so gelten für $B_k^{(n)}$ mit $k \geqq n$ die Formeln (2.3') bzw. (2.7') mit der Einschränkung, daß in der ersten Summe nur über die Indizes $i_1, \ldots, i_k$ mit der Bedingung $i_1 + \cdots + i_k \leqq n - 1$ summiert wird.

§ 3. Eine Extremaleigenschaft des regulären Eingangs

Für verschiedene Bedienungssysteme ist nachgewiesen worden, daß der reguläre Eingang optimale Eigenschaften in dem Sinne besitzt, daß bestimmte Charakteristika des Systems ihren für diesen Eingang minimalen Wert annehmen (vgl. [6], [8]). Wir beweisen für Systeme mit unendlich vielen Bedienungsapparaten in dieser Richtung den folgenden

Satz. *Betrachtet wird ein Bedienungssystem mit unendlich vielen Bedienungsapparaten. Es sollen die in § 2 formulierten Unabhängigkeitsannahmen erfüllt sein. Die Verteilungsfunktion $G(x)$ der Bedienungszeit sei stetig und im Intervall $[0, \infty)$ zweimal differenzierbar. Es sei Π die Menge aller stationären Verteilungsgesetze $\mathcal{P}$ mit derselben endlichen Intensität $\lambda = \frac{1}{\Delta}$ derart, daß bei dem gemäß $\mathcal{P}$ verteilten Eingang das statistische Gleichgewicht des Systems möglich ist. Es seien $B_k(\mathcal{P})$ und $B_k^{(0)}(\mathcal{P})$ die durch (2.2'') und (2.2') bestimmten Werte der Binomialmomente der Anzahl der belegten Bedienungsapparate bei der Eingangsverteilung $\mathcal{P}$ und der Bedienungszeitverteilung $G(x)$ in einem beliebigen Zeitpunkt oder unmittelbar vor dem Eintreffen einer neuen Forderung. Ferner seien $D_k(\Delta)$ und $D_k^{(0)}(\Delta)$ die durch (2.7) oder (2.7') bestimmten Binomialmomente für den regulären Eingang und den Punktabstand Δ. Ist $G(x)$ von unten konvex, d. h. $G''(x) \leqq 0$, so gilt für jedes k*

$$\inf_{\mathcal{P} \in \Pi} B_k(\mathcal{P}) = D_k(\Delta)\,, \tag{3.1}$$

$$\inf_{\mathcal{P} \in \Pi} B_k^{(0)}(\mathcal{P}) = D_k^{(0)}(\Delta)\,. \tag{3.2}$$

Beweis. Nach Voraussetzung ist die Funktion $\overline{G}(x)$ von oben konvex. Dann ist die Funktion $\overline{G}(u_k + \cdots + u_1) \cdots \overline{G}(u_1)$ als Funktion von $u_1, u_2, \ldots, u_k$ ebenfalls konvex (vgl. [7]). Um etwa die Konvexität von $\overline{G}(x + y)\,\overline{G}(y)$ nachzuweisen, genügt es nach [7], die Konvexität von

$$\chi(t) = \overline{G}(x + y + u\,t + v\,t)\,\overline{G}(y + v\,t)$$

für alle x, y, u, v und alle t nachzuweisen, für die $(x, y) + t(u, v)$ in $[0, \infty) \times [0, \infty)$ liegt. Die Funktion $\chi(t)$ ist zweimal differenzierbar und hat, wie man leicht sieht, nicht fallende erste Ableitung.

Wir können also auf die Funktion $\overline{G}(u_k + \cdots + u_1) \cdots \overline{G}(u_1)$ die JENSENsche Ungleichung [7] anwenden. Ausgehend von (2.2′) erhalten wir dann für jedes $\mathcal{P} \in \Pi$

$$B_k^{(0)}(\mathcal{P}) \geqq \sum_{i_1, \ldots, i_k = 1} \overline{G}\left(\int_0^\infty \cdots \int_0^\infty (u_k + \cdots + u_1)\, P^{(0)}_{-t_{i_1}, \ldots, t_{i_1+\cdots+i_{k-1}} - t_{i_1+\cdots+i_k}}(du_1 \cdots du_k)\right)$$
$$\times \cdots \times \overline{G}\left(\int_0^\infty \cdots \int_0^\infty u_1\, P^{(0)}_{-t_{i_1}, \ldots, t_{i_1+\cdots+i_{k-1}} - t_{i_1+\cdots+i_k}}(du_1 \cdots du_k)\right). \tag{3.3}$$

Es gilt für beliebige $i, j > 0$ die Beziehung (vgl. [1])

$$\int_0^\infty u\, P^{(0)}_{t_i - t_{i+j}}(du) = j\, \Delta\,. \tag{3.4}$$

Mit Hilfe von (3.4) können wir die rechte Seite von (3.3) in die rechte Seite von (2.7′) umwandeln. Damit ist aber (3.2) bewiesen. Beim Beweis von (3.1) gehen wir von (2.2″) aus. Für $k = 1$ ist die Behauptung trivial, da $B_1(\mathcal{P})$ stets gleich $\frac{1}{\Delta} \int_0^\infty x\, dG(x)$ ist. Für $k \geqq 2$ lassen wir die Integration über u_1 unberührt und verfahren sonst genauso wie beim Beweis von (3.2).

Damit ist der Satz bewiesen.

Bemerkung 1. Aus der Formel

$$B_1(\mathcal{P}) = \frac{1}{\mu\, \Delta}\,,$$

wobei $\mu = \int_0^\infty x\, dG(x)$ die mittlere Bedienungsdauer und Δ^{-1} die Intensität von $\mathcal{P}$ ist, und aus der Beziehung (3.1) für $k = 2$ folgt für die Varianz $\mathrm{Var}_{\mathcal{P}}\, \eta(0)$ der Anzahl der belegten Bedienungsapparate im Zustand des statistischen Gleichgewichts die Gleichung

$$\inf_{\mathcal{P} \in \Pi} \mathrm{Var}_{\mathcal{P}}\, \eta(0) = 2\, D_2(\Delta) + \frac{1}{\mu\, \Delta} - \left(\frac{1}{\mu\, \Delta}\right)^2.$$

Bemerkung 2. Es erhebt sich die Frage, ob die gemachten Voraussetzungen über die Verteilungsfunktion der Bedienungsdauer auch notwendig sind. Wir wollen das Problem nicht weiter diskutieren, zeigen jedoch an einem Beispiel, daß die Ungleichungen (3.1) und (3.2) nicht für jedes G gelten.

Es sei

$$G(x) = \begin{cases} 1\,, & \text{falls } x \leqq \alpha\,, \\ 0 & \text{sonst} \end{cases} \qquad \text{(konstante Bedienungsdauer).}$$

Als Eingang betrachten wir die PALMsche Verteilung der stationären rekurrenten Punktfolge $\mathcal{P}$ mit der Pausenlängenverteilung $F(x)$ (vgl. Abschnitt 3 in § 2). Von der Funktion $F(x)$ verlangen wir die Gültigkeit der Beziehungen $\int_0^\infty x\, dF(x) = \Delta < \infty$ und $F(\alpha) < \dfrac{\left[\frac{\alpha}{\Delta}\right]}{1 + \left[\frac{\alpha}{\Delta}\right]}$: In diesem Falle erhält man aus (2.3′) und (2.6′)

die Formeln

$$D_1^{(0)} = \left[\frac{\alpha}{\Delta}\right], \qquad B_1^{(0)} = H(\alpha)\,,$$

wobei $H(x) = \sum_{i=1}^{\infty} F^{(i)}(x)$ die Erneuerungsfunktion ist. Aus der Ungleichung $H(x) \leqq \frac{F(x)}{1 - F(x)}$ und der gemachten Voraussetzung über $F(x)$ folgt die Ungleichung

$$B_1^{(0)} = H(\alpha) < \frac{F(\alpha)}{1 - F(\alpha)} < \left[\frac{\alpha}{\Delta}\right] = D_1^{(0)}(\Delta)\,.$$

Literatur

[1] MATTHES, K.: Stationäre zufällige Punktfolgen I. Jahresbericht der DMV **66**, 66–79 (1963).

[2] TAKÁCS, L.: On the Generalization of Erlang's Formula. Acta Math. Hung. **7**, 419–433 (1956).

[3] TAKÁSC, L.: Introduction to the Theory of Queues. New York 1962.

[4] GASTWIRTH, I. L.: On a Telephone Traffic System with Several Kinds of Service Distributions. J. Appl. Prob. **1**, 77–84 (1964).

[5] HERRMANN, U.: Ein Approximationssatz für Verteilungen stationärer zufälliger Punktfolgen. Math. Nachr. **30**, 377–381 (1965).

[6] BENEŠ, V. E.: On trunks with negative exponential holding times serving a renewal process. Bell. Syst. Techn. J. **38**, 211–258 (1959).

[7] HARDY, G. H., I. E. LITTLEWOOD and G. PÓLYA: Inequalities. 2nd ed., Cambridge 1952.

[8] Рогозин, Б. А.: Некоторые экстремальные задачи теории массового обслуживания. Теор. вер. и. прим. **11**, 161-169 (1966).

Optimale Entscheidungsfunktionen für die Anordnung von Parametern nach ihrer Größe

Von Heinz Foltys[1])

Es werden Entscheidungsfunktionen für die vollständige Anordnung reeller Parameter nach ihrer Größe untersucht. In einem Satz wird die Optimalität der randomisierten Entscheidungsfunktion gezeigt, die nach der Größe erschöpfender Stichprobenvariabler ordnet und bei Gleichheiten jede zugehörige Anordnung mit gleicher Wahrscheinlichkeit wählt. Für Lageparameter, Skalaparameter und einen allgemeineren Typ werden ungünstigste Parameterkonfigurationen angegeben.

1. Einleitung

In der vorliegenden Arbeit werden Entscheidungen über die vollständige Anordnung zufälliger Variabler nach der Größe reeller Parameter $\Theta_1, \ldots, \Theta_k$ betrachtet. Probleme dieser Art treten besonders häufig bei pädagogischen, psychologischen, soziologischen, linguistischen und informationstheoretischen Untersuchungen auf. Oft werden in der Praxis Sonderfälle gebraucht, bei denen $\max(\Theta_1, \ldots, \Theta_k)$ bzw. $\min(\Theta_1, \ldots, \Theta_k)$ gesucht wird oder eine Teilmenge der Parameter (geordnet oder ungeordnet) ausgewählt werden soll. Entscheidungsfunktionen für solche Probleme hat zuerst R. E. Bechhofer [4] vorgeschlagen und für spezielle Verteilungen untersucht. Optimaleigenschaften der Entscheidungsfunktionen für die genannten Sonderfälle zeigten Hall, Bahadur, Goodmann und Lehmann (vgl. [3], [11] und [14]). Nach [4] erschien eine Fülle von Veröffentlichungen über spezielle Probleme. Literaturzusammenstellungen findet man z. B. in [2] und [9].

In Abschnitt 3 werden Verallgemeinerungen der Ergebnisse von E. L. Lehmann [14] angegeben. Für die von Bechhofer [4] vorgeschlagene Verlustfunktion (ω-korrekte Anordnungsentscheidungen) werden in Abschnitt 4 ungünstige Parameterkonfigurationen bestimmt. In Abschnitt 5 wird eine Optimaleigenschaft für die von V. Fabian [8] vorgeschlagene Verlustfunktion (Δ-korrekte Entscheidungen) gezeigt.

---

[1]) Inst. f. Mathematik, Pädagogische Hochschule Potsdam, 15 Potsdam-Sanssouci.

2. Voraussetzungen, Bezeichnungen, Definitionen

$X_1, \ldots, X_k$ seien zufällige Variable mit Verteilungsfunktionen $F(x, \Theta_i)$ vom gleichen Typ. $\Theta_1, \ldots, \Theta_k$ seien reelle Parameter.

Annahme 1. Der Parameterraum Ω habe die Eigenschaft:

$\Theta = (\Theta_1, \ldots, \Theta_k) \in \Omega$ genau dann, wenn für jede Permutation $(i_1, \ldots, i_k)$ der Indizes $(\Theta_{i_1}, \ldots, \Theta_{i_k}) \in \Omega$ ist.

$\mathfrak{x}_i = (x_{i1}, \ldots, x_{in})$, $i = 1, \ldots, k$, seien n unabhängige Beobachtungen der X_i. $(t_1, \ldots, t_k) = (t_1(\mathfrak{x}_1), \ldots, t_k(\mathfrak{x}_k))$ sei erschöpfend für $(\Theta_1, \ldots, \Theta_k)$.

Annahme 2. Der Wertevorrat T von t habe die Eigenschaft:

$t = (t_1, \ldots, t_k) \in T$ genau dann, wenn für jede Permutation $(i_1, \ldots, i_k)$ der Indizes $(t_{i_1}, \ldots, t_{i_k}) \in T$ ist.

Annahme 3. t habe eine Dichte der Form

$$h(t|\Theta) = h(t_1, \ldots, t_k|\Theta_1, \ldots, \Theta_k) = \prod_{i=1}^{k} f(t_i|\Theta_i)$$

bezüglich eines σ-endlichen Maßes. Für $t_i > t_j$ und $\Theta_i > \Theta_j$ sei

$$f(t_i|\Theta_i) f(t_j|\Theta_j) \geqq f(t_i|\Theta_j) f(t_j|\Theta_i) .$$

Nach Entnahme der Stichproben und Bestimmung der t_i soll eine Entscheidung über die vollständige Anordnung der Θ_i nach ihrer Größe getroffen werden.

Definition 1. Für jede Permutation $(i_1, \ldots, i_k)$ von $(1, 2, \ldots, k)$ sei $e(i_1, i_2, \ldots, i_k)$ die Entscheidung

$$\Theta_{i_1} \geqq \Theta_{i_2} \geqq \cdots \geqq \Theta_{i_k} .$$

D bezeichne die Menge $\{e_1, e_2, \ldots, e_{k!}\}$.

Eine randomisierte Entscheidungsfunktion φ ist eine vektorwertige Funktion $\varphi(t) = (\varphi(e_1|t), \ldots, \varphi(e_{k!}|t))$, wobei $\varphi(e_i|t) = \varphi(e(i_1, \ldots, i_k)|t)$ die Wahrscheinlichkeit dafür bezeichnet, daß e_i gewählt wird, wenn t beobachtet wurde.Es gilt also für jedes t

$$\varphi(e_i|t) \geqq 0 \qquad \text{und} \qquad \sum_i \varphi(e_i|t) = 1 .$$

In der Menge $\{\varphi\}$ aller Entscheidungsfunktionen sollen Ordnungen $\varphi_1 \lesssim \varphi_2$ eingeführt werden.

Annahme 4. Ist $\Theta = (\Theta_1, \ldots, \Theta_k)$ der wahre Parameter, so sei $V(e_i, \Theta)$ der Verlust bei der Entscheidung e_i. $V(e_i, \Theta)$ sei reellwertige beschränkte Funktion, definiert auf $D \times \Omega$ und

$$\sum_i V(e_i, \Theta)\, h(t|\Theta)\, \varphi(e_i|t)$$

integrierbar bzl. μ.

$R(\Theta, \varphi)$ bezeichnet das Risiko:

$$R(\Theta, \varphi) = \int_T \sum_i V(e_i, \Theta)\, h(t|\Theta)\, \varphi(e_i|t)\, d\mu(t) .$$

Da das oben beschriebene Entscheidungsproblem symmetrisch ist in den k zufälligen Variablen, liegt es nahe, invariante Entscheidungsfunktionen zu betrachten. Im folgenden sei deshalb $d\mu\,(t_1, \ldots, t_k) = d\mu\,(t_{i_1}, \ldots, t_{i_k})$.

Definition 2. Für jede Permutation $(j_1, \ldots, j_k)$ von $(1, 2, \ldots, k)$, $t_i = t'_{j_i}$ und $\Theta_i = \Theta'_{j_i}$ sei

$$g_j(t_1, \ldots, t_k) = (t'_1, \ldots, t'_k),$$
$$\bar{g}_j(\Theta_1, \ldots, \Theta_k) = (\Theta'_1, \ldots, \Theta'_k)$$

und

$$g_j^* \, e(i_1, \ldots, i_k) = e(j_{i_1}, \ldots, j_{i_k}).$$

Die durch g_j, $\bar{g}_j$ bzw. g_j^* vermittelten Abbildungen $T \to T$, $\Omega \to \Omega$ bzw. $D \to D$ sind offensichtlich eineindeutig. $G = \{g_1, \ldots, g_{k!}\}$, $\bar{G} = \{\bar{g}_1, \ldots, \bar{g}_{k!}\}$ und $G^* = \{g_1^*, \ldots, g_{k!}^*\}$ bilden bezüglich Nacheinanderausführung Gruppen.

Annahme 5. V sei invariant bezüglich $\bar{G}$, G^*, d. h. $V(g_j^* e_i, \bar{g}_j \Theta) = V(e_i, \Theta)$. Verlustfunktionen, die vom Standpunkt der Anwendungen interessant sind, haben oft folgende Eigenschaft:

Für alle α, β gilt: Ist $\alpha < \beta$ und $\Theta_{i_\alpha} \leqq \Theta_{i_\beta}$ und bezeichnet $(j_1, \ldots, j_k)$ diejenige Permutation von $(1, 2, \ldots, k)$, die man aus $(i_1, \ldots, i_k)$ durch Vertauschen von i_α und i_β erhält, so ist

$$V\big(e(i_1, \ldots, i_k), \Theta\big) \geqq V\big(e(j_1, \ldots, j_k), \Theta\big).$$

Gilt $\Theta_{j_1} \geqq \Theta_{j_2} \geqq \cdots \geqq \Theta_{j_k}$, so ist $V(g_j^* e_i, \Theta) = V\big(e(j_{i_1}, j_{i_2}, \ldots, j_{i_k}), \Theta\big)$ eine monoton nichtfallende Funktion der Anzahl der Inversionen von $(i_1, \ldots, i_k)$. Diese Eigenschaft haben z. B. folgende Verlustfunktionen:

a) $V(e_i, \Theta) = \begin{cases} A, & \text{wenn } e(i_1, \ldots, i_k) \text{ korrekt}, \\ B, & \text{wenn } e(i_1, \ldots, i_k) \text{ falsch, wobei } A < B; \end{cases}$

b) $V(e_i, \Theta) = \begin{cases} A, & \text{wenn } \Theta_{i_1} \geqq \Theta_{i_2} \geqq \cdots \geqq \Theta_{i_m} \\ & \quad \text{und } \Theta_{i_m} \geqq \Theta_{i_s} \text{ für } s = m+1, \ldots, k, \\ & \text{sonst}; \end{cases}$

c) $V(e_i, \Theta) = \begin{cases} A, & \text{wenn } \Theta_{i_1} = \max(\Theta_1, \Theta_2, \ldots, \Theta_k), \\ B & \text{sonst}; \end{cases}$

d) $V(e_i, \Theta) = \begin{cases} A, & \text{wenn } \Theta_{i_s} + \Delta_s \geqq \Theta_j \text{ für } j = i_{s+1}, \ldots, i_k, \\ B & \text{sonst}. \end{cases}$

Ist insbesondere $A = 0$ und $B = 1$, so ist bei

a) $1 - R(\Theta, \varphi)$ Wahrscheinlichkeit einer korrekten Anordnung,

b) $1 - R(\Theta, \varphi)$ Wahrscheinlichkeit einer korrekten Anordnung der m größten Parameter,

c) $1 - R(\Theta, \varphi)$ Wahrscheinlichkeit einer korrekten Wahl von $\Theta_{\max}$,

d) $1 - R(\Theta, \varphi)$ Wahrscheinlichkeit einer „Δ-korrekten" Anordnung.

Annahme 6. $V(e_i, \Theta)$ sei eine monoton nichtfallende Funktion der Anzahl der Inversionen von $(i_1, \ldots, i_k)$.

Definition 3. Eine Entscheidungsfunktion $\varphi(t)$ heißt *invariant* bezüglich G, G^*, wenn für jedes $t \in T$, jedes i und jedes j

$$\varphi_j(g_i^* e_i, g_j t) = \varphi(e_i, t)$$

gilt.

3. Die Entscheidungsfunktion $\Psi(t)$-Optimalität

Definition 4. k_i, k seien ganze Zahlen und $0 = k_0 < k_1 < k_2 < \cdots < k_s = k$. Es sei

$$\psi(e(i_1, i_2, \ldots, i_k) | t_1, t_2, \ldots, t_k) = \frac{1}{\prod_{j=1}^{s} (k_j - k_{j-1})!} = p_i ,$$

wenn

$$\left.\begin{array}{l} t_{i_1} = t_{i_2} = \cdots = t_{i_{k_1}} > t_{i_{k_1+1}} \\ t_{i_{k_1+1}} = t_{i_{k_1+2}} = \cdots = t_{i_{k_2}} > t_{i_{k_2+1}} \\ \cdots\cdots\cdots\cdots\cdots\cdots \\ t_{i_{k_{s-1}+1}} = t_{i_{k_{s-1}+2}} = \cdots = t_{i_{k_s}} \end{array}\right\} \quad (3.1)$$

gilt, und

$$\psi(e(i_1, i_2, \ldots, i_k) | t_1, t_2, \ldots, t_k) = 0 ,$$

wenn (3.1) nicht gilt.

Wir wollen im folgenden beweisen, daß ψ unter den genannten Voraussetzungen gleichmäßig beste invariante Entscheidungsfunktion ist. Hierzu betrachten wir zunächst das durchschnittliche Risiko

$$r(\Theta, \varphi) = \frac{1}{k!} \sum_{i=1}^{k!} R(\bar{g}_i\, \Theta, \varphi)$$

für eine beliebige Entscheidungsfunktion φ. Es ist

$$k!\, r(\Theta, \varphi) = \sum_i \int_T A_i\, \varphi(e_i | t)\, d\mu(t)$$

mit

$$A_i = A(i_1, \ldots, i_k) = \sum_j V(e_i, g_j\, \Theta)\, h(t, g_j\, \Theta) .$$

Satz 1. *Sind die Annahmen* 1 *bis* 6 *erfüllt, dann gilt für* $t_{r_\alpha} \leqq t_{r_\beta}$

$$A(\ldots, r_\alpha, \ldots, r_\beta, \ldots) \leqq A(\ldots, r_\beta, \ldots, r_\alpha, \ldots) .$$

Beweis. Da über alle Permutationen der Indizes von Θ summiert wird, kann man o. B. d. A. voraussetzen, daß

$$\Theta_1 \geqq \Theta_2 \geqq \Theta_3 \geqq \cdots \geqq \Theta_k$$

ist. Es sei $(i_1, \ldots, i_k)$ eine Permutation von $(1, 2, \ldots, k)$ mit wenigstens einer Inversion. Wir nehmen an, daß $i_\alpha > i_\beta$ ist für ein Paar $\alpha < \beta$. $(r_1, \ldots, r_k)$ sei die Permutation, die man aus $(i_1, \ldots, i_k)$ durch Vertauschen von i_α und i_β erhält. Damit wird

$$A_i - A_r = \sum_j \{V(e_i, \bar{g}_j\, \Theta) - V(e_r, \bar{g}_j\, \Theta)\}\, h(t | \bar{g}_j\, \Theta) .$$

Für jede Permutation $(j_1, \ldots, j_k)$ mit $j_{i_\alpha} > j_{i_\beta}$ betrachten wir die zwei Summanden

$$\begin{aligned}\{V(e(\ldots, i_\alpha, \ldots, i_\beta, \ldots), \ldots, \Theta_{j_{i_\beta}}, \ldots, \Theta_{j_{i_\alpha}}, \ldots)\\ - V(e(\ldots, i_\beta, \ldots, i_\alpha, \ldots), \ldots, \Theta_{j_{i_\beta}}, \ldots, \Theta_{j_{i_\alpha}}, \ldots)\}\\ \times h(t_1, \ldots, t_k | \ldots, \Theta_{j_{i_\beta}}, \ldots, \Theta_{j_{i_\alpha}}, \ldots)\\ + \{V(e(\ldots, i_\alpha, \ldots, i_\beta, \ldots), \ldots, \Theta_{j_{i_\alpha}}, \ldots, \Theta_{j_{i_\beta}}, \ldots)\\ - V(e(\ldots, i_\beta, \ldots, i_\alpha, \ldots), \ldots, \Theta_{j_{i_\alpha}}, \ldots, \Theta_{j_{i_\beta}}, \ldots)\}\\ \times h(t_1, \ldots, t_k | \ldots, \Theta_{j_{i_\alpha}}, \ldots, \Theta_{j_{i_\beta}}, \ldots).\end{aligned}$$

Da V invariant ist, gilt

$$\begin{aligned}V(e(\ldots, i_\alpha, \ldots, i_\beta, \ldots), \ldots, \Theta_{j_{i_\alpha}}, \ldots, \Theta_{j_{i_\alpha}}, \ldots)\\ = V(e(\ldots, i_\beta, \ldots, i_\alpha, \ldots), \ldots, \Theta_{j_{i_\beta}}, \ldots, \Theta_{j_{i_\beta}}, \ldots)\end{aligned}$$

und

$$\begin{aligned}V(e(\ldots, i_\beta, \ldots, i_\alpha, \ldots), \ldots, \Theta_{j_{i_\beta}}, \ldots, \Theta_{j_{i_\alpha}}, \ldots)\\ = V(e(\ldots, i_\alpha, \ldots, i_\beta, \ldots), \ldots, \Theta_{j_{i_\alpha}}, \ldots, \Theta_{j_{i_\beta}}, \ldots).\end{aligned}$$

Die beiden Summanden sind also gleich

$$\begin{aligned}\{V(e(\ldots, i_\alpha, \ldots, i_\beta, \ldots), \bar{g}_j\,\Theta) - V(e(\ldots, i_\beta, \ldots, i_\alpha, \ldots), \bar{g}_j\,\Theta)\}\\ \times \{h(t | \ldots, \Theta_{j_{i_\beta}}, \ldots, \Theta_{j_{i_\alpha}}, \ldots) - h(t | \ldots, \Theta_{j_{i_\alpha}}, \ldots, \Theta_{j_{i_\beta}}, \ldots)\}.\end{aligned}$$

Nach Annahme 6 ist der erste Faktor nicht negativ; denn es ist $\Theta_{j_{i_\alpha}} \leqq \Theta_{j_{i_\beta}}$. Nach Annahme 3 ist für $t_{i_\alpha} \geqq t_{i_\beta}$ der zweite Faktor nicht positiv. Hieraus folgt die Behauptung.

Satz 2. *Sind die Annahmen* 1 *bis* 6 *erfüllt und ist* $t_{r_1} \geqq t_{r_2} \geqq \cdots \geqq t_{r_k}$, *so ist*

$$A(r_1, \ldots, r_k) = \min_j A(j_1, \ldots, j_k).$$

Wir beweisen diesen Satz indirekt. Angenommen, es wäre $A_r \neq \min_j A_j$. Dann gäbe es eine Permutation $(i_1, \ldots, i_k) \neq (r_1, \ldots, r_k)$, für die $A_i < A_r$ ist.

1. Ist $i_1 \neq r_\alpha = r_1$ und $i_\beta = r_1$ mit $\beta > 1$, so sei $(i_{11}, \ldots, i_{1k})$ die Permutation, die man aus $(i_1, \ldots, i_k)$ durch Vertauschen von i_1 mit i_β erhält. Da nach Voraussetzung $t_{r_1} = t_{i_\beta} \geqq t_{i_1} = t_{r_\alpha}$ gilt, folgt aus Satz 1

$$A(i_{11}, \ldots, i_{1k}) \leqq A(i_1, \ldots, i_k).$$

Ist $i_1 = r_1$, so sei $(i_1, \ldots, i_k) = (i_{11}, \ldots, i_{1k})$.

2. Wir betrachten $(i_{11}, \ldots, i_{1k}) = (r_1, i_{12}, \ldots, i_{1k})$. Ist $i_{12} = r_{\alpha'} \neq r_2$ und $i_{1\beta} = r_2$, so sei $(i_{21}, \ldots, i_{2k})$ die Permutation, die man aus $(i_{11}, \ldots, i_{1k})$ durch Vertauschen von i_{12} mit $i_{1\beta}$ erhält. Da nach Voraussetzung $t_{r_2} \geqq t_{r_{\alpha'}}$ gilt, folgt aus Satz 1

$$A(i_{21}, i_{22}, \ldots, i_{2k}) \leqq A(i_{11}, \ldots, i_{1k}) .$$

Nach $k - 1$ Schritten erhalten wir eine Folge $\{(i_{s1}, \ldots, i_{sk})\}$, für die $(i_{k-1,1}, \ldots, i_{k-1,k}) = (r_1, \ldots, r_k)$ und

$$A(r_1, \ldots, r_k) \leqq A(i_{k-1,1}, \ldots, i_{k-1,k}) \leqq \cdots \leqq A(i_{11}, \ldots, i_{1k}) \leqq A(i_1, \ldots, i_k)$$

ist. Das ist ein Widerspruch zur Behauptung von Satz 1.

Satz 3. *Gelten die Annahmen 1 bis 6, so ist für die Entscheidungsfunktion $\psi(t)$ das durchschnittliche Risiko minimal.*

Beweis. Es sei (3.1) erfüllt. Es gibt $\prod_{i=1}^{s} (k_i - k_{i-1})! = N$ verschiedene Permutationen von $(i_1, \ldots, i_k)$, für die (3.1) ebenfalls gilt, wenn man die Indizes $i_1, \ldots, i_k$ durch die permutierten ersetzt. Für jede dieser N Permutationen gilt nach Satz 2 $A_{k_1} = A_{k_2} = \cdots = A_{k_N} = A(i_1, \ldots, i_k) = \min_j A_j$, also $\psi(e_{k_i} | t) = \frac{1}{N}$. Damit wird

$$k!\, r(\Theta, \varphi) = \sum_j \int_T A_j\, \varphi(e_j | t)\, d\mu(t) \geqq \int_T A_i \sum_j \varphi(e_j | t)\, d\mu(t)$$
$$= \int_T A_i\, d\mu(t) = \sum_j \int_T A_i\, \psi(e_i | t)\, d\mu(t) = k!\, r(\Theta, \psi) ,$$

also $r(\Theta, \varphi) \geqq r(\Theta, \psi)$.

Aus Satz 3 und dem Lemma 1 in der Arbeit [14] von E. S. LEHMANN folgt

Satz 4. *Sind die Annahmen 1 bis 6 erfüllt, so ist ψ gleichmäßig beste invariante Entscheidungsfunktion.*

Aus Satz 3 und Lemma 2 aus [14] folgt

Satz 5. Es gelten folgende Voraussetzungen:

(1) *Die Annahmen 1 bis 6 sind erfüllt.*

(2) *Es sei $\varphi\, g_i$ die durch $\varphi\, g_i(t) = \varphi(g_i\, t)$ definierte Entscheidungsfunktion. Ist $\varphi \lesssim \varphi'$, so ist für alle g_j, g_j^**

$$g_j^*\, \varphi\, g_i^{-1} \lesssim g_j^*\, \varphi'\, g_i^{-1} .$$

(3) *Ist $\varphi \lesssim \varphi^{(i)}$, $i = 1, \ldots, r$, so gilt $\varphi \lesssim \frac{1}{r} \sum_{i=1}^{r} \varphi^{(i)}$.*

(4) *Für alle $\Theta \in \Omega$ gilt: Wenn $R(\Theta, \varphi') \leqq R(\Theta, \varphi)$, so ist $\varphi \lesssim \varphi'$.*

Dann ist

$$\varphi \lesssim \psi .$$

Definiert man die Ordnung durch:

$\varphi_1 \leqq \varphi_2$ genau dann, wenn $\sup_{\Theta \in \Omega} R(\Theta, \varphi_1) \geqq \sup_{\Theta \in \Omega} R(\Theta, \varphi_2)$, so sind die Voraussetzungen (1) bis (4) erfüllt. ψ ist also Minimax-Verfahren.

4. ω-korrekte Entscheidungen

4.1. Allgemeines

Sind ökonomische Verluste nicht bekannt, so liegt es nahe, die Wahrscheinlichkeit einer Fehlentscheidung als Risikofunktion zu verwenden. Will man n derart bestimmen, daß für ein $\Theta_0 \in \Omega$ die Wahrscheinlichkeit einer korrekten Entscheidung nicht unter einer vorgegebenen Schranke liegt, so ist das erforderliche n besonders groß, wenn die Differenzen der Θ_i klein sind. Bei kleinen Differenzen sind aber die Schäden häufig gering, die durch Fehlentscheidungen verursacht werden. Es gibt unter anderen zwei Möglichkeiten, diesen Fall zu umgehen.

1. Man gibt eine Teilmenge ω des Parameterraumes Ω vor, und fordert nur für $\Theta \in \omega$ korrekt zu entscheiden.
2. Man modifiziert den Begriff „korrekte Entscheidung".

Die Vorgabe einer Teilmenge ω betrachtete für dieses Problem zuerst R. E. Bechhofer [4]. Er fordert in seinen Arbeiten über die Anordnung normalverteilter zufälliger Variabler nach ihren Parametern, korrekt zu entscheiden, wenn für eine Permutation $(j_1, \ldots, j_k)$ der Indizes $(1, \ldots, k)$

$$\begin{aligned} \Theta_{j_1} &\geqq \Theta_{j_2} + \Delta_1 , \\ \Theta_{j_2} &\geqq \Theta_{j_3} + \Delta_2 , \\ &\vdots \\ \Theta_{j_{-1}} &\geqq \Theta_{j_k} + \Delta_{k-1} \end{aligned}$$

gilt. Dabei sind die $\Delta_i > 0$ „the smallest value of the parameters $\Theta_{j_\alpha} - \Theta_{j_{\alpha+1}}$ which are worth detecting" (vgl. [4]).

Das entspricht der Verlustfunktion

$$V^*(e(i_1, \ldots, i_k) \mid \Theta_1, \ldots, \Theta_k) = \begin{cases} 1, & \text{wenn für eine Permutation } (j_1, \ldots, j_k) \neq (i_1, \ldots, i_k) \text{ die oben genannten Ungleichungen gelten,} \\ 0 & \text{sonst.} \end{cases}$$

Diese Verlustfunktion erfüllt die Voraussetzungen der Sätze aus Abschnitt 3. Sie ist offensichtlich bezüglich $(G, \bar{G}, G^*)$ invariant. Folglich minimisiert die Entscheidungsfunktion $\Psi(t)$ das Risiko $R(\Theta, \psi)$ für V^* unter allen invarianten Entscheidungsfunktionen.

Dabei ist $1 - R(\Theta, \psi)$ die Wahrscheinlichkeit einer korrekten Entscheidung, falls die oben genannten Ungleichungen für eine Permutation $(j_1, \ldots, j_k)$ der Indizes gelten. Um kurz formulieren zu können, definieren wir:

Definition 5. Eine Entscheidung $e(j_1, \ldots, j_k)$ über $(\Theta_1, \ldots, \Theta_k)$ heißt *ω-korrekt*, wenn

$$V^*(e(j_1, \ldots, j_k) \mid \Theta_1, \ldots, \Theta_k) = 0$$

ist.

Wir schreiben

$$1 - R(\Theta, \psi) = P_n(\omega - K|\Theta)$$

und betrachten nun die Aufgabe, zu vorgegebenem $\Delta = (\Delta_1, \ldots, \Delta_{k-1})$ und $P^* > \frac{1}{k!}$ den Stichprobenumfang n derart zu bestimmen, daß für alle $\Theta \in \omega$

$$P_n(\omega - K|\Theta) \geqq P^*$$

ist. Existiert für festes n und Δ ein Θ^* derart, daß

$$P_n(\omega - K|\Theta^*) = \inf_{\Theta \in \Omega} P_n(\omega - K|\Theta)$$

ist, so heißt Θ^* eine *ungünstigste Parameterkonfiguration.* Ist

$$M_k = \{\Theta|\Theta \in \Omega,\ \Theta_1 \geqq \Theta_2 \geqq \cdots \geqq \Theta_k\},$$

so gilt wegen der Invarianz

$$\inf_{\Theta \in \Omega} P_n(\omega - K|\Theta) = \inf_{\Theta \in M_k} P_n(\omega - K|\Theta).$$

4.2. Wahrscheinlichkeit einer ω-korrekten Entscheidung

Für $\Theta \in M_k$ ist nur e_1 korrekt. Verwendet man die Entscheidungsfunktion ψ, so wird diese Entscheidung genau dann mit positiver Wahrscheinlichkeit angenommen, wenn eines der folgenden 2^{k-1} paarweise unverträglichen Ereignisse A_i^k eintritt:

$$\begin{aligned}
A_1^k &= \{t_1 = t_2 = t_3 = \cdots = t_{k-1} = t_k\},\\
A_2^k &= \{t_1 > t_2 = t_3 = \cdots = t_{k-1} = t_k\},\\
A_3^k &= \{t_1 = t_2 > t_3 = \cdots = t_{k-1} = t_k\},\\
A_4^k &= \{t_1 > t_2 > t_3 = \cdots = t_{k-1} = t_k\},\\
A_5^k &= \{t_1 = t_2 = t_3 > t_4 = \cdots = t_k\},\\
&\vdots\\
A_{2^{k-2}}^k &= \{t_1 > t_2 > t_3 > \cdots > t_{k-1} = t_k\},\\
&\vdots\\
A_{2^{k-1}}^k &= \{t_1 > t_2 > t_3 > \cdots > t_{k-1} > t_k\}.
\end{aligned}$$

Die Wahrscheinlichkeit einer ω-korrekten Entscheidung läßt sich damit in der Form

$$P_n(\omega - K|\Theta) = \sum_{i=1}^{2^{k-1}} \psi(e_1|A_i^k)\, P(A_i^k)$$

darstellen. Dabei ist für $1 < i < 2^{k-1}$

$$1 = \psi(e_1|A_{2^{k-1}}^k) > \psi(e_i|A_i^k) > \psi(e_1|A_1^k) = \frac{1}{k!}.$$

Für $k + 1$ kann man die zugehörigen A_i^{k+1} aus den A_i^k bilden, indem man zuerst die Bedingung $t_k = t_{k+1}$ und dann $t_k > t_{k+1}$ hinzufügt. Für die ersten 2^{k-1} gilt

$$\psi(e_1|A_1^{k+1}) = \frac{1}{k+1}\psi(e_1|A_i^k), \qquad \psi(e_1|A_2^{k+1}) = \frac{1}{k}\psi(e_1|A_2^{k+1}), \ldots$$

Für die übrigen 2^{k-1} ist

$$\psi(e_1|A_j^k) = \psi(e_1|A_{2^k+1+j}^{k+1}) .$$

Wir bezeichnen die Menge $\{t|t \in T,\ t_1 = t_2 = \cdots = t_k\}$ ebenfalls mit A_1^k und analog die zu A_i^k $(i > 1)$ gehörigen Teilmengen von T. Damit wird

$$P_n(\omega - K|\Theta) = \sum_{i=1}^{2^k-1} \psi(e_1|A_i^k) \int_{A_i^k} h(t|\Theta)\, d\mu(t) .$$

Die Bestimmung ungünstigster Parameterkonfigurationen wird einfacher, wenn für alle $i \neq 2^{k-1}$

$$\int_{A_i^k} h(t|\Theta)\, d\mu(t) = 0$$

gilt. Dieser Fall tritt ein, wenn

1. h für jedes Θ Dichte bezüglich eines Maßes ist, für das

$$\mu(A_i^k) = 0 \qquad (i \neq 2^{k-1})$$

ist;.

2. für ein Θ_0 aus ω die A_i^k für $i \neq 2^{k-1}$ unmögliche Ergebnisse sind und

$$\inf_{\Theta \in \Omega} \int_{A_{2^k-1}^k} h(t|\Theta)\, d\mu(t) = \int_{A_{2^k-1}^k} h(t|\Theta_0)\, d\mu(t)$$

gilt.

Der erste Fall tritt ein, wenn die t_i stetige zufällige Variable sind. Der zweite Fall ist (unter zusätzlichen Voraussetzungen) für diskrete t_i mit Lageparameter von Bedeutung.

Die Wahrscheinlichkeit einer ω-korrekten Entscheidung läßt sich noch in einer anderen Form darstellen, die für die folgenden Untersuchungen nützlich ist. Es seien

$$B_1^k = \{t_1 \geqq t_2 \geqq t_3 \geqq \cdots \geqq t_{k-1} \geqq t_k\} = \bigcup_{i=1}^{2^k-1} A_i^k ,$$

$$B_2^k = \{t_1 > t_2 \geqq t_3 \geqq \cdots \geqq t_{k-1} \leqq t_k\} = \bigcup_{i=1}^{2^k-2} A_{2i}^k ,$$

$$\vdots$$

$$B_{2^k-1}^k = \{t_1 > t_2 > t_3 > \cdots > t_{k-1} > t_k\} = A_{2^k-1}^k .$$

Formal entsteht B_i^k aus A_i^k, indem man dort alle Gleichheitszeichen durch $\geqq$ ersetzt.

Bezeichnet $r(i)$ die Anzahl der Gleichheitszeichen in A_i^k, so ist B_i^k Vereinigung von $2^{r(i)}$ der A_j^k, wobei $A_i^k \subseteqq B_i^k$ und $A_j^k \nsubseteq B_i^k$ für $j < i$ ist. Da die A_i^k unverträglich sind, gilt

$$P(B_i^k) = \sum_{A_j^k \subseteqq B_i^k} P(A_j^k) .$$

$P_n(\omega - K|\Theta)$ läßt sich als konvexe Linearkombination der Wahrscheinlichkeit $P(B_i^k)$ darstellen. Koeffizientenvergleich in

$$\sum_i x_i^{(k)} P(B_i^k) = \sum_i \psi(e_1|A_i^k)\, P(A_i^k)$$

führt auf ein lineares Gleichungssystem

$$\mathbf{A}_k \mathbf{x}_k = \boldsymbol{\Psi}_k \tag{4.1}$$

mit 2^{k-1} Unbekannten. Dabei ist die untere Dreiecksmatrix $\mathbf{A}_k$ durch

$$\mathbf{A}_2 = \begin{pmatrix} 1 & 0 \\ 1 & 1 \end{pmatrix} \quad \text{und} \quad \mathbf{A}_{m+1} = \begin{pmatrix} \mathbf{A}_m & \mathbf{0}_m \\ \mathbf{A}_m & \mathbf{A}_m \end{pmatrix}$$

rekursiv definiert. $\mathbf{0}_m$ bezeichnet die quadratische Nullmatrix mit 2^{m-1} Zeilen. Da $|\mathbf{A}_m| = 1$ für alle $m \geqq 2$ gilt, ist (4.1) eindeutig lösbar. Die letzte Zeile ist

$$\sum_{i=1}^{2^{k-1}} x_i^{(k)} = 1 .$$

Streicht man in $\mathbf{A}_m$ die erste, dritte usw. Zeile und Spalte, so entsteht $\mathbf{A}_{m-1}$.

$\boldsymbol{\Psi}_k$ bezeichnet den Vektor der Wahrscheinlichkeiten $\psi_i^k = \psi(e_1 | A_i^k)$. Es sei[1])

$$\mathbf{x}_k(i; j) = (x_i^{(k)}, x_{i+1}^{(k)}, \ldots, x_j^{(k)})^{\mathsf{T}} .$$

Man erhält

$$x_1^{(k)} = \frac{1}{k!}\binom{k-1}{0}, \quad x_2^{(k)} = \frac{1}{k!}\binom{k-1}{1} \tag{4.2}$$

und für $k > 2$

$$x_3^{(k)} = \frac{1}{k!}\left[\binom{k}{2} - \binom{k}{0}\right], \quad x_4^{(k)} = \frac{1}{k!}\binom{k-1}{2}. \tag{4.3}$$

Wir nennen im folgenden

$$\begin{pmatrix} y_n \\ y_{n-1} \\ \vdots \\ y_2 \\ y_1 \end{pmatrix} \quad \text{den zu } \mathbf{y} = \begin{pmatrix} y_1 \\ y_2 \\ \vdots \\ y_{n-1} \\ y_n \end{pmatrix}$$

konversen Vektor und bezeichnen diesen mit $\mathbf{y}^K$.

Hilfssatz. *Für die Lösung* $\mathbf{x}_k$ *von* (4.1) *gilt* $\mathbf{x}_k^K = \mathbf{x}_k$.

Zum Beweis setzen wir voraus, daß $\mathbf{x}_m^K = \mathbf{x}_m$ für alle Systeme der Form $\mathbf{A}_m \mathbf{x}_m = \boldsymbol{\Psi}_m$ mit $m < k$ gilt. Das ist nach (4.2) und (4.3) für $k = 2$ und $k = 3$ der Fall. Aus der Anordnung der Ereignisse A_i^k und aus der Definition 3.1 folgt

$$\boldsymbol{\Psi}_k = \begin{pmatrix} \frac{1}{k!}\boldsymbol{\Psi}_0 \\ \frac{1}{(k-1)!}\boldsymbol{\Psi}_1 \\ \vdots \\ \frac{1}{(k-1)!}\boldsymbol{\Psi}_i \\ \vdots \\ \boldsymbol{\Psi}_{k-1} \end{pmatrix} \quad \text{mit } \boldsymbol{\Psi}_0 = \boldsymbol{\Psi}_1 = 1 \tag{4.4}$$

---

[1]) $\mathbf{y}^{\mathsf{T}}$ bezeichnet den transponierten Vektor.

und für $j = 1, 2, \ldots, k-3$

$$\begin{pmatrix} \psi^k_{v(0\,j)} \\ \psi^k_{v(1,j)} \\ \vdots \\ \psi^k_{v(i,j)} \\ \vdots \end{pmatrix} = \frac{1}{j!}\,\boldsymbol{\Psi}_{k-j}, \tag{4.5}$$

wobei $v(i, j) = 1 + 2^{j-1} + i \cdot 2^j$ ist.

Es ist

$$\mathbf{A}_{m+1}^{-1} = \begin{pmatrix} \mathbf{A}_m^{-1} & \mathbf{0}_m \\ -\mathbf{A}_m^{-1} & \mathbf{A}_m^{-1} \end{pmatrix}.$$

Damit folgt aus $\mathbf{x}_k = \mathbf{A}_k^{-1}\,\boldsymbol{\Psi}_k$

$$\mathbf{x}_k(1, 2^{k-2}) + \mathbf{x}_k(2^{k-2}+1,\ 2^{k-1}) = \mathbf{A}_{k-1}^{-1}\,\boldsymbol{\Psi}_{k-1} = \mathbf{x}_{k-1}\,.$$

Die $x_i^{(k)}$ kann man bestimmen, indem man nacheinander die Teilsysteme

$$\mathbf{A}_{i+1}\big(\mathbf{x}_k(1, 2^i) + \mathbf{x}_k(2^i+1, 2^{i+1})\big) = \frac{1}{(k-i-1)!}\,\boldsymbol{\Psi}_{i+1} \tag{4.6}$$

der Gleichungen $2^i + 1$ bis 2^{i+1} $(i = 1, 2, \ldots, k-2)$ löst. Für die Lösungen gilt

$$\mathbf{x}_k(1, 2^i) + \mathbf{x}_k(2^i+1, 2^{i+1}) = \frac{1}{(k-i-1)!}\,\mathbf{x}_{i+1}\,. \tag{4.7}$$

Da nach Voraussetzung $\mathbf{x}_j = \mathbf{x}_j^K$ ist, gilt nach (4.2)

$$x_{2^i}^{(i+1)} = x_1^{(i+1)} = \frac{1}{(i+1)!}, \quad \text{also} \quad x_{2^i}^{(k)} + x_{2^i+1}^{(k)} = \frac{1}{k!}\binom{k}{i+1}.$$

Hieraus und aus der Annahme $x_{2^i}^{(k)} = \frac{1}{k!}\binom{k-1}{i}$ und (4.2) folgt

$$x_{2^i+1}^{(k)} = \frac{1}{k!}\left[\binom{k}{i+1} - \binom{k-1}{i}\right] = \frac{1}{k!}\binom{k-1}{i+1}. \tag{4.8}$$

Für $i = 0, 1, \ldots, k-1$ ist also $x_{2^i}^{(k)} = x_{2^k-1-i}^{(k)}$. Aus (4.8), (4.5) und der Induktionsannahme folgt außerdem $x_{2^i}^{(k)} = x_{2^k-1_{-i}}^{(k)}$.

Zerlegt man die Blöcke $\frac{1}{(k-j)!}\,\boldsymbol{\Psi}_j$ in (4.4) mit Index $j > s$ durch sukzessive Anwendung von (4.4) auf $\boldsymbol{\Psi}_j$ und die entstehenden Blöcke mit Index $r > s$ und faßt die Koordinaten aus den entstehenden Blöcken $a_i^{(k-s)}\,\boldsymbol{\Psi}_s$ zu neuen Vektoren $\boldsymbol{\Psi}_k^{(s)}$ zusammen, so erhält man

$$\boldsymbol{\Psi}_k^{(k-1)} = \boldsymbol{\Psi}_{k-1}, \quad \boldsymbol{\Psi}_k^{(k-2)} = \begin{pmatrix} \frac{1}{2}\,\boldsymbol{\Psi}_{k-2} \\ \boldsymbol{\Psi}_{k-2} \end{pmatrix} \quad \text{usw.}$$

$\boldsymbol{\Psi}_k^{(k-i-1)}$ kann man aus

$$\boldsymbol{\Psi}_k^{(k-i)} = \begin{pmatrix} a_1^{(k-i)} \boldsymbol{\Psi}_i \\ a_2^{(k-i)} \boldsymbol{\Psi}_i \\ \vdots \\ a_{2i+1}^{(k-i)} \boldsymbol{\Psi}_i \end{pmatrix} \quad \text{nach} \quad \boldsymbol{\Psi}_k^{(k-i-1)} = \begin{pmatrix} \frac{1}{i+1} a_1^{(k-i)} \boldsymbol{\Psi}_{i-1} \\ \frac{1}{i} a_2^{(k-i)} \boldsymbol{\Psi}_{i-1} \\ \frac{1}{i-1} a_3^{(k-i)} \boldsymbol{\Psi}_{i-1} \\ \frac{1}{i-1} a_4^{(k-i)} \boldsymbol{\Psi}_{i-1} \\ \vdots \\ a_1^{(k-i)} \boldsymbol{\Psi}_{i-1} \\ \vdots \\ a_{2i-1}^{(k-i)} \boldsymbol{\Psi}_{i-1} \end{pmatrix} \tag{4.9}$$

gewinnen.

Wir betrachten nun die Differenzen

$$\left.\begin{aligned} \Delta_1^0 \boldsymbol{\Psi}_k^{(k-1)} &= \boldsymbol{\Psi}_{k-1}\,, \\ \Delta_2^1 \boldsymbol{\Psi}_k^{(k-2)} &= (a_2^{(k-2)} - a_1^{(k-2)})\, \boldsymbol{\Psi}_{k-2} = \frac{1}{2!} \boldsymbol{\Psi}_{k-2}\,, \\ \Delta_4^2 \boldsymbol{\Psi}_k^{(k-3)} &= \Delta_4^1 \boldsymbol{\Psi}_k^{(k-3)} - \Delta_2^1 \boldsymbol{\Psi}_k^{(k-3)} = \frac{1}{3!} \boldsymbol{\Psi}_{k-3}\,, \\ &\;\vdots \\ \Delta_{2^s}^s \boldsymbol{\Psi}_k^{(k-s+1)} &= \Delta_{2^s}^{s-1} \boldsymbol{\Psi}_k^{(k-s-1)} - \Delta_{2^s-1}^{s-1} \boldsymbol{\Psi}_k^{(k-s-1)}\,, \\ &= b_{s+1} \boldsymbol{\Psi}_{k-s-1}\,. \end{aligned}\right\} \tag{4.10}$$

Es sei $b_0 = \frac{1}{0!}$. Aus (4.10) folgt

$$b_{s+1} = \sum_{j+1}^{s+1} (-1)^{j+1} \frac{1}{j!} b_{s+1-j}\,,$$

und damit erhält man aus der Annahme $b_i = \frac{1}{i!}$ für $i = 0, 1, \ldots, s$

$$b_{s+1} = \frac{1}{(s+1)!} \sum_{j=1}^{s+1} (-1)^{j+1} \binom{s+1}{j} = \frac{1}{(s+1)!}\,.$$

Faßt man die zu $\boldsymbol{\Psi}_k^{(k-j)}$ gehörigen Zeilen von (4.1) zu einem neuen System zusammen und bildet die in (4.10) beschriebenen Differenzen der Ordnung $j-1$, so erhält man für $j = 1, 2, \ldots, k-2$

$$\mathbf{A}_{k-j} \big(\mathbf{x}_k (2^{k-1} + 1 - 2^{k-j},\ 2^{k-1} - 2^{k-j-1}) + \mathbf{x}_k (2^{k-1} + 1 - 2^{k-j-1},\ 2^{k-1})$$
$$= \frac{1}{j!} \boldsymbol{\Psi}_{k-j}\,. \tag{4.11}$$

Hieraus folgt

$$\mathbf{x}_k(2^{k-1} + 1 - 2^{k-j}, 2^{k-1} - 2^{k-j-1}) + \mathbf{x}_k(2^{k-1} + 1 - 2^{k-j-1}, 2^{k-1}) = \frac{1}{j!}\boldsymbol{\Psi}_{k-j}. \tag{4.12}$$

Für $i = k - j - 1$ ist (4.7)

$$\mathbf{x}_k(1, 2^{k-j-1}) + \mathbf{x}_k(2^{k-j-1} + 1, 2^{k-j}) = \frac{1}{j!}\boldsymbol{\Psi}_{k-j}. \tag{4.13}$$

Da nach Voraussetzung $\mathbf{x}_{k-j}^K = \mathbf{x}_{k-j}$ gilt, ist der zur linken Seite von (4.12) konverse Vektor gleich dem links stehenden Vektor in (4.13). In den Gleichungen 2^{k-j-1} bis 2^{k-j} treten nur die Summen

$$x_i^{(k)} + x_{2^{k-j-1}+i}^{(k)} \quad (i = 1, 2, \ldots, 2^{k-j-1})$$

auf. Man kann diese also durch

$$x_{2^{k-j}+1-i}^{(k)} + x_{2^{k-1}+1-2^{k-j-1}-i}^{(k)}$$

ersetzen. Führt man das für alle j durch und beachtet

$$x_1^{(k)} = x_{2^k-1}^{(k)} \quad \text{und} \quad x_2^{(k)} = x_{2^k-1-1}^{(k)},$$

so erhält man

$$\mathbf{A}_k \mathbf{x}_k^K = \boldsymbol{\Psi}_k,$$

was zu beweisen war.

Also ist

$$x_{2^i+j}^{(k)} = \begin{cases} \dfrac{1}{(k-i-1)!}\, x_j^{(i+1)} - x_j^{(k)}, \\[2ex] \dfrac{1}{(k-i-1)!}\, x_{2^i+1-j}^{(i+1)} - x_j^{(k)} \end{cases} \tag{4.14}$$

für $i = 1, \ldots, k-2$ und $j = 1, \ldots, 2^i$.

Aus (4.14) und (4.8) erhält man nach einfachen Umformungen für $0 \leqq i_1 < i_2 \leqq k - 2$

$$\begin{aligned} x_{2^{i_1}+2^{i_2}}^{(k)} &= \frac{1}{k!}\left[\binom{k}{i_2+1}\binom{i_2}{i_1} - \binom{k-1}{i_1}\right] \\ &= \frac{1}{k!}\left[\binom{k-1}{i_2+1}\binom{i_2}{i_1} + \binom{k-1}{i_1}\binom{k-1-i_1}{i_2-i_1} - \binom{k-1}{i_1}\right]. \end{aligned}$$

Also ist

$$x_{1+2^i}^{(k)} + x_{1+2^{k-2-i}}^{(k)}.$$

Für $0 \leqq i_1 < i_2 < i_3 \leqq k - 2$ ergibt sich

$$\begin{aligned} x_{2^{i_1}+2^{i_2}+2^{i_3}}^{(k)} = \frac{1}{k!}\Bigg[&\binom{k}{i_3+1}\binom{i_3+1}{i_2+1}\binom{i_2}{i_1} - \binom{k}{i_3+1}\binom{i_3}{i_1} \\ &- \binom{k}{i_2+1}\binom{i_2}{i_1} + \binom{k-1}{i_1}\Bigg]. \end{aligned}$$

Für $0 \leqq i_1 < i_2 < i_3 < i_4 \leqq k-2$ ist

$$x^{(k)}_{2^{i_1}+2^{i_2}+2^{i_3}+2^{i_4}} = \frac{1}{k!}\left[\binom{k}{i_4+1}\binom{i_4+1}{i_3+1}\binom{i_3+1}{i_2+1}\binom{i_2}{i_1}\right.$$

$$-\binom{k}{i_4+1}\binom{i_4+1}{i_3+1}\binom{i_3}{i_1}-\binom{k}{i_4+1}\binom{i_4+1}{i_2+1}\binom{i_2}{i_1}-\binom{k}{i_3+1}\binom{i_3+1}{i_2+1}\binom{i_2}{i_1}$$

$$\left.+\binom{k}{i_4+1}\binom{i_4}{i_1}+\binom{k}{i_3+1}\binom{i_3}{i_1}+\binom{k}{i_2+1}\binom{i_2}{i_1}-\binom{k-1}{i_1}\right].$$

Offensichtlich kann man in dieser Form $x_j^{(k)}$ mit $j = \sum_{r=1}^{s} 2^{i_r}$ als Summe von 2^{s-1} Produkten der angedeuteten Gestalt darstellen. Zur Berechnung verwendet man vorteilhaft gleichzeitig den Hilfssatz.

4.3. Ungünstigste Parameterkonfigurationen

a) Lageparameter

Satz 6. *Sind die Annahmen 1 bis 3 erfüllt und hat $f(t_i|\Theta_i)$ die Form $g^*(t_i - \Theta_i)$, wobei $g(\mathbf{z}) = \Pi\, g^*(z_i)$ Dichte bezüglich eines σ-endlichen Maßes $\mu(\mathbf{z})$ ist, so ist jedes $\Theta \in \Omega$, das sich nach Permutation der Indizes in der Form*

$$\left(x, x - \Delta_1, x - \Delta_1 - \Delta_2, \ldots, x - \sum_{i=1}^{k-1} \Delta_i\right)$$

darstellen läßt, eine ungünstigste Parameterkonfiguration.

Beweis. O. B. d. A. sei $\Theta \in M_k$. Für $\mathbf{z} = (z_1, \ldots, z_k) = (z_i)$ sei

$$C_j^k = \{\mathbf{z} | (z_i + \Theta_i) \in B_j^k\} .$$

Für $\Theta \in M_k$ ist

$$P_n(\omega - K|\Theta) = \sum_{i=1}^{2^k-1} x_i^{(k)} \int_{B_i^k} h(t|\Theta)\, d\mu(t) = \sum_{i=1}^{2^k-1} x_i^{(k)} \int_{C_i^k} g(z)\, d\mu(z) .$$

Da für jedes $\Theta \in M_k$

$$C_1^k = \{\mathbf{z}|z_i + \Theta_i - \Theta_{i+1} \geqq z_{i+1},\ i = 1, \ldots, k-1\}$$
$$\supseteqq \{\mathbf{z}|z_i + \Delta_i \geqq z_{i+1},\ i = 1, \ldots, k-1\} = C_1^{k*},$$
$$\vdots$$
$$C_{2^k-1}^k = \{\mathbf{z}|z_i + \Theta_i - \Theta_{i+1} > z_{i+1},\ i = 1, \ldots, k-1\}$$
$$\supseteqq \{\mathbf{z}|z_i + \Delta_i > z_{i+1},\ i = 1, \ldots, k-1\} = C_{2^k-1}^{k*}$$

gilt, ist

$$\inf_{\Theta \in M_k} P_n(\omega - K|\Theta) = \sum_{i=1}^{2^k-1} x_i^{(k)} \int_{C_i^{k*}} g(\mathbf{z})\, d\mu(\mathbf{z}) ,$$

was zu beweisen war.

Dieses Ergebnis erhielt bereits R. E. BECHHOFER [4] für Entscheidungen über Erwartungswerte zufälliger Variabler mit Normalverteilung.

b) $f(t_i|\Theta_i)$ *hat die Form* $\frac{1}{\varphi(\Theta_i)} h\left(\frac{t_i}{\varphi(\Theta_i)}\right)$

Satz 7. *Hat* $f(t_i|\Theta_i)$ *die Form* $\frac{1}{\varphi(\Theta_i)} h\left(\frac{t_i}{\varphi(\Theta_i)}\right)$ *bezüglich eines* σ*-endlichen Maßes* $\mu(\mathrm{y})$, *wobei* $\varphi(\Theta_i) > 0$, *monoton nicht fallend und* $\ln \varphi(\Theta_i)$ *konvex ist, ist* $M > \sum_{i=1}^{k-1} \Delta_i$ *eine obere Schranke für* Θ_i $(i = 1, \ldots, k)$, *und sind die Annahmen 1 bis 3 erfüllt, so ist*

$$\inf_{\Theta \in M_k} P_n(\omega - K|\Theta) = P_n\left(\omega - K|M, M - \Delta_1, \ldots, M - \sum_{i=1}^{k-1} \Delta_i\right).$$

Bemerkung. Dieser Verteilungstyp tritt auf bei:

1. Verteilungen mit Skalarparameter. Dabei ist $\varphi(x) = x$ und h eine gerade Funktion.
2. Entscheidungen über Erwartungswerte zufälliger Variabler mit Exponentialverteilung.

Beweis. Es sei $t_i = y_i \varphi(\Theta_i)$. Für $\mathrm{y} = (y_1, \ldots, y_k)$ sei

$$D_j^k(\Theta_1, \Theta_2, \ldots, \Theta_k) = \{\mathrm{y}|(y_i \varphi(\Theta_i)) \in B_j^k,\ i = 1, \ldots, k\},$$

also

$$D_1^k = \{\mathrm{y}|y_i \varphi(\Theta_i) \geqq y_{i+1} \varphi(\Theta_{i+1}),\ i = 1, \ldots, k-1\},$$

$$\vdots$$

$$D_{2^k-1}^k = \{\mathrm{y}|y_i \varphi(\Theta_i) > y_{i+1} \varphi(\Theta_{i+1}),\ i = 1, \ldots, k\}.$$

Damit wird

$$P_n(\omega - K|\Theta) = \sum_{i=1}^{2^k-1} x_i^{(k)} \int_{D_{i}^k} g(\mathrm{y})\, d\mu(\mathrm{y}).$$

Da $\varphi(x)$ nichtfallend und $\frac{\varphi(x)}{\varphi(x - \Delta)}$ monoton nichtwachsend ist (vgl. [12], S. 330), gilt

$$D_i^k(\Theta_1, \Theta_2, \ldots, \Theta_k) \supseteqq D_i^k\left(\Theta_1, \Theta_1 - \Delta_1, \ldots, \Theta_1 - \sum_{i=1}^{k-1} \Delta_i\right)$$

$$\supseteqq D_i^k\left(M, M - \Delta_1, M - \Delta_1 - \Delta_2, \ldots, M - \sum_{i=1}^{k-1} \Delta_i\right) = D_i^{k*}.$$

Folglich ist

$$\inf_{\Theta \in M_k} P_n(\omega - K|\Theta) = \sum_{i=1}^{2^k-1} x_i^{(k)} \int_{D_i^{k*}} g(\mathrm{y})\, d\mu(\mathrm{y}),$$

was zu beweisen war.

Ist $\varphi(x) = x$, so gelten die Beziehungen

$$D_1^k = \left\{ \mathrm{y} \,\middle|\, y_1 \frac{M}{M - \Delta_1} \geqq y_2, \ldots, y_{k-1} \frac{M - \Delta_1 - \cdots - \Delta_{k-2}}{M - \Delta_1 - \cdots - \Delta_{k-1}} \geqq y_k \right\},$$

$$\vdots$$

$$D_{2^k-1}^k = \left\{ \mathrm{y} \,\middle|\, y_1 \frac{M}{M - \Delta_1} > y_2, \ldots, y_{k-1} \frac{M - \Delta_1 - \cdots - \Delta_{k-2}}{M - \Delta_1 - \cdots - \Delta_{k-1}} > y_k \right\}.$$

$\inf_{\Theta \in \Omega} P_n (\omega - K | \Theta)$ ist also nur von den Quotienten $\frac{\Delta_i}{M}$ abhängig. Für Entscheidungen über Skalaparameter und die Parameter von Exponentialverteilungen ist es deshalb oft sinnvoll, die Δ_i in der Form $\delta_i M$ zu wählen. Für Exponentialverteilungen erhält man damit

$$\inf_{\Theta \in \Omega} P_n (\omega - K | \Theta)$$

$$= \int_0^{\infty} \int_0^{\frac{1}{1-\delta_1} x_1} \int_0^{\frac{1-\delta_1}{1-\delta_1-\delta_2} x_2} \cdots \int_0^{\frac{1-\delta_1-\delta_2-\cdots-\delta_{k-2}}{1-\delta_1-\delta_2-\cdots-\delta_{k-1}} x_{k-1}} \prod_{i=1}^{k} g_{2n}(x_i)\, dx_1 \cdots dx_k ,$$

wobei $g_{2n}(x)$ die Dichte der χ^2-Verteilung mit $2n$ Freiheitsgraden bezeichnet.

5. Δ-korrekte Entscheidungen

V. FABIAN [8] nennt die Entscheidung e_i *Δ-korrekt* für Θ, wenn für vorgegebene $\Delta_i > 0$ $(i = 1, 2, \ldots, k - 1)$ und alle $r < s$ $(1 \leqq r, s \leqq k)$ die Ungleichungen

$$\Theta_{i_r} > \Theta_{i_s} - \min (\Delta_r, \Delta_{r+1}, \ldots, \Delta_{s+1})$$

gelten. Die Verlustfunktion

$$V(e_i | \Theta) = \begin{cases} 0, & \text{wenn } e_i \text{ eine } \Delta\text{-korrekte Entscheidung über } \Theta \text{ ist,} \\ 1 & \text{sonst} \end{cases}$$

ist offensichtlich invariant bezüglich $(\overline{G}, G^*)$.

e_j heißt für eine festes $\Theta \in \Omega$ „besser" als e_i, wenn es eine Folge von Entscheidungen

$$\begin{aligned} e(i_1, i_2, \ldots, i_k) = e(r_{11}, \ldots, r_{1k}) , \\ e(r_{21}, \ldots, r_{2k}) , \\ \cdots\cdots\cdots\cdots \\ e(r_{m1}, \ldots, r_{mk}) = e(j_1, \ldots, j_k) \end{aligned}$$

mit der folgenden Eigenschaft gibt:

Für jedes $s = 1, 2, \ldots, m - 1$ entsteht $(r_{s+1,1}, \ldots, r_{s+1,k})$ aus $(r_{s1}, \ldots, r_{sk})$ durch Vertauschen zweier Indizes $r_{s,\alpha(s)}$ und $r_{s,\beta(s)}$, für die

$$\alpha(s) < \beta(s) \qquad \text{und} \qquad \Theta_{r_{s,\alpha(s)}} \leqq \Theta_{r_{s,\beta(s)}}$$

ist. Eine Entscheidung e_i ist genau dann Δ-korrekt für Θ, wenn jede für Θ bessere Entscheidung ebenfalls Δ-korrekt ist (vgl. [8], S. 251). Ist $\Theta_1 \geqq \Theta_2 \geqq \cdots \geqq \Theta_k$, so ist $V(e_i|\Theta)$ also eine monoton nicht fallende Funktion der Anzahl der Inversionen von $(i_1, \ldots, i_k)$.

Sind die Annahmen 1 bis 3 aus Abschnitt 2 erfüllt, so ist ψ nach Satz 4 aus Abschnitt 3 für die oben genannte Verlustfunktion ebenfalls gleichmäßig bestes invariantes Entscheidungsverfahren.

Allgemein ist

$$\inf_{\Theta \in \Omega} P_n(\omega - K|\Theta) \geqq \inf_{\Theta \in \Omega} P_n(\Delta - K|\Theta).$$

6. Abschließende Bemerkung

Die in der vorliegenden Arbeit bewiesenen Eigenschaften von Entscheidungsfunktionen für einfache Anordnungsentscheidungen lassen sich in verschiedener Weise verallgemeinern. Man kann die Anordnung zufälliger Variabler nach der Größe eines Parameters unter der Voraussetzung betrachten, daß ein zweiter Parameter unbekannt ist. Andererseits kann man gleichzeitige Entscheidungen über die Größe mehrerer Parameter (auch bei Vorhandensein eines weiteren Störparameters) betrachten. Für verschiedene Modelle der Varianzanalyse erhält man analoge Aussagen über die entsprechenden zusammengesetzten Entscheidungen.

Herrn Prof. Dr. O. Bunke (Humboldt-Universität zu Berlin) danke ich für die Anregungen und Hinweise bei der Anfertigung dieser Arbeit.

Literatur

[1] Bahadur, R. R.: On a problem in the theory of k populations. Ann. Math. Statist. **21**, 362–375 (1950).

[2] Bahadur, R. R., and L. A. Goodmann: Impartial decision rules and sufficient statistics. Ann. Math. Statist. **23**, 553–562 (1952).

[3] Barr, D. R., and M. H. Rizvi: An introduction to ranking and selection procedures. J. Amer. statist. Assoc. **61**, 640–646 (1966).

[4] Bechhofer, R. E.: A single-sample multiple decision procedure for ranking means of normal populations with known variances. Ann. Math. Statist. **25**, 16–39 (1954).

[5] Bechhofer, R. E., and M. Sobel: A single-sample multiple decision procedure for ranking variances of normal populations. Ann. Math. Statist. **25**, 273–289 (1954).

[6] Bechhofer, R. E., S. A. Elmaghraby and M. Morse: A single-sample multiple-decision procedure for selecting the multinomial event which has the largest probability. Ann. Math. Statist. **30**, 102–109 (1959).

[7] Blackwell, D., and M. A. Girshick: Theory of games and statistical decisions. New York, 1954.

[8] Fabian, V.: On multiple decision methods for ranking population means. Ann. Math. Statist. **33**, 248–254 (1962).

[9] Farrel, E. J.: References on ranking, selection and multiple comparisons, EF 2459-19, Remington Rand Univac, Univac Park, St. Paul, Minnesota, 1961.

[10] GUPTA, S. S., and M. SOBEL: On selecting a subset which contains all populations better than a standard. Ann. Math. Statist. **29**, 235–244 (1958).
[11] HALL, W. J.: The most economical character of some Bechhofer and Sobel decision rules. Ann. math. Statist. **30**, 964–969 (1959).
[12] LEHMANN, E. L.: Testing statistical hypotheses, New York 1959.
[13] LEHMANN, E. L.: Optimum invariant tests. Ann. Math. Statist. **30**, 881–884 (1959).
[14] LEHMANN, E. L.: On a theorem of Bahadur and Goodmann. Ann. Math. Stat. **37**, 1–6 (1966).
[15] SOBEL, M.: Single sample ranking problems with Poisson populations. Technical Report No. 19, Department of Statistics, University of Minnesota 1963.

Zusatz bei der Korrektur

Inzwischen wurde Verf. auf die Arbeit [16] von EATON aufmerksam, in der die disjunkte Zerlegung der Menge $\{\Theta_i\}$ in Teilmengen $K_1, \ldots, K_r$ betrachtet wird, wobei K_1 die m_1 größten, ..., K_r die m_r kleinsten Θ_i enthält. Für Verteilungen mit einer allgemeineren Monotonieeigenschaft wird in [16] gezeigt, daß die entsprechende invariante Entscheidungsfunktion BAYES-Entscheidung bezüglich einer Klasse invarianter a priori Verteilungen und Minimax-Verfahren ist. Auch die Ergebnisse von HALL werden verallgemeinert.

Die Untersuchungen aus [16] und der vorstehenden Arbeit sind in [17] auf gleichzeitige Entscheidungen der beschriebenen Art über mehrere Parameter (u. a. mehrfache Klassifikation in der Varianzanalyse) übertragen. Auch die Sätze aus Abschnitt 4 sind in [17] für die in [16] untersuchten Entscheidungen verallgemeinert. Beweise und Anwendungen in der Varianzanalyse werden in einer weiteren Arbeit durchgeführt.

[16] EATON, M. L., Some optimum properties of ranking procedures. Ann. Math. Statist. **38**, 124–137 (1967).
[17] FOLTYS, H., Optimale Anordnungsentscheidungen bei Berücksichtigung von Störparametern und Anwendung in der Varianzanalyse. Vortrag im Seminar über Math. Statistik an der Humboldt-Universität zu Berlin, Juni 1968.

Zweistufige Testverfahren mit festen Stichprobenumfängen

Von J. Grimm [1])

Bei einem monotonen Testproblem wird in einer gewissen Klasse zweistufiger Testverfahren mit festen Stichprobenumfängen unter den Bedingungen, daß die Irrtumswahrscheinlichkeiten erster und zweiter Art durch vorgegebene obere Schranken beschränkt sind, ein Test lokalisiert, für welchen der ungünstigste mittlere Stichprobenumfang minimal wird. Es wird ein monotoner Likelihoodquotient vorausgesetzt und dieser Quotient als Teststatistik verwendet.

I. Problemstellung

Es sei $(\Omega, \mathcal{A}, P_\Theta)$ ein Wahrscheinlichkeitsraum und $X(\omega)$ eine reelle zufällige Variable über $(\Omega, \mathcal{A}, P_\Theta)$. Es besitze die zufällige Variable X eine Dichte $p_\Theta(x)$ bezüglich eines σ-endlichen Maßes $\mu(x)$ über $(R, \mathcal{B}_1)$.

Um Beobachtungen zu sparen, wird ein zweistufiges Testverfahren (kurz: Test) zur Prüfung einer Hypothese über den Parameter Θ der Dichte gesucht.

Wir betrachten eine Hypothese H: $\Theta \leqq \Theta_0$ und eine Alternative H: $\Theta \geqq \Theta_1$, wobei $\Theta_1 > \Theta_0$ sein soll.

Wir wollen uns auf nichtrandomisierte zweistufige Verfahren beschränken. Ein nichtrandomisiertes Verfahren läßt sich folgendermaßen darstellen. In der ersten Stufe werden m unabhängige Beobachtungen $x_1, \ldots, x_m$ der Zufallsvariablen X durchgeführt, und es wird auf Grund der Beobachtungen genau eine von drei Entscheidungen e_1, e_2, e_3 gefällt. Dabei bedeute e_1 die Entscheidung für H, e_2 die Entscheidung für $\bar{H}$ und e_3 die Entscheidung, $(M - m)$ weitere unabhängige Beobachtungen $x_{m+1}, \ldots, x_M$ von X vorzunehmen.

Wenn in der ersten Stufe e_3 entschieden wurde, so wird in der zweiten Stufe auf Grund der Beobachtungen $x_1, \ldots, x_M$ von X genau eine der beiden Entscheidungen e_1 oder e_2 getroffen.

Aus der obigen Beschreibung eines zweistufigen Testverfahrens mit festen Stichprobenumfängen kann man entnehmen, daß gegenüber einem beliebigen einstufigen Verfahren vom festen Stichprobenumfang M immer Beobachtungen gespart werden können. Man hat die Möglichkeit, schon bei m Beobachtungen eine endgültige Entscheidung zu treffen, ohne überhaupt erst M Beobachtungen durchführen zu müssen.

---

[1]) Sektion Mathematik, Humboldt-Universität, 108 Berlin, Unter den Linden 6.

Wenn die den Entscheidungen e_1, e_2 bei der ersten Stufe entsprechenden Bereiche im m-dimensionalen Stichprobenraum S^m gür alle Θ eine positive Wahrscheinlichkeit besitzen, ist sofort klar, daß für alle Θ im Mittel weniger Beobachtungen als M benötigt werden.

Wenn man diese Bereiche genügend klein wählt und in der zweiten Stufe für die endgültigen Entscheidungen e_1, e_2 dasselbe Testverfahren wie für den Test mit dem festen Stichprobenumfang M nimmt, wird die Gütefunktion sich nur wenig ändern. Wenn die Beobachtungskosten groß sind, wird man also, um Beobachtungen zu sparen, ein zweistufiges Verfahren vorziehen.

Wir wollen uns bei den nachfolgenden Untersuchungen auf eine noch zu definierende Klasse $\mathcal{D}$ von nichtrandomisierten Tests beschränken. Mit δ bezeichnen wir einen Test aus $\mathcal{D}$. Mit $N(\delta)$ bezeichnen wir die Anzahl der Beobachtungen, die bei Verwendung eines Tests $\delta \in \mathcal{D}$ bis zur Wahl von e_1 oder e_2 erforderlich ist. Mit $G(\Theta, \delta)$ bezeichnen wir die Gütefunktion bei Verwendung eines Tests $\delta \in \mathcal{D}$, Weiterhin werden noch die folgenden Bezeichnungen eingeführt:

$$\sup_{\Theta \leqq \Theta_0} G(\Theta, \delta) = G_0(\delta) , \tag{1}$$

$$\inf_{\Theta \geqq \Theta_1} G(\Theta, \delta) = G_1(\delta) , \tag{2}$$

$$\sup_{\Theta} E_\Theta\big(N(\delta)\big) = n(\delta) , \tag{3}$$

$$\mathcal{D}' = \{\delta \in \mathcal{D}: G_0(\delta) \leqq \alpha \text{ und } G_1(\delta) \geqq \beta\} . \tag{4}$$

Hierbei sind α, β vorgegebene Zahlen aus dem Intervall (0, 1). Ein Test $\delta_0 \in \mathcal{D}$ wird *optimaler Test* genannt, wenn folgendes gilt

$$\delta_0 \in \mathcal{D}' , \tag{1'}$$

$$\operatorname{Min}_{\delta \in \mathcal{D}'} n(\delta) = n(\delta_0) . \tag{2'}$$

Unser Problem wird im folgenden darin bestehen, einen optimalen Test in der noch zu definierenden Klasse $\mathcal{D}$ zu lokalisieren.

II. Eigenschaften der Gütefunktion und der Funktion $n(\delta)$ bei einer geeigneten Klasse von Tests

Für unsere weiteren Untersuchungen gelte die Voraussetzung

(V1) Die Dichten $p_\Theta(x)$ besitzen einen Monotonen Likelihoodquotienten, d.h. für $\Theta' > \Theta$ ist der Quotient $\frac{p_{\Theta'}(x)}{p_\Theta(x)}$ monoton nichtfallend in x.

Es empfiehlt sich, wie sich noch zeigen wird, der folgende Ansatz für eine Klasse $\mathcal{D}$ von Tests.

Es sei

$$u = \ln \frac{p_{\Theta_1}(x_1) \ldots p_{\Theta_1}(x_m)}{p_{\Theta_0}(x)_1 \ldots p_{\Theta_0}(x_m)}$$

und

$$v = \ln \frac{p_{\Theta_1}(x_{m+1}) \ldots p_{\Theta_1}(x_M)}{p_{\Theta_0}(x_{m+1}) \ldots p_{\Theta_0}(x_M)} .$$

Es seien weiterhin f_1 bzw. f_2 streng monotone stetige auf R definierte Funktionen mit Werten auf einem Intervall $I = [i_1, i_2]$ bzw. J. Dabei brauchen I bzw. J keine endlichen Intervalle zu sein. Es werden in der ersten Stufe m unabhängige Beobachtungen $x_1, \ldots, x_m$ von X durchgeführt und die Entscheidungen folgendermaßen getroffen:

$$e_1 \quad \text{bei} \quad f_1(u) < a ,$$
$$e_2 \quad \text{bei} \quad f_1(u) \geqq b ,$$
$$e_3 \quad \text{bei} \quad a \leqq f_1(u) < b ,$$

wobei a, b Werte aus I sind, für welche $a \leqq b$ gilt.

Wenn in der ersten Stufe e_3 entschieden wurde, werden Beobachtungen $x_{m+1}, \ldots, x_M$ vorgenommen, und es wird

$$e_1 \quad \text{entschieden bei} \quad f_2(u + v) < K ,$$
$$e_2 \quad \text{entschieden bei} \quad f_2(u + v) \geqq K .$$

Dabei wollen wir voraussetzen, daß K und M die Beziehungen

$$\mathsf{P}_{\Theta_0}(f_2(u + v) \geqq K) = \alpha^* < \alpha , \tag{1}$$
$$\mathsf{P}_{\Theta_1}(f_2(u + v) \geqq K) = \beta^* > \beta \tag{2}$$

erfüllen.

Wir formulieren zunächst noch einige Voraussetzungen:

(V2) Die zufällige Variable $u' = f_1(u)$ besitzt Dichten $p_{\Theta_i}(u')$ für $i = 0, 1$ bezüglich des LEBESGUEschen Maßes, die fast überall in $I = [i_1, i_2]$ von Null verschieden sind.

(V3) Die zufällige Variable $f_2(u + v)$ besitzt eine stetige Verteilungsfunktion bezüglich der Parameter Θ_0 und Θ_1.

Wir zeigen zunächst, daß das folgende Lemma gilt.

Lemma. *Alle Tests der Klasse $\mathfrak{D}$ besitzen eine monotone Gütefunktion.*

Beweis. Zum Test $\delta_{a,b} \in \mathfrak{D}$ definieren wir eine Funktion φ .

$$\varphi(x_1, \ldots, x_m, x_{m+1}, \ldots, x_M) = \begin{cases} 1, & \text{falls } a \leqq f_1(u) < b \text{ und } f_2(u + v) \geqq K , \\ 1, & \text{falls } f_1(u) \geqq b , \\ 0 & \text{sonst.} \end{cases}$$

Die Funktion φ ist monoton nichtfallend in jeder Variablen x_i für $1 \leqq i \leqq M$, folglich ist nach [1], S. 74, Lemma 2*, auch die Gütefunktion $G(\Theta, \delta_{a,b}) = G(\Theta, a, b) = \mathsf{E}_\Theta(\varphi(x_1, \ldots, x_M))$ monoton nichtfallend in Θ.

Weiterhin kann man feststellen, daß auf Grund der Voraussetzungen (V1), (V2) und wegen [1], Lemma 1, S. 330, folgt, daß Tests δ vom festen Stichprobenumfang m zu allen Irrtumswahrscheinlichkeiten in $\mathfrak{D}$ enthalten sind, für welche unter der Bedingung

$$(3) \quad \mathsf{E}_\Theta\, \delta \leqq \alpha \quad \text{für} \quad \Theta \leqq \Theta_0$$

die Beziehung

$$(4) \quad \inf_{\Theta \geqq \Theta_1} \mathsf{E}_\Theta\, \delta = \text{Maximum}$$

gilt. (Einen Test vom festen Stichprobenumfang m erhält man für $a = b$.) Ein Test mit den Eigenschaften (3), (4) wird als *Maximintest* bezeichnet.

Nun wird entsprechend geschlossen, daß unter den Voraussetzungen (V1), (V3) und wegen [1], Lemma 1, S. 330, ein Maximintest vom festen Stichprobenumfang M zu $\mathfrak{D}$ gehört, für welchen die Beziehungen $\sup_{\Theta \leqq \Theta_0} G(\Theta, \delta) = \alpha^* < \alpha$ und $\inf_{\Theta \leqq \Theta_1} G(\Theta, \delta) = \beta^* > \beta$ gelten. (Der Test mit dem kritischen Bereich ${}_2f(u + v) \geqq K$ ist ein Maximintest.)

Für die Fortsetzung des Verfahrens ist analog zur Sequentialanalyse ein Intervall für den Likelihood-Quotienten gewählt worden. Wenn die Länge des Intervalls gegen Null strebt $((b - a) \to 0)$, erhält man als einen dem Grenzwert zugeordneten Test wieder einen Maximintest für festes m.

Wenn $a = i_1$ und $b = i_2$ gewählt wird, erhält man als Test aus $\mathfrak{D}$ den Maximintest für festes M mit dem kritischen Bereich $f_2(u + v) \geqq K$. (Es werden dann mit Wahrscheinlichkeit eins M Beobachtungen vorgenommen.)

Auf Grund der oben beschriebenen Eigenschaften, scheint die Klasse $\mathfrak{D}$ von Tests für unsere Problemstellung besonders geeignet zu sein. Auf Grund der Monotonie der Gütefunktion gilt

$$G(\Theta_0, \delta_{a,b}) = G_0(a, b)$$

und

$$G(\Theta_1, \delta_{a,b}) = G_1(a, b)\,.$$

Es sei $\langle a, b\rangle$ ein Punkt aus dem Bereich

$$\mathfrak{B} = \{\langle a, b\rangle : a \leqq b,\; a \in I \text{ und } b \in I\}\,.$$

Weiterhin gilt auf Grund unserer Voraussetzungen

$$G_i(a, b) = \int_b^{i_2} p_{\Theta_i}(u')\, du' + \int_a^b \mathsf{P}_{\Theta_i}(f_2(u + v) \geqq K \mid u')\, p_{\Theta_i}(u')\, du' \tag{1}$$

für $i = 0, 1$ und $\langle a, b\rangle \in \mathfrak{B}$. Dann wird

$$\mathsf{P}_{\Theta_i}(f_2(u+v) \geqq K \mid u') = \mathsf{P}_{\Theta_i}(v \geqq f_2^{-1}(K) - f_1^{-1}(u')) = 1 - F^v_{\Theta_i}(f_2^{-1}(K) - f_1^{-1}(u'))$$

(wobei $F^v_{\Theta_i}$ die Verteilungsfunktion von v ist) rechtsseitig stetig, monoton nichtfallend in u'.

Wir wollen weiter voraussetzen, daß für die bedingte Wahrscheinlichkeit (V4) gilt:

(V4) Es gibt für $i = 0, 1$ ein $\bar{g}_{\Theta_i}$, für welches $i_1 < \bar{g}_{\Theta_i} \leqq i_2$ gilt, so daß

$$0 < \mathsf{P}_{\Theta_i}(f_2(u + v) \geqq K \mid u') < 1 \quad \text{für} \quad u' \in (i_1, \bar{g}_{\Theta_i})$$

und

$$\mathsf{P}_{\Theta_i}(f_2(u + v) \geqq K \mid u') = 1 \quad \text{für} \quad u' \in (\bar{g}_{\Theta_i}, i_2)$$

wird.

Wegen der Voraussetzung (V1) gilt

$$1 - F_{\Theta_1}(f_2^{-1}(K) - f_1^{-1}(u')) \geqq 1 - F_{\Theta_0}^{v}(f_2^{-1}(K) - f_1^{-1}(u')),$$

woraus $\bar{g}_{\Theta_1} \leqq \bar{g}_{\Theta_0}$ folgt.

Wir wollen eine weitere Voraussetzung formulieren.

(V5) Es seien K_α bzw. K_β durch die Gleichungen

$$\mathsf{P}_{\Theta_0}(u' > K_\alpha) = \alpha \quad \text{bzw.} \quad \mathsf{P}_{\Theta_1}(u' > K_\beta) = \beta$$

bestimmt. Dann soll $K_\alpha > K_\beta$ gelten.

Gilt (V5) nicht, dann ist der Test mit dem festen Stichprobenumfang m und dem kritischen Bereich $u' \geqq K_\alpha$ schon ein optimaler Test aus $\mathfrak{D}$.

Auf Grund der Darstellung durch LEBESGUE-Integrale sind die Funktionen $G_0(a, b)$ und $G_1(a, b)$ stetig für alle Punkte $\langle a, b\rangle \in \mathfrak{B}$. $G_i(a, b)$ ist streng monoton fallend in a für $i = 0, 1$ und monoton nichtwachsend in b; für $b < \bar{g}_{\Theta_i}$ ist $G_i(a, b)$ streng monoton fallend in b. Die Monotonieeigenschaften beweist man durch Differenzenbildung. Wenn Θ der wahre Parameter ist, gilt für den mittleren Stichprobenumfang die Gleichung

$$\mathsf{E}_\Theta(N(\delta_{a,b})) = \begin{cases} m + (M - m)\,\mathsf{P}_\Theta(a \leqq u' < b), & \text{falls } a < b, \\ m, & \text{falls } a = b. \end{cases}$$

Aus der obigen Darstellung des Erwartungswertes folgt, daß die Funktion $\mathsf{E}_\Theta(N(\delta_{a,b}))$ für jedes Θ monoton nichtfallend in b und monoton nichtwachsend in a ist. Folglich gilt dasselbe auch für das Supremum über Θ, d. h., daß $n(a, b) = n(\delta_{a,b})$ monoton nichtfallend in b und monoton nichtwachsend in a ist. Wir werden im folgenden für Testmengen und die sie bestimmenden Punktmengen von Punkten $\langle a, b\rangle$ die gleichen Bezeichnungen verwenden.

So wird z. B. $\mathfrak{B} = \mathfrak{D}$ und

$$\mathfrak{D}' = \{\langle a, b\rangle \in \mathfrak{D} : G_0(a, b) \leqq \alpha \text{ und } G_1(a, b) \geqq \beta\}.$$

Unser Problem ist also, einen Punkt $\langle a, b\rangle$ aus $\mathfrak{D}'$ zu finden, für welchen die Funktion $n(a, b)$ ihr Minimum annimmt.

III. Lokalisieren eines optimalen Tests in $\mathfrak{D}$

Satz. *Unter den Voraussetzungen* (V1), (V2), (V3), (V4), (V5) *gibt es in der Klasse $\mathfrak{D}$ einen optimalen Test, welcher dem Schnittpunkt mit kleinstem b, der unter unseren Voraussetzungen existierenden Lösungskurven der Gleichungen $G_0(a, b) = \alpha$ und $G_1(a, b) = \beta$ entspricht.*

Beweis.

1. Untersuchung der Lösung der Gleichung $G_0(a, b) = \alpha$.

Es gelten die Beziehungen $G_0(i_1, \bar{g}_{\Theta_0}) = \alpha^*$ und $G_0(i_1, i_1) = 1$. Auf Grund der strengen Monotonie und Stetigkeit in b gibt es genau ein b^*, $i_1 < b^* < \bar{g}_{\Theta_0}$, so daß $G_0(i_1, b^*) = \alpha$ gilt.

(a) b^* ist größer als K_α.

Würden wir das Gegenteil annehmen, so würde

$$G_{\Theta_0}(i_1, b^*) \geqq \int\limits_{K_\alpha}^{i_2} p_{\Theta_0}(u')\,du' + \int\limits_{i_1}^{b^*} \mathsf{P}_{\Theta_0}\left(f_2(u+v) \geqq K \mid u'\right) p_{\Theta_0}(u')\,du' > \alpha$$

gelten im Widerspruch zur Wahl von b^*.

(b) Für jedes $b \in [K_\alpha, b^*)$ gibt es genau ein endliches $a(b)$ als Lösung der Gleichung $G_0(a, b) = \alpha$. Die Funktion $a(b)$ ist streng monoton fallend in b.

Zum Beweis von (b) sei $b_1 \in (K_\alpha, b^*)$. Dann gilt $G_0(i_1, b_1) > \alpha$ wegen der Monotonie in b. Wegen der strengen Monotonie und Stetigkeit in a und wegen der Relation $G_0(b_1, b_1) < \alpha$ existiert genau ein $a(b_1)$, $i_1 < a(b_1) < K_\alpha$, für das $G_0(a(b_1), b_1) = \alpha$ gilt.

Es sei $b_2 \in [K_\alpha, b^*)$ und $b_2 < b_1$, dann gilt wegen der Monotonie in b die Beziehung $G_0(a(b_1), b_2) > \alpha$; außerdem gilt $G_0(b_2, b_2) \leqq \alpha$. Folglich gibt es genau ein $a(b_2) > a(b_1)$ und $a(b_2) \leqq K_\alpha$, für welches $G_0(a(b_2), b_2) = \alpha$ gilt.

Es gibt also für jedes $b \in [K_\alpha, b^*]$ genau eine Lösung $a(b)$ der Gleichung $G_0(a, b) = \alpha$, wobei $a(b)$ eine streng monoton fallende Funktion von b ist, und es gilt $\lim\limits_{b \to b^*} a(b) = i_1$.

(c) Die Lösung $a(b)$ ist eine stetige Funktion.

Beweis von (c): $a(b)$ ist eine streng monoton fallende Funktion und besitzt daher als Unstetigkeitsstellen höchstens Sprünge, es gilt also immer

$$\lim_{b \uparrow b_0} a(b) = a\,(b_0 - 0) \geqq a(b_0) \geqq a\,(b_0 + 0) = \lim_{b \downarrow b_0} a(b)\,.$$

Wir nehmen an, daß an einer Stelle b_0 des Definitionsbereiches von $a(b)$ eine Unstetigkeit vorliege, daß also z. B. die Relation $a\,(b_0 - 0) > a(b_0)$ gilt.

Es sei b_ν eine Punktfolge aus dem Definitionsbereich, die von links gegen b_0 konvergiert. Dann gilt für jedes b_ν die Gleichung $G_0(b_\nu, a(b_\nu)) = \alpha$. Auf Grund der Stetigkeit von G gilt also auch $G_0(b_0, a\,(b_0 - 0)) = \alpha$. Daraus würde $a\,(b_0 - 0) = a(b_0)$ im Widerspruch zu unserer Annahme folgen.

Entsprechend schließt man, daß nicht $a(b_0) > a\,(b_0 + 0)$ gelten kann.

2. Untersuchung der Lösung der Gleichung $G_1(a, b) = \beta$.

Es gelten auf Grund der Voraussetzungen über K und M die Beziehungen. $G_1(i_1, i_2) = \beta^* > \beta$ und $G_1(i_2, i_2) = 0$.

Folglich gibt es wegen der strengen Monotonie und Stetigkeit in a genau ein a^*, $i_1 < a^* < i_2$, für welches $G_1(a^*, i_2) = \beta$ wird. Wenn $K_\beta < \bar{g}_{\Theta_1}$ und $\bar{g}_{\Theta_1} < i_2$ ist, so erhält man für alle $b \in [\bar{g}_{\Theta_1}, i_2]$ die Konstante $a_1(b) = a^*$ als Lösung der Gleichung $G_1(a, b) = \beta$, und zwischen $\langle K_\beta, K_\beta \rangle$ und $\langle a^*, \bar{g}_{\Theta_1} \rangle$ erhält man wie in 1. eine streng monoton fallende und stetige Funktion $a_1(b)$ als Lösung der Gleichung $G_1(a, b) = \beta$.

Wenn $K_\beta < \bar{g}_{\Theta_1}$ und $\bar{g}_{\Theta_1} = i_2$ ist, kann man zwischen $\langle K_\beta, K_\beta \rangle$ und $\langle a^*, i_2 \rangle$ eine monoton fallende und stetige Funktion $a_1(b)$ als Lösung der Gleichung $G_1(a, b) = \beta$ bestimmen.

Wenn $\bar{g}_{\Theta_1} \leqq K_\beta$ gilt, ist die Konstante $a^* = K_\beta$ für alle $b \geqq K_\beta$ eine Lösung der Gleichung $G_1(a, b) = \beta$.

3. Es gibt einen Schnittpunkt der beiden Lösungskurven $a(b)$ und $a_1(b)$ mit kleinster b-Koordinate.

Wir wollen annehmen, daß es keinen Schnittpunkt mit kleinster b-Koordinate gibt. Auf Grund der Gestalt unserer beiden Kurven ist sofort klar, daß ein Schnittpunkt der Lösungskurven existieren muß. ($a(b)$ beginnt im Punkt $\langle K_\alpha, K_\alpha \rangle$, fällt monoton, ist stetig und endet im Punkt $\langle i_1, b^* \rangle$; $a_1(b)$ beginnt bei $\langle K_\beta, K_\beta \rangle$, ist monoton nichtwachsend, stetig und endet im Punkt $\langle a^*, i_2 \rangle$. Da $K_\alpha > K_\beta$ und $i_1 < a^*$ gelten und stetige Funktionen die Zwischenwerteigenschaften haben, müssen beide Funktionen einen Schnittpunkt besitzen (siehe auch Abb. 1).

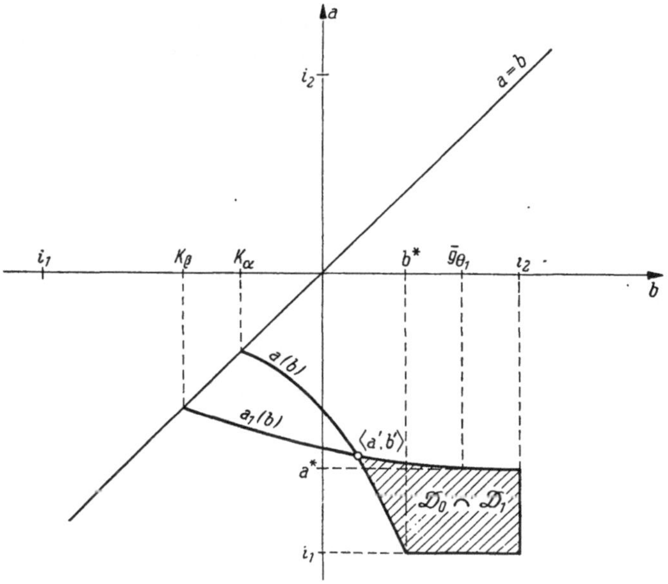

Abb. 1

Außerdem ist klar, daß die Menge der b-Koordinaten beider Kurven nach unten beschränkt ist und folglich auch die Menge der b-Koordinaten der Schnittpunkte. Daher besitzt die Menge der b-Koordinaten der Schnittpunkte eine endliche untere Grenze b, welche nach unserer Annahme nicht zur Menge gehört. Daher können wir eine Folge von b_ν konstruieren, die gegen b konvergiert, wobei alle b_ν Schnittpunktkoordinaten sind, wobei also für alle b_ν die Gleichung $a(b_\nu) = a_1(b_\nu)$ besteht.

Wegen der Stetigkeit der Funktionen $a(b)$ und $a_1(b)$ gilt

$$\lim_{b_\nu \to b} a(b_\nu) = a(b) \quad \text{und} \quad \lim_{b_\nu \to b} a_1(b_\nu) = a_1(b),$$

im Widerspruch zu unserer Annahme.

4. Der Schnittpunkt von $a(b)$ und $a_1(b)$ mit kleinstem b ist der Punkt aus $\mathscr{D}'$, in dem die Funktion $n(\delta_{a,b}) = n(a, b)$ ihr Minimum annimmt.

Bezeichnen wir mit

$$\mathcal{D}_0 = \{\langle a, b\rangle : G_0(a, b) \leqq \alpha\} ,$$

$$\mathcal{D}_1 = \{\langle a, b\rangle : G_1(a, b) \geqq \beta\} ,$$

so gilt $\mathcal{D}' = \mathcal{D}_0 \cap \mathcal{D}_1$,

Auf Grund der Monotonieeigenschaften von $G_0(a, b)$ liegt $\mathcal{D}_0$ rechts oberhalb der Kurve $a(b)$, wegen der Monotonieeigenschaften von $G_1(a, b)$ liegt $\mathcal{D}_1$ links unterhalb der Kurve $a_1(b)$. Der Punkt mit größtem a und kleinstem b aus dem Bereich $\mathcal{D}_0 \cap \mathcal{D}_1$ ist der Schnittpunkt unserer beiden Kurven mit kleinstem b.

Nun war $n(a, b)$ monoton nichtwachsend in a und monoton nichtfallend in b. Folglich wird das Minimum von $n(a, b)$ in dem Punkt $\langle a', b'\rangle$ mit größtem a und kleinstem b aus dem Bereich $\mathcal{D}_0 \cap \mathcal{D}_1$, also in dem Schnittpunkt von $a(b)$ und $a_1(b)$, angenommen. Der diesem Punkt entsprechende Test $\delta_{a', b'}$ ist ein optimaler Test (siehe auch Abb. 1).

IV. Beispiele

1. X besitze eine Normalverteilung $N(\Theta, \sigma^2)$ mit bekannter Varianz. Wir betrachten das Testproblem

$$„H : \Theta \leqq \Theta_0 , \bar{H} : \Theta \geqq \Theta_1“ \quad (\Theta_1 > \Theta_0) .$$

Der Likelihoodquotient ist bekanntlich monoton in x, die Voraussetzung (V1) also erfüllt.

Dann gilt

$$u = \frac{\Theta_1 - \Theta_0}{\sigma^2} \sum_1^m x_i + \frac{m(\Theta_0^2 - \Theta_1^2)}{2\sigma^2} ,$$

$$u + v = \frac{\Theta_1 - \Theta_0}{\sigma^2} \sum_1^M x_i + \frac{M(\Theta_0^2 - \Theta_1^2)}{2\sigma^2} .$$

Wenden wir die Transformationen

$$u' = f_1(u) = \left(u - m\frac{\Theta_0^2 - \Theta_1^2}{2\sigma^2}\right)\frac{\sigma^2}{\Theta_1 - \Theta_0} = \sum_1^m x_i$$

und

$$f_2(u + v) = \left(u + v - M\frac{\Theta_0^2 - \Theta_1^2}{2\sigma^2}\right)\frac{\sigma^2}{\Theta_1 - \Theta_0} = \sum_1^M x_i$$

an, so sind sie streng monoton und stetig mit Werten in R. Folglich ist unser Intervall $I = [-\infty, +\infty]$ und das Intervall $J = [-\infty, +\infty]$.

Die Voraussetzungen (V2) und (V3) sind erfüllt.

Wir prüfen die Voraussetzungen (V4) nach.

Es gilt

$$\mathsf{P}_{\Theta_i}\left(\sum_1^M x_i \geqq K \,\middle|\, \sum_1^m x_i\right) = \mathsf{P}_{\Theta_i}\left(\sum_{i=m+1}^M x_i \geqq K - \sum_1^m x_i \,\middle|\, \sum_1^m x_i\right) = 1 - F_{\Theta_i}\left(K - \sum_1^m x_i\right).$$

Hierbei ist F_{Θ_i} die Verteilungsfunktion von $\sum_{m+1}^{M} x_i$. Die Voraussetzung (V4) ist also mit $\bar{g}_{\Theta_i} = i_2 = +\infty$ erfüllt, d. h., es gilt

$$0 < 1 - F_{\Theta_i}\left(K - \sum_1^m x_i\right) < 1 \quad \text{für} \quad \sum_1^m x_i \in (-\infty, +\infty)\,.$$

Wenn m nicht zu groß ist, ist auch die Voraussetzung (V5) erfüllt.

2. Es sei X exponentialverteilt. Die Dichte von X wird durch

$$f(x, \Theta) = \begin{cases} \frac{1}{\Theta} e^{-\frac{x}{\Theta}} & \text{für} \quad x \geqq 0\,, \\ 0 & \text{sonst} \end{cases}$$

gegeben.

Es gelten die Gleichungen

$$u = m\,[\ln \Theta_0 - \ln \Theta_1] + \sum_1^m x_i\left(\frac{1}{\Theta_0} - \frac{1}{\Theta_1}\right),$$

$$u + v = M\,[\ln \Theta_0 - \ln \Theta_1] + \sum_1^M x_i\left(\frac{1}{\Theta_0} - \frac{1}{\Theta_1}\right).$$

Durch monotone stetige Transformationen erhält man

$$u' = f_1(u) = \sum_1^m x_i \quad \text{und} \quad f_2(u + v) = \sum_1^M x_i\,.$$

Die Voraussetzungen (V1), (V2), (V3) sind erfüllt.

Wir prüfen (V4) nach. Für die bedingte Wahrscheinlichkeit gilt

$$\mathsf{P}_{\Theta_i}\left(\sum_1^M x_i \geqq K \,\middle|\, \sum_1^m x_i\right) = 1 - F_{\Theta_i}\left(K - \sum_1^m x_i\right)$$

(F_{Θ_i} Verteilungsfunktion von $\sum_{m+1}^{M} x_i$). Hieraus erhält man sofort

$$0 < \mathsf{P}_{\Theta_i}\left(\sum_1^M x_i \geqq K \,\middle|\, \sum_1^m x_i\right) \quad \text{für} \quad \sum_1^m x_i \in (0, +\infty)$$

und

$$\mathsf{P}_{\Theta_i}\left(\sum_1^M x_i \geqq K \,\middle|\, \sum_1^m x_i\right) < 1 \quad \text{und} \quad \sum_1^m x_i < K\,.$$

Hier ist also $\bar{g}_{\Theta_i} = K$ für $i = 0, 1$. Die Voraussetzung (V5) ist wieder erfüllt, wenn m nicht zu groß gewählt wird.

V. Hinweise zur praktischen Berechnung des Schnittpunktes der beiden Kurven $a(b)$ und $a_1(b)$

Zur praktischen Bestimmung des Schnittpunktes der beiden Kurven mit kleinstem b wird das folgende graphische Verfahren vorgeschlagen. Wir berechnen den Schnittpunkt der Kurve $a(b)$ mit den Parallelen zur b-Achse

$a = K_\beta$, indem wir die Lösung $b(K_\beta)$ der Gleichung $G_0(K_\beta, b) = \alpha$ bestimmen. Auf Grund der Monotonie und Stetigkeit in b kann man diese Lösung praktisch durch Intervallschachtelung bestimmen. Wir führen eine grobe Zerlegung des b-Intervalls $\bigl(b(K_\beta), b^*\bigr)$ durch (in diesem Intervall muß sich der Schnittpunkt mit kleinstem b befinden) und bestimmen für jedes b der Zerlegung die zugehörigen Funktionswerte $a(b)$ und $a_1(b)$. Indem wir die so erhaltenen Punkte verbinden und den Schnittpunkt mit kleinstem b der so angenäherten Kurven bestimmen, erhalten wir einen ersten Überblick, wo der Schnittpunkt mit kleinstem b liegen könnte. Indem wir nun in der Umgebung des durch die Näherung erhaltenen Schnittpunktes mit kleinstem b die Zerlegung verfeinern, können wir denselben genauer bestimmen.

Das soeben vorgeschlagene Verfahren ist insofern etwas unbefriedigend, weil man nicht genau weiß, wie grob oder fein man die erste Zerlegung des Intervalls $\bigl(b(K_\beta), b^*\bigr)$ wählen muß.

Wir können das vorgeschlagene Verfahren verbessern, wenn wir $a(b)$ und $a_1(b)$ als zweimal stetig differenzierbar voraussetzen bzw. entsprechende Forderungen an die Funktionen unter dem Integralzeichen stellen.

Aus den ersten und zweiten Ableitungen der Funktionen $a(b)$ und $a_1(b)$ kann man die Absolutwerte ihrer Krümmungen für jeden Punkt b der ersten Zerlegung berechnen. (Für alle b, für welche $a_1(b) = a^*$ ist, entfällt das selbstverständlich.)

Wir bezeichnen den Absolutwert der Krümmung von $a(b)$ mit $|K(b)|$, den Absolutwert der Krümmung von $a_1(b)$ mit $|K_1(b)|$. Man stellt dann die Funktionen $|K(b)|$ und $|K_1(b)|$ graphisch dar, indem man dafür wieder eine erste Zerlegung unseres Intervalls $\bigl(b(K_\beta), b^*\bigr)$ vornimmt und dann $|K(b)|$ und $|K_1(b)|$ berechnet. In dem Bereich, in welchem die Funktion $|K(b)|$ groß ist, wird man die erste Zerlegung des b-Intervalls verfeinern und die zu dieser feineren Zerlegung gehörenden Funktionswerte von $a(b)$ berechnen. Entsprechend geht man bezüglich der Funktionen $|K_1(b)|$ und $a_1(b)$ vor. Dann werden die für die Kurven $a(b)$ und $a_1(b)$ erhaltenen Punkte verbunden, und man erhält graphisch eine erste Näherung für den Schnittpunkt beider Kurven mit kleinstem b. In der Umgebung dieses Punktes verfeinert man die Zerlegung weiter und berechnet die zugehörigen Funktionswerte $a(b)$ und $a_1(b)$, verbindet die so erhaltenen Punkte und bestimmt so den Schnittpunkt genauer.

Die Krümmung einer Kurve wird nach der Gleichung

$$K(b) = \frac{f''(b)}{(1 + [f'(b)]^2)^{3/2}}$$

berechnet.

Wir berechnen noch die erforderlichen ersten und zweiten Ableitungen der Funktion $a(b)$. Für die Ableitungen der Funktion $a_1(b)$ gelten entsprechende Formeln.

Damit die erste und die zweite Ableitung von $a(b)$ im Intervall $(b(K_\beta), b^*)$ existieren und stetig sind, genügt es zu fordern, daß $\mathsf{P}_{\Theta_i}\bigl(f_2(u+v) \geqq K | u'\bigr)$ und $p_{\Theta_0}(u')$ in diesem Intervall stetig differenzierbar sind.

Es gilt für die erste Ableitung die Gleichung

$$a'(b) = -\frac{G_{0b}(a, b)}{G_{0a}(a, b)},$$

wobei G_{0a} bzw. G_{0b} die partiellen Ableitungen von G_0 nach a bzw. b sind. Dabei wird in die partiellen Ableitungen der zum Punkt b gehörige Funktionswert $a(b)$ eingesetzt. Für die zweite Ableitung gilt dann die Formel

$$a''(b) = -\frac{G_{0b}^2 G_{0aa} - 2\,G_{0b}\,G_{0a}\,G_{0ua} + G_{0a}^2\,G_{0bb}}{G_{0a}^3}.$$

Zur Vereinfachung der Schreibweise wurden hier die Argumente weggelassen. Dabei gelten für die partiellen Ableitungen die Gleichungen

$$G_{0b} = [\mathsf{P}_{\Theta_i}(f_2(u+v) \geqq K|b) - 1]\,p_{\Theta_0}(b)\,,$$

$$G_{0a} = -\,\mathsf{P}_{\Theta_0}\big(f_2(u+v) \geqq K\,|a\big)\,p_{\Theta_0}(a)\,,$$

$$G_{0ab} = 0 = G_{0ba}\,,$$

$$G_{0bb} = \frac{\partial \mathsf{P}_{\Theta_0}(f_2(u+v) \geqq K\,|\,b)}{\partial b}\,p_{\Theta_0}(b) + \frac{\partial p_{\Theta_0}(b)}{\partial b}\,[\mathsf{P}_{\Theta_0}(f_2(u+v) \geqq K|b) - 1]\,,$$

$$G_{0aa} = -\,\frac{\partial \mathsf{P}_{\Theta_0}(f_2(u+v) \geqq K|\,a)}{\partial a}\,p_{\Theta_0}(a) - \frac{\partial p_{\Theta_0}(a)}{\partial a}\,\mathsf{P}_{\Theta_0}\big(f_2(u+v) \geqq K|a\big).$$

Literatur

[1] Lehmann, E. L.: Testing Statistical Hypotheses. New York 1959.

Vorhersage im allgemeinen linearen Regressionsmodell mit Zusatzinformation über die Koeffizienten[1])

Von HELGE TOUTENBURG[2])

Die bekannte lineare erwartungstreue Vorhersage eines Regressanden kann durch Verwendung von Zusatzinformation über gewisse unbekannte Parameter verbessert werden. Dazu werden unter Beibehaltung der Forderung der Erwartungstreue Zusatzschätzungen und lineare Restriktionen herangezogen. Bei Verzicht auf diese Forderung führt eine bestimmte andere Zusatzinformation zur angestrebten Verbesserung. Es werden verschiedene Methoden beschrieben, die auch bei der Schätzung von Regressionskoeffizienten verwendet werden können, wobei hier eine Verbesserung der Kleinsten-Quadrat-Schätzung möglich ist.

1. Einleitung

Bei der Untersuchung ökonomischer Systeme (vgl. [1]) oder von Gesetzmäßigkeiten bzw. Zusammenhängen in den Naturwissenschaften (vgl. [2], [3]) interessiert man sich für die Abhängigkeit eines Regressanden Y von gewissen Regressoren $X_1, \ldots, X_K$. Diese Abhängigkeit kann in einfacher Näherung linear dargestellt werden: $Y = X_1 \beta_1 + \cdots + X_K \beta_K + \varepsilon$. Dabei ist ε ein zufälliger Fehler, der den Einfluß nicht berücksichtigter oder einer Messung nicht zugänglicher Größen auf Y beschreibt. Die Regressoren X_i seien nichtstochastisch. Man führt T Messungen durch und stellt die Ergebnisse entsprechend dem obigen Ansatz in Matrizenschreibweise dar:

$$\mathbf{y} = \mathbf{X}\boldsymbol{\beta} + \boldsymbol{\varepsilon}\,. \tag{1.1}$$

Dabei ist

$\mathbf{y}$ der $T \times 1$-Vektor des Regressanden,

$\mathbf{X}$ die $T \times K$-Matrix der Regressoren,

$\boldsymbol{\beta}$ der $K \times 1$-Vektor der unbekannten Regressionskoeffizienten

und

$\boldsymbol{\varepsilon}$ der $T \times 1$-Vektor der zufälligen Fehler.

Die Werte x_{ti} der Regressoren seien derart gewählt, daß die Matrix $\mathbf{X}$ den Rang K hat. Auf Grund der vorliegenden Beobachtungen und der angenom-

---

[1]) Für viele wertvolle Hinweise bin ich Herrn Prof. Dr. O. BUNKE zu Dank verpflichtet.

[2]) IAMM, DAdW, 108 Berlin, Mohrenstr. 39.

menen linearen Abhängigkeit zwischen Y und den X_i will man den Regressanden Y etwa für einen späteren Zeitpunkt $T^* > T$ vorhersagen. Der wahre (unbekannte) Wert des Regressanden Y zu diesem Zeitpunkt sei $y_{T^*} = y_*$.

Es sei

$$y_* = \mathbf{x}_*' \boldsymbol{\beta} + \varepsilon_* , \tag{1.2}$$

wobei

y_* der 1×1-Skalarwert des Regressanden,

$\mathbf{x}_*$ der $K \times 1$-Vektor der Regressoren zum Index T^*

und

ε_* der 1×1-Skalarwert des Fehlers ist.

Über die Fehler werden folgende Annahmen gemacht:

$$\mathsf{E}\,\boldsymbol{\varepsilon} = \mathbf{0}\,,\quad \mathsf{E}\,\boldsymbol{\varepsilon}\,\boldsymbol{\varepsilon}' = \sigma^2\,\mathbf{W}\,,\quad \mathsf{E}\,\varepsilon_* = 0\,,\quad \mathsf{E}\,\varepsilon_*^2 = \sigma_*^2\,,\quad \mathsf{E}\,\boldsymbol{\varepsilon}\,\varepsilon_* = \sigma^2\,\mathbf{w}\,. \tag{1.3}$$

Dabei ist $\sigma^2 \mathbf{w}$ der $T \times 1$-Vektor der Kovarianzen zwischen dem Fehler ε_* der Vorhersagegleichung und den Fehlern ε_t. Im allgemeinen liegen zeitliche Korrelationen vor, so daß $\mathbf{W}$ keine Diagonalmatrix und $\mathbf{w} \neq \mathbf{0}$ sein wird. Die Elemente von $\mathbf{W}$ und $\mathbf{w}$ setzen wir als bekannt voraus; man kann sie etwa als Gewichte deuten.

2. Ableitung der Vorhersage

Wir werden die Vorhersage p von y_* als Linearkombination des Meßvektors $\mathbf{y}$ ansetzen:

$$p = \mathbf{c}'\,\mathbf{y}\,, \tag{2.1}$$

wobei $\mathbf{c}$ ein $(T \times 1)$-Vektor von nach einem Optimalitätskriterium zu bestimmenden Konstanten ist. Bei der Auswahl des Optimalitätskriteriums ergeben sich folgende Möglichkeiten (vgl. [4]):

Kriterium 1. p ist die beste lineare erwartungstreue Vorhersage von y_*, d. h., es gilt für alle $\boldsymbol{\beta}$ und σ^2

$$\mathsf{E}\,(p - y_*) = 0 \tag{2.2}$$

und

$$\mathsf{E}\,(p - y_*)^2 \leqq \mathsf{E}\,(\tilde{p} - y_*)^2 \tag{2.3}$$

für jede lineare erwartungstreue Vorhersage $\tilde{p}$.

Kriterium 2. p ist die lineare Vorhersage mit minimaler quadratischer Abweichung, d. h., es gilt für alle $\boldsymbol{\beta}$ und σ^2

$$\mathsf{E}\,(p - y_*)^2 \leqq \mathsf{E}\,(\tilde{p} - y_*)^2 \tag{2.4}$$

für jede lineare Vorhersage $\tilde{p}$.

Die beiden Kriterien unterscheiden sich durch die in Kriterium 1 geforderte Erwartungstreue der Vorhersage. Das ist eine Nebenbedingung, die den Bereich der zulässigen Vorhersagen einschränkt. Bezeichnen wir mit p_1 bzw. p_2 nach Kriterium 1 bzw. Kriterium 2 erhaltene optimale Vorhersagen, so gilt stets

$$\mathsf{E}\,(p_2 - y_*)^2 \leqq \mathsf{E}\,(p_1 - y_*)^2\,. \tag{2.5}$$

Wie sich bei der folgenden Ableitung von p_1 und p_2 zeigen wird, enthält p_2 die unbekannten Parameter $\boldsymbol{\beta}$ und σ^2, so daß man in der Praxis nicht unmittelbar die Optimalitätseigenschaft (2.5) von p_2 nutzen kann. Die Überlegungen des Abschnitts 3 geben einen möglichen Ausweg an, der allerdings auf einer vorhandenen Zusatzinformation über $\boldsymbol{\beta}$ und σ^2 beruht.

Gemäß (2.1) setzen wir

$$p_1 = \mathbf{c}_1' \mathbf{y} .$$

Dann gilt wegen (1.3)

$$\mathsf{E}(p_1 - y_*) = (\mathbf{c}_1' \mathbf{X} - \mathbf{x}_*') \boldsymbol{\beta} . \tag{2.6}$$

Die in Kriterium 1 geforderte Erwartungstreue von p_1 ist folgender Bedingung äquivalent:

$$\mathbf{c}_1' \mathbf{X} - \mathbf{x}_*' = \mathbf{o} . \tag{2.7}$$

Die gemäß Kriterium 1 zu minimierende Größe ist

$$\alpha_1 = \mathsf{E}(p_1 - y_*)(p_1 - y_*)' = \sigma^2 \mathbf{c}_1' \mathbf{W} \mathbf{c}_1 + \sigma_*^2 - 2 \sigma^2 \mathbf{c}_1' \mathbf{w} . \tag{2.8}$$

Unter Berücksichtigung von (2.7) und mit den Abkürzungen $\mathbf{X}' \mathbf{W}^{-1} \mathbf{X} = \mathbf{S}$ und $\mathbf{b} = \mathbf{S}^{-1} \mathbf{X}' \mathbf{W}^{-1} \mathbf{y}$ ergibt sich (vgl. [5])

$$\hat{p}_1 = \hat{\mathbf{c}}_1' \mathbf{y} = \mathbf{x}_*' \mathbf{b} + \mathbf{w}' \mathbf{W}^{-1} (\mathbf{y} - \mathbf{X} \mathbf{b}) , \tag{2.9}$$

$$\hat{\alpha}_1 = \sigma_*^2 + \sigma^2 (\mathbf{x}_*' - \mathbf{w}' \mathbf{W}^{-1} \mathbf{X}) \mathbf{S}^{-1} (\mathbf{x}_* - \mathbf{X}' \mathbf{W}^{-1} \mathbf{w}) - \sigma^2 \mathbf{w}' \mathbf{W}^{-1} \mathbf{w} . \tag{2.10}$$

Die Vorhersage $p_2 = \mathbf{c}_2' \mathbf{y}$ wird gemäß Kriterium 2 durch Minimierung von α_2 gewonnen:

$$\begin{aligned} \alpha_2 &= \mathsf{E}(p_2 - y_*)(p_2 - y_*)' \\ &= (\mathbf{c}_2' \mathbf{X} - \mathbf{x}_*') \boldsymbol{\beta} \boldsymbol{\beta}' (\mathbf{X}' \mathbf{c}_2 - \mathbf{x}_*) + \sigma_*^2 + \sigma^2 \mathbf{c}_2' \mathbf{W} \mathbf{c}_2 - 2 \sigma^2 \mathbf{c}_2' \mathbf{w} . \end{aligned}$$

Es folgt [vgl. [6])

$$\hat{p}_2 = \hat{\mathbf{c}}_2' \mathbf{y} = (\mathbf{w}' + \sigma^{-2} \mathbf{x}_*' \boldsymbol{\beta} \boldsymbol{\beta}' \mathbf{X}') \mathbf{W}^{-1} (\sigma^{-2} \mathbf{X} \boldsymbol{\beta} \boldsymbol{\beta}' \mathbf{X}' \mathbf{W}^{-1} + \mathbf{I})^{-1} \mathbf{y} . \tag{2.11}$$

Das ist im Sinne von (2.4) und (2.5) die bestmögliche Vorhersage.

3. Berücksichtigung von a-priori-Abschätzungen für β und σ

Wegen des Auftretens der unbekannten Parameter $\boldsymbol{\beta}$ und σ ist p_2 ebenfalls unbekannt, und damit ist diese Vorhersage praktisch nicht anwendbar. Wir werden den Vektor $\sigma^{-1} \boldsymbol{\beta}$ durch einen festen Vektor $\mathbf{a}$ schätzen und ersetzen (das Problem eines zufälligen Vektors $\mathbf{a}$ wird in Abschnitt 5 kurz angeschnitten). Dadurch verändert sich $\hat{p}_2$ erheblich, was wiederum Auswirkungen auf das Bestehen der Optimalitätseigenschaft (2.5) hat. Bezeichnen wir mit $\tilde{p}_2$ die Vorhersage, die aus $\hat{p}_2$ durch Ersetzen von $\sigma^{-1} \boldsymbol{\beta}$ durch den Vektor $\mathbf{a}$ hervorgeht, dann stellt

$$\tilde{\alpha}_2 = \mathsf{E}(\tilde{p}_2 - y_*)^2 \leqq \mathsf{E}(\hat{p}_1 - y_*)^2 = \hat{\alpha}_1 \tag{3.1}$$

eine Forderung an $\mathbf{a}$ dar, die den Bereich der zulässigen Schätzvektoren $\mathbf{a}$ einschränkt. Es ist

$$\tilde{p}_2 = (\mathbf{w}' + \mathbf{x}_*' \mathbf{a} \mathbf{a}' \mathbf{X}') \mathbf{W}^{-1} (\mathbf{X} \mathbf{a} \mathbf{a}' \mathbf{X}' \mathbf{W}^{-1} + \mathbf{I})^{-1} \mathbf{y} = \mathbf{z}' \mathbf{y} , \tag{3.2}$$

$$\tilde{\alpha}_2 = (\mathbf{z}' \mathbf{X} - \mathbf{x}_*') \boldsymbol{\beta} \boldsymbol{\beta}' (\mathbf{X}' \mathbf{z} - \mathbf{x}_*) + \sigma_*^2 + \sigma^2 \mathbf{z}' \mathbf{W} \mathbf{z} - 2 \sigma^2 \mathbf{z}' \mathbf{w} . \tag{3.3}$$

Die Bedingung (3.1) läßt sich umformen zu

$$\alpha = (\hat{\alpha}_1 - \tilde{\alpha}_2) \sigma^{-2} \geqq 0 , \tag{3.4}$$

$$\begin{aligned} \alpha = {} & (\mathbf{x}_*' - \mathbf{w}' \mathbf{W}^{-1} \mathbf{X}) \mathbf{S}^{-1} (\mathbf{x}_* - \mathbf{X}' \mathbf{W}^{-1} \mathbf{w}) - \mathbf{w}' \mathbf{W}^{-1} \mathbf{w} - \mathbf{z}' \mathbf{W} \mathbf{z} \\ & - \sigma^{-2} (\mathbf{z}' \mathbf{X} - \mathbf{x}_*') \boldsymbol{\beta} \boldsymbol{\beta}' (\mathbf{X}' \mathbf{z} - \mathbf{x}_*) + 2 \mathbf{z}' \mathbf{w} . \end{aligned} \tag{3.5}$$

Es ist $\alpha = f(\mathbf{a})$. Wegen (2.5) und der Optimalität von $\hat{p}_2$ gilt

$$\max_{\mathbf{a}} f(\mathbf{a}) = f(\sigma^{-2}\boldsymbol{\beta}) \geqq 0 \,. \tag{3.6}$$

Wir nehmen an, es existiere ein $K\times 1$-Vektor $\boldsymbol{\gamma}$ mit bekannten Komponenten derart, daß für jedes $\mathbf{a}$ die Ungleichung

$$(\mathbf{z}'\,\mathbf{X} - \mathbf{x}_*')\,(\sigma^{-1}\boldsymbol{\beta})\,(\sigma^{-1}\boldsymbol{\beta})'\,(\mathbf{X}'\,\mathbf{z} - \mathbf{x}_*) \leqq (\mathbf{z}'\,\mathbf{X} - \mathbf{x}_*')\,\boldsymbol{\gamma}\,\boldsymbol{\gamma}'\,(\mathbf{X}'\,\mathbf{z} - \mathbf{x}_*) \tag{3.7}$$

erfüllt ist. Das Bestehen dieser Ungleichung stellt eine Zusatzinformation über $\boldsymbol{\beta}$ und σ dar. Mit Hilfe von (3.7) können wir α nach unten durch

$$\begin{aligned}\tilde{\alpha} = {} & (\mathbf{x}_*' - \mathbf{w}'\,\mathbf{W}^{-1}\,\mathbf{X})\,\mathbf{S}^{-1}\,(\mathbf{x}_* - \mathbf{X}'\,\mathbf{W}^{-1}\,\mathbf{w}) - \mathbf{w}'\,\mathbf{W}^{-1}\,\mathbf{w} - \mathbf{z}'\,\mathbf{W}\,\mathbf{z} \\ & - (\mathbf{z}'\,\mathbf{X} - \mathbf{x}_*')\,\boldsymbol{\gamma}\,\boldsymbol{\gamma}'\,(\mathbf{X}'\,\mathbf{z} - \mathbf{x}_*) + 2\,\mathbf{z}'\,\mathbf{w}\end{aligned} \tag{3.8}$$

abschätzen. Es ist

$$\alpha \geqq \tilde{\alpha} = g(\mathbf{a}) \,. \tag{3.9}$$

Aus $\tilde{\alpha} \geqq 0$ folgt damit $\alpha \geqq 0$. α und $\tilde{\alpha}$ stimmen bis auf die Matrizen der quadratischen Form (3.7) völlig überein. Deshalb gilt für $\tilde{\alpha}$ entsprechend zu (3.6):

$$\max_{\mathbf{a}} g(\mathbf{a}) = g(\boldsymbol{\gamma}) \geqq 0 \,. \tag{3.10}$$

Die Zusatzinformation (3.7) kann also auf Grund von (3.9) durch Verwendung von $\tilde{p}_2$ mit $\mathbf{a} = \boldsymbol{\gamma}$ ausgenutzt werden:

$$\tilde{p}_2 = (\mathbf{w}' + \mathbf{x}_*'\,\boldsymbol{\gamma}\,\boldsymbol{\gamma}'\,\mathbf{X}')\,\mathbf{W}^{-1}\,(\mathbf{X}\,\boldsymbol{\gamma}\,\boldsymbol{\gamma}'\,\mathbf{X}'\,\mathbf{W}^{-1} + \mathbf{I})^{-1}\,\mathbf{y} \,. \tag{3.11}$$

Interessant ist der Fall $\boldsymbol{\gamma} \to \mathbf{o}$:

$$\lim_{\boldsymbol{\gamma}\to\mathbf{0}} \tilde{p}_2 = \mathbf{w}'\,\mathbf{W}^{-1}\,\mathbf{y} \,. \tag{3.12}$$

Die Zusatzinformation (3.7) besagt dann

$$(\mathbf{z}'\,\mathbf{X} - \mathbf{x}_*')\,(\sigma^{-1}\boldsymbol{\beta})\,(\sigma^{-1}\boldsymbol{\beta})'\,(\mathbf{X}'\,\mathbf{z} - \mathbf{x}_*) = 0 \,. \tag{3.13}$$

In den Fällen, wo der Vektor $(\mathbf{z}'\,\mathbf{X} - \mathbf{x}_*') \neq \mathbf{o}$ ist, besagt (3.13) gerade $\boldsymbol{\beta} = \mathbf{o}$. Das entspricht der exakten Kenntnis sämtlicher Koeffizienten und stellt den Grenzfall der im Abschnitt 6 angegebenen Vorhersage bei Kenntnis einer Zusatzschätzung der Regressionskoeffizienten dar.

Zu erwähnen wäre noch, daß in den Fällen, wo $\mathbf{W}$ eine Matrix von Diagonalgestalt und $\mathbf{w} = \mathbf{o}$ (zeitlich unkorrelierte Fehler) ist, das Problem der optimalen Vorhersage auf die Ableitung einer optimalen Schätzung hinausläuft. $\mathbf{b}$ heißt *optimale Schätzung* von $\boldsymbol{\beta}$, wenn $[\mathsf{E}\,(\tilde{\mathbf{b}} - \boldsymbol{\beta})\,(\tilde{\mathbf{b}} - \boldsymbol{\beta})' - \mathsf{E}\,(\mathbf{b} - \boldsymbol{\beta})\,(\mathbf{b} - \boldsymbol{\beta})']$ für jeden beliebigen Schätzvektor $\mathbf{b}$ und für alle $\boldsymbol{\beta}$ eine positiv semidefinite Matrix ist. Das entspricht dem Prinzip des kleinsten Konzentrationsellipsoids um $\boldsymbol{\beta}$. Man kann auch hier die zusätzliche Bedingung der Erwartungstreue einführen. Das war bisher üblich, da die Schätzungen dann mit den Kleinsten-Quadrat-Schätzungen $\mathbf{b} = (\mathbf{X}'\,\mathbf{W}^{-1}\,\mathbf{X})^{-1}\,\mathbf{X}'\,\mathbf{W}^{-1}\,\mathbf{y} = \mathbf{S}^{-1}\,\mathbf{X}'\,\mathbf{W}^{-1}\,\mathbf{y}$ übereinstimmen (vgl. aber [7]).

Die (2.11) bzw. (3.2) entsprechenden Schätzungen sind

$$\hat{\mathbf{b}}_2 = \sigma^{-2}\boldsymbol{\beta}\,\boldsymbol{\beta}'\,\mathbf{X}'\,\mathbf{W}^{-1}\,(\sigma^{-2}\,\mathbf{X}\,\boldsymbol{\beta}\,\boldsymbol{\beta}'\,\mathbf{X}'\,\mathbf{W}^{-1} + \mathbf{I})^{-1}\,\mathbf{y} \tag{3.14}$$

bzw.

$$\tilde{\mathfrak{b}}_2 = \mathbf{a}\,\mathbf{a}'\,\mathbf{X}'\,\mathbf{W}^{-1}\,(\mathbf{X}\,\mathbf{a}\,\mathbf{a}'\,\mathbf{X}'\,\mathbf{W}^{-1} + \mathbf{I})^{-1}\,\mathbf{y} = \mathbf{Z}'\,\mathbf{y}\,. \tag{3.15}$$

Es sei $\mathbf{v}$ ein beliebiger $K \times 1$-Vektor ($\mathbf{v} \neq \mathbf{o}$); dann läßt sich die (3.4) entsprechende Forderung an $\mathbf{a}$ als

$$\begin{aligned}\alpha &= \mathbf{v}'\,\big(\mathsf{E}\,(\mathfrak{b} - \beta)\,(\mathfrak{b} - \beta)' - \mathsf{E}\,(\tilde{\mathfrak{b}}_2 - \beta)\,(\tilde{\mathfrak{b}}_2 - \beta)\big)'\,\mathbf{v}\,\sigma^{-2} \\ &= \mathbf{v}'\,(\mathbf{S}^{-1} - \mathbf{Z}'\,\mathbf{W}\,\mathbf{Z} - (\mathbf{Z}'\,\mathbf{X} - \mathbf{I})\,\sigma^{-2}\,\beta\,\beta'\,(\mathbf{X}'\,\mathbf{Z} - \mathbf{I})\,\mathbf{v}) \geqq 0 \end{aligned} \tag{3.16}$$

schreiben. Wir nehmen an, es existiere ein $K \times 1$-Vektor γ mit bekannten Komponenten derart, daß für jedes $\mathbf{a}$ und jedes $\mathbf{v}$

$$\mathbf{v}'\,(\mathbf{Z}'\,\mathbf{X} - \mathbf{I})\,\sigma^{-2}\,\beta\,\beta'\,(\mathbf{X}'\,\mathbf{Z} - \mathbf{I})\,\mathbf{v} \leqq \mathbf{v}'\,(\mathbf{Z}'\,\mathbf{X} - \mathbf{I})\,\gamma\,\gamma'\,(\mathbf{X}'\,\mathbf{Z} - \mathbf{I})\,\mathbf{v} \tag{3.17}$$

erfüllt ist. Dann gilt

$$\alpha \geqq \tilde{\alpha} = \mathbf{v}'\,\big(\mathbf{S}^{-1} - \mathbf{Z}'\,\mathbf{W}\,\mathbf{Z} - (\mathbf{Z}'\,\mathbf{X} - \mathbf{I})\,\gamma\,\gamma'\,(\mathbf{X}'\,\mathbf{Z} - \mathbf{I})\big)\,\mathbf{v} = g(\mathbf{a})\,. \tag{3.18}$$

Entsprechend (3.10) gilt dann

$$\max_{\mathbf{a}} g(\mathbf{a}) = g(\gamma) \geqq 0\,. \tag{3.19}$$

Die Zusatzinformation (3.17) kann also gemäß (3.18) im Sinne von (3.19) optimal durch Verwendung der Schätzung

$$\tilde{\mathfrak{b}}_2 = \gamma\,\gamma'\,\mathbf{X}'\,\mathbf{W}^{-1}\,(\mathbf{X}\,\gamma\,\gamma'\,\mathbf{X}'\,\mathbf{W}^{-1} + \mathbf{I})^{-1}\,\mathbf{y} \tag{3.20}$$

genutzt werden. $\tilde{\mathfrak{b}}_2$ ist dann besser als $\mathfrak{b}$ oder zumindest gleichwertig.

4. Der Spezialfall $K = 1$

Wir betrachten das Modell

$$y_t = x_t\,\beta + \varepsilon_t \quad (t = 1, \ldots, T)\,, \qquad \mathsf{E}\,\varepsilon\,\varepsilon' = \sigma^2\,\mathbf{I}\,, \quad \mathbf{w} = \mathbf{o}\,.$$

Es sei eine a-priori-Abschätzung

$$\beta^2\,\sigma^{-2} \leqq \gamma^2 \tag{4.1}$$

bekannt, aus welcher (3.7) folgt. Die Vorhersage (3.11) wird dann

$$\tilde{p}_2 = \gamma^2\,x_*\,\mathbf{X}'\,(\gamma^2\,\mathbf{X}\,\mathbf{X}' + \mathbf{I})^{-1}\,\mathbf{y} \tag{4.2}$$

oder explizit

$$\tilde{p}_2 = x_*\,\frac{\Sigma\,x_t\,y_t}{\Sigma\,x_t^2 + \gamma^{-2}} = x_*\,\tilde{b}_2 \tag{4.3}$$

(vgl. [8]). Die optimale erwartungstreue Vorhersage $\hat{p}_1$ ist in diesem Fall

$$\hat{p}_1 = x_*\,\frac{\Sigma\,x_t\,y_t}{\Sigma\,x_t^2} = x_*\,b\,. \tag{4.4}$$

Wegen $\lim\limits_{\gamma^2 \to \infty} \tilde{p}_2 = \hat{p}_1$ stimmt die erwartungstreue Vorhersage bei Vorgabe der Ungleichung $\beta^2\sigma^{-2} < +\infty = \gamma^2$ mit $\tilde{p}_2$ überein. Diese Ungleichung ist natürlich immer erfüllt und enthält keine Zusatzinformation über β und σ.

$\gamma^2 = 0$ ist die größtmögliche Zusatzinformation über $\beta = 0$ und entspricht der Vorhersage $\tilde{p}_2 = 0 = x_*\,\beta$. Ausgehend von den Bemerkungen des Abschnitts 3 erhält man Folgerungen über die Schätzung des Regressionskoeffizienten:

a) $\gamma^2 \to +\infty$: Wenn $\beta^2 \sigma^{-2}$ keiner Abschätzung unterliegt, dann ist die Kleinste-Quadrat-Schätzung $b = \sum x_t y_t / \sum x_t^2$ optimal.

b) $\gamma^2 = 0$: Wenn $\beta^2 = 0$ bekannt ist, was einer maximalen Einschränkung des Regressionskoeffizienten entspricht, erhält man trivialerweise als optimale Schätzung $\tilde{b}_2 = 0$.

c) Ist eine Abschätzung (4.1) für $\beta^2 \sigma^{-2}$ bekannt, dann ist $\tilde{b}_2$ im Verhältnis zur Kleinsten-Quadrat-Schätzung b besser (bei $g(\gamma) > 0$) oder zumindest gleichwertig.

5. Qualitative Aussage für zufälliges a

Wie bereits oben erwähnt, kann man den unbekannten Vektor $\sigma^{-1}\boldsymbol{\beta}$ in (2.11) auch durch einen zufälligen Vektor $\mathbf{a}$ schätzen.

Für die so erhaltene Vorhersage $\tilde{p}_2$ wird der Ausdruck $\tilde{\alpha}_2 = \mathsf{E}(\tilde{p}_2 - y_*)^2$ nur näherungsweise zu berechnen sein, so daß auch Aussagen über eine etwaige Verbesserung der Vorhersage durch Verwendung von $\tilde{p}_2$ gegenüber $\hat{p}_1$ nur näherungsweise gültig sind. Wir wollen die Problematik nur anhand eines sehr einfachen Modells demonstrieren:

$$y_t = \mu + \varepsilon_t \qquad (t = 1, \ldots, T)\,, \tag{5.1}$$

$$\varepsilon_t \in N(0, 1)\,, \qquad \mathsf{E}\,\boldsymbol{\varepsilon}\,\boldsymbol{\varepsilon}' = \mathbf{I}\,, \qquad \mathbf{w} = \mathbf{o}\,. \tag{5.2}$$

Die optimalen Schätzungen von μ mit bzw. ohne Erwartungstreue sind (wegen (5.2) genügt der Vergleich der Schätzungen)

$$\hat{\mu}_1 = \bar{y}\,, \qquad \hat{\alpha}_{1S} = \mathsf{E}(\hat{\mu}_1 - \mu)^2 = T^{-1}\,, \tag{5.3}$$

$$\hat{\mu}_2 = \frac{T\mu^2 \bar{y}}{1 + T\mu^2}\,. \tag{5.4}$$

Wir schätzen den unbekannten Parameter μ in (5.4) durch $\mathbf{a} = \bar{y}$ und erhalten

$$\tilde{\mu}_2 = \frac{T\bar{y}^3}{1 + T\bar{y}^2}\,. \tag{5.5}$$

Es ist $\tilde{\mu}_2 = f(\bar{y})$. Wir entwickeln diese Funktion an der Stelle $\mathsf{E}\,\bar{y} = \mu$ in eine TAYLOR-Reihe bis zum dritten Glied und können dann $\mathsf{E}\,\tilde{\mu}_2$, $\operatorname{var}\tilde{\mu}_2$ und damit $\tilde{\alpha}_{2S} = \mathsf{E}(\tilde{\mu}_2 - \mu)^2$ näherungsweise berechnen:

$$\mathsf{E}\,\tilde{\mu}_2 = f(\mu) + \frac{1}{2}\frac{\partial^2 f}{\partial \bar{y}^2}(\mu)\,\mathsf{E}(\bar{y} - \mu)^2\,, \tag{5.6}$$

$$\begin{aligned}\operatorname{var}\tilde{\mu}_2 = \mathsf{E}\Bigg[&\frac{\partial f}{\partial y}(\mu)(\bar{y} - \mu) + \frac{1}{6}\frac{\partial^2 f}{\partial \bar{y}^3}(\mu)(\bar{y} - \mu)^3 \\ &+ \frac{1}{2}\frac{\partial^3 f}{\partial \bar{y}^2}(\mu)\{(\bar{y} - \mu)^2 - \mathsf{E}(\bar{y} - \mu)^2\}\Bigg]^2\,.\end{aligned} \tag{5.7}$$

Wir setzen zur Abkürzung $T\,\mu^2 = z$ und erhalten

$$\mathsf{E}\,\tilde{\mu}_2 = (1 + z)^{-3}\,T^{-1}\,\mu^{-1}\,(3\,z + 2\,z^3 + z^4)\,, \tag{5.8}$$

$$\operatorname{var}\tilde{\mu}_2 = (1 + z)^{-8}\,T^{-1}\,(z^8 + 10\,z^7 + 45\,z^6 + 72\,z^5 - 46\,z^4 - 346\,z^3 + 537\,z^2 - 144\,z + 15)\,. \tag{5.9}$$

Notwendig und hinreichend für eine Verbesserung der Schätzung von μ durch $\tilde{\mu}_2$ gegenüber $\hat{\mu}_1$ ist

$$\alpha_S = (\hat{\alpha}_{1S} - \tilde{\alpha}_{2S}) \geqq 0\,, \tag{5.10}$$

$$\alpha_S = T^{-1}\,(1 + z)^{-8}\,g(z) \tag{5.11}$$

mit

$$g(z) = -\,3\,z^7 - 25\,z^6 - 34\,z^5 + 112\,z^4 + 417\,z^3 - 505\,z^2 + 148\,z - 14. \tag{5.12}$$

Damit haben wir die Bedingung $g(z) \geqq 0$.

Wir wollen dieses Problem nicht exakt lösen. Es genügt festzustellen, daß $g(z) \geqq 0$ für gewisse Intervalle (z_1, z_2) erfüllt ist. Damit erhalten wir für μ gewisse Intervalle $\left(\pm\sqrt{\frac{z_1}{T}},\ \pm\sqrt{\frac{z_2}{T}}\right)$.

Nur wenn μ in diesen Intervallen liegt, erfolgt eine Verbesserung der Schätzung (und damit auch der Vorhersage) im oben angeführten Sinn. Die Intervalllängen hängen vom Grad der Näherung ab. Sie streben mit steigendem Stichprobenumfang T gegen Null, so daß die Möglichkeiten einer Verbesserung geringer werden. Dies folgt auch aus der Konsistenz der beiden Schätzungen $\hat{\mu}_1$ und $\tilde{\mu}_2$.

Die hier gemachten Aussagen sind nur qualitativer Natur. Sie sollen die Grenzen der angegebenen Methode aufzeigen. Man könnte für $\mathbf{a}$ eine andere Schätzung als $\mathbf{a} = \bar{y}$ wählen und entsprechende Untersuchungen anstellen.

6. Vorhersage bei Kenntnis einer Zusatzschätzung der Regressionskoeffizienten

Wir spalten zunächst den Vektor der Regressionskoeffizienten $\boldsymbol{\beta}$ in den $K_1 \times 1$-Teilvektor $\boldsymbol{\beta}_1$ und den $K_2 \times 1$-Teilvektor $\boldsymbol{\beta}_2$ mit $K_1 + K_2 = K$ auf. Die zu $\boldsymbol{\beta}_1$ bzw. $\boldsymbol{\beta}_2$ gehörenden Untermatrizen der Regressorenmatrix $\mathbf{X}$ seien $\mathbf{X}_1$ ($T \times K_1$-Matrix) bzw. $\mathbf{X}_2$ ($T \times K_2$-Matrix). Damit hat das Modell (1.1) die Gestalt

$$\mathbf{y} = \mathbf{X}_1\boldsymbol{\beta}_1 + \mathbf{X}_2\boldsymbol{\beta}_2 + \boldsymbol{\varepsilon}\,. \tag{6.1}$$

Durch bereits vorgenommene Untersuchungen sei eine erwartungstreue Schätzung $\mathbf{b}_1^*$ des Teilvektors $\boldsymbol{\beta}_1$ gegeben:

$$\mathbf{b}_1^* = \boldsymbol{\beta}_1 + \mathbf{d}\,. \tag{6.2}$$

Über den zufälligen $K_1 \times 1$-Fehlervektor $\mathbf{d}$ machen wir die Annahmen

$$\mathsf{E}\,\mathbf{d} = \mathbf{o}\,, \quad \mathsf{E}\,\mathbf{d}\,\mathbf{d}' = \mathbf{V}_1^*\,, \quad \mathsf{E}\,\mathbf{d}\,\boldsymbol{\varepsilon}' = 0\,, \quad \mathsf{E}\,\mathbf{d}\,\varepsilon_* = \mathbf{o}\,. \tag{6.3}$$

Wie wir aus dem Abschnitt 2 ersehen, erfolgt bei der Vorhersage von y_* eine Schätzung des unbekannten Koeffizientenvektors $\boldsymbol{\beta}$. Wir werden also nur dann einen Gewinn durch Verwendung der Zusatzschätzung $\mathbf{b}_1^*$ bei der Vorhersage erzielen, wenn diese Schätzung hinreichend besser als die bei der Vorhersage $\hat{p}_1$ (vgl. (2.9)) durchgeführte Schätzung von β_1 ist. In welchem Sinne $\mathbf{b}_1^*$ besser sein muß, werden wir am Schluß dieses Abschnitts sehen. Wir wollen die Zusatzschätzung $\mathbf{b}_1^*$ für die Vorhersage von y_* nutzen, indem wir den bereits geschätzten Anteil $\boldsymbol{\beta}_1$ der Koeffizienten zusammen mit der zugehörigen Regressorenmatrix $\mathbf{X}_1$ aus der Regressionsgleichung (6.1) entfernen (vgl. auch [4]). Dabei geht der zufällige Fehler $\mathbf{d}$ in die reduzierte Regressionsgleichung ein:

$$\mathbf{y}_- = \mathbf{y} - \mathbf{X}_1\,\mathbf{b}_1^* = \mathbf{X}_2\boldsymbol{\beta}_2 + \boldsymbol{\varepsilon} + \mathbf{X}_1(\boldsymbol{\beta}_1 - \mathbf{b}_1^*)\,,$$

$$\mathbf{y}_- = \mathbf{X}_2\boldsymbol{\beta}_2 + \boldsymbol{\varepsilon} - \mathbf{X}_1\,\mathbf{d} = \mathbf{X}_2\boldsymbol{\beta}_2 + \tilde{\boldsymbol{\varepsilon}}\,, \tag{6.4}$$

$$\mathsf{E}\,\tilde{\boldsymbol{\varepsilon}}\,\tilde{\boldsymbol{\varepsilon}}' = \tilde{\mathbf{W}} = \sigma^2\,\mathbf{W} + \mathbf{X}_1\,\mathbf{V}_1^*\,\mathbf{X}_1'\,. \tag{6.5}$$

Die Zahl der Regressoren X_i hat sich gegenüber (6.1) verringert. Dieser Ansatz ist vernünftig, da man (6.2) so deuten kann, daß die Regression von $\mathbf{y}$ nach $\mathbf{X}_1$ bereits durchgeführt wurde. Die (6.4) entsprechende Regressionsgleichung zum Index T^* sei

$$y_{*-} = \mathbf{x}_{2*}'\,\boldsymbol{\beta}_2 + \varepsilon_* - \mathbf{x}_{1*}'\,\mathbf{d} = \mathbf{x}_{2*}'\,\boldsymbol{\beta}_2 + \tilde{\varepsilon}\,, \tag{6.6}$$

wobei $\mathbf{x}_{1*}$ bzw. $\mathbf{x}_{2*}$ die $K_1 \times 1$- bzw. $K_2 \times 1$-Teilvektoren des Regressorenvektors $\mathbf{x}_*$ sind.

Der Vektor der Kovarianzen zwischen $\tilde{\boldsymbol{\varepsilon}}$ und $\tilde{\varepsilon}^*$ wird

$$\mathsf{E}\,\tilde{\boldsymbol{\varepsilon}}\,\tilde{\varepsilon}_*' = \tilde{\mathbf{w}} = \sigma^2\,\mathbf{w} + \mathbf{X}_1\,\mathbf{V}_1^*\,\mathbf{x}_{1*}\,. \tag{6.7}$$

Wir setzen die Vorhersage p_{2p} von y_* an als

$$p_{2p} = \mathbf{x}_{1*}'\,\mathbf{b}_1^* + \mathbf{c}'\,\mathbf{y}_- = \mathbf{x}_{1*}'\,\mathbf{b}_1^* + p_-\,. \tag{6.8}$$

p_- wird dabei nach Kriterium 1 durch Minimierung von $\mathsf{E}\,(p_- - y_{*-})^2$ gewonnen:

$$\hat{p}_- = \mathbf{x}_{2*}'\,\mathbf{b}_2^* + \tilde{\mathbf{w}}'\,\tilde{\mathbf{W}}^{-1}(\mathbf{y}_- - \mathbf{X}_2\,\mathbf{b}_2^*)\,, \tag{6.9}$$

wobei $\mathbf{b}_2^* = (\mathbf{X}_2'\,\tilde{\mathbf{W}}^{-1}\,\mathbf{X}_2)^{-1}\,\mathbf{X}_2'\,\tilde{\mathbf{W}}^{-1}\,\mathbf{y}_-$ die Kleinste-Quadrat-Schätzung von $\boldsymbol{\beta}_2$ im reduzierten Modell (6.4) ist. Die Vorhersage $\hat{p}_{2p}$ von y_* hat dann die Gestalt:

$$\hat{p}_{2p} = \mathbf{x}_{1*}'\,\mathbf{b}_1^* + \mathbf{x}_{2*}'\,\mathbf{b}_2^* + \tilde{\mathbf{w}}'\,\tilde{\mathbf{W}}^{-1}(\mathbf{y}_- - \mathbf{X}_2\,\mathbf{b}_2^*)\,. \tag{6.10}$$

Die (6.10) entsprechende Aufspaltung von $\hat{p}_1$ (vgl. (2.9)) ist

$$\hat{p}_1 = \mathbf{x}_{1*}'\,\mathbf{b}_1 + \mathbf{x}_{2*}'\,\mathbf{b}_2 + \mathbf{w}'\,\mathbf{W}^{-1}(\mathbf{y} - \mathbf{X}_1\,\mathbf{b}_1 - \mathbf{X}_2\,\mathbf{b}_2)\,, \tag{6.11}$$

wobei $\mathbf{b}_1$ bzw. $\mathbf{b}_2$ durch Aufspalten der Kleinsten-Quadrat-Schätzung $\mathbf{b} = (\mathbf{X}'\,\mathbf{W}^{-1}\,\mathbf{X})^{-1}\,\mathbf{X}'\,\mathbf{W}^{-1}\,\mathbf{y}$ in zwei $K_1 \times 1$- bzw. $K_2 \times 1$-Teilvektoren entstehen (vgl. hierzu [4]):

$$\mathbf{b} = \begin{pmatrix}\mathbf{b}_1\\ \mathbf{b}_2\end{pmatrix} = \begin{pmatrix}\mathbf{X}_1'\,\mathbf{W}^{-1}\,\mathbf{X}_1 & \mathbf{X}_1'\,\mathbf{W}^{-1}\,\mathbf{X}_2\\ \mathbf{X}_2'\,\mathbf{W}^{-1}\,\mathbf{X}_1 & \mathbf{X}_2'\,\mathbf{W}^{-1}\,\mathbf{X}_2\end{pmatrix}^{-1}\begin{pmatrix}\mathbf{X}_1'\,\mathbf{W}^{-1}\,\mathbf{y}\\ \mathbf{X}_2'\,\mathbf{W}^{-1}\,\mathbf{y}\end{pmatrix}. \tag{6.12}$$

Die Kovarianzmatrix von $\mathfrak{b}$ ist

$$\mathsf{E}(\mathfrak{b}-\beta)(\mathfrak{b}-\beta)' = \sigma^2 \mathrm{S}^{-1} = \begin{pmatrix} \mathsf{E}(\mathfrak{b}_1-\beta_1)(\mathfrak{b}_1-\beta_1)' & \mathsf{E}(\mathfrak{b}_1-\beta_1)(\mathfrak{b}_2-\beta_2)' \\ \mathsf{E}(\mathfrak{b}_2-\beta_2)(\mathfrak{b}_1-\beta_1)' & \mathsf{E}(\mathfrak{b}_2-\beta_2)(\mathfrak{b}_2-\beta_2)' \end{pmatrix}, \tag{6.13}$$

$$\sigma^2 \mathrm{S}^{-1} = \begin{pmatrix} \mathrm{V}_1 & \mathrm{V}_{12} \\ \mathrm{V}_{21} & \mathrm{V}_2 \end{pmatrix}. \tag{6.14}$$

Wir berechnen nun $\hat{\alpha}_{2p} = \mathsf{E}(\hat{p}_{2p} - y_*)^2$:

$$\hat{\alpha}_{2p} = \sigma_*^2 - \tilde{\mathrm{w}}' \tilde{\mathrm{W}}^{-1} \tilde{\mathrm{w}} + [\mathrm{x}'_* - \tilde{\mathrm{w}}' \tilde{\mathrm{W}}^{-1}(\mathbf{0}, \mathrm{X}_2)] \begin{pmatrix} \mathrm{V}_1^* & \mathbf{0} \\ \mathbf{0} & \mathrm{V}_2^* \end{pmatrix} [\mathrm{x}'_* - \tilde{\mathrm{w}}' \tilde{\mathrm{W}}^{-1}(\mathbf{0}, \mathrm{X}_2)]', \tag{6.15}$$

wobei $\mathrm{V}_2^* = \mathsf{E}(\mathfrak{b}_2^* - \beta_2)(\mathfrak{b}_2^* - \beta_2)'$ ist.

Die Vorhersage $\hat{p}_{2p}$ ist besser als die bekannte Vorhersage $\hat{p}_1$ oder zumindest gleichwertig mit ihr, wenn

$$\alpha = \hat{\alpha}_1 - \hat{\alpha}_{2p} = f(\mathrm{V}_1^*) \geqq 0 \tag{6.16}$$

ist.

Im Fall exakter Kenntnis der im Teilvektor β_1 zusammengefaßten Koeffizienten wird $\mathrm{V}_1^* = \mathbf{0}$ und damit $\tilde{\mathrm{w}} = \sigma^2 \mathrm{w}$, $\tilde{\mathrm{W}} = \sigma^2 \mathrm{W}$ und

$$f(\mathbf{0}) = (\mathrm{x}'_* - \mathrm{w}' \mathrm{W}^{-1} \mathrm{x}) \begin{pmatrix} \mathrm{V}_1 & \mathrm{V}_{12} \\ \mathrm{V}_{21} & \mathrm{V}_2 - \mathrm{V}_2^* \end{pmatrix} (\mathrm{x}^* - \mathrm{X}' \mathrm{W}^{-1} \mathrm{w}). \tag{6.17}$$

Die Matrix dieser quadratischen Form ist als Kovarianzmatrix des Vektors $\begin{pmatrix} \mathfrak{b}_1 - \mathfrak{b}_1^* \\ \mathfrak{b}_2 - \mathfrak{b}_2^* \end{pmatrix}$ positiv semidefinit, so daß

$$f(\mathbf{0}) \geqq 0 \tag{6.18}$$

gilt.

In allen Fällen, bei denen $f(\mathbf{0}) > 0$ ist, gilt aus Stetigkeitsgründen auch in einer gewissen Umgebung von $\mathrm{V}_1^* = \mathbf{0}$ die Ungleichung $f(\mathrm{V}_1^*) > 0$. Man muß nun bei Vorliegen einer Zusatzschätzung $\mathfrak{b}_1^*$ nachprüfen, ob die Eigenschaft (6.16) erfüllt wird. Unmittelbar anzuwenden ist das Ergebnis (6.18): Bei exakter Kenntnis von Koeffizienten ist die Vorhersage $\hat{p}_{2p}$ mindestens ebenso gut wie die Vorhersage $\hat{p}_1$. In der Praxis liegt eine solche Zusatzinformation häufig vor; man weiß etwa, daß im mehrdimensionalen Modell nicht alle Regressoren X_i in jeder Regressionsgleichung auftreten. Man wird dann die zugehörigen Koeffizienten β_i Null setzen.

7. Vorhersage bei Kenntnis linearer Restriktionen der Regressionskoeffizienten

Wir nehmen an, uns sei Zusatzinformation über gewisse Koeffizienten β_i von β in Form von J unabhängigen linearen Bedingungen gegeben:

$$\mathrm{r} = \mathrm{R}\beta + \mathrm{d}. \tag{7.1}$$

Dabei ist

$\mathbf{r}$ ein (bekannter) $J \times 1$-Vektor,
$\mathbf{R}$ eine (bekannte) $J \times K$-Matrix vom Rang $J < K$

und

$\mathbf{d}$ ein zufälliger $J \times 1$-Fehlervektor.

Über $\mathbf{d}$ treffen wir wieder die Annahmen (6.3).
Diese Restriktionen können etwa sein (vgl. [4]):

a) Exakte Kenntnis eines Teilvektors $\boldsymbol{\beta}_1$ von $\boldsymbol{\beta}$, $\boldsymbol{\beta}_1 = \mathbf{b}_1^*$. Mit Hilfe von (7.1) schreiben wir $\mathbf{b}_1^* = (1, \ldots, 1, 0, \ldots, 0)\boldsymbol{\beta}$.

b) Exakte Kenntnis der Verhältnisse gewisser Koeffizienten β_i und β_j, etwa $\beta_1/\beta_2 = c_1$ und $\beta_3/\beta_2 = c_3$. Das drücken wir durch $\mathbf{r} = \mathbf{R}\boldsymbol{\beta}$ mit

$$\mathbf{r} = \begin{pmatrix} 0 \\ 0 \end{pmatrix} \quad \text{und} \quad \mathbf{R} = \begin{pmatrix} 1 & -\mathbf{c}_1 & 0 & 0 \ldots 0 \\ 0 & -\mathbf{c}_3 & 1 & 0 \ldots 0 \end{pmatrix}$$

aus.

c) Exakte Kenntnis des Wertes einer Linearkombination der Koeffizienten β_i, beispielsweise $\beta_1 + \cdots + \beta_K = 1$:

$$\mathbf{r} = (1)\,, \qquad \mathbf{R} = (1, \ldots, 1)\,.$$

Der Fehler $\mathbf{d}$ tritt auf, wenn diese linearen Restriktionen nicht exakt erfüllt sind. $\mathbf{r}$ ist dann als Schätzung aufzufassen (vgl. [9]).

Erste Methode

Wir setzen die Vorhersage p_2 von y_*, die die Zusatzinformation (7.1) nutzt, an als (vgl. [8])

$$p_2 = \mathbf{c}'\,\mathbf{y} + \mathbf{x}_*'\,\mathbf{B}\,\mathbf{r}\,, \tag{7.2}$$

wobei $\mathbf{c}$ ($T \times 1$-Vektor) und $\mathbf{B}$ ($K \times J$-Matrix) gemäß Kriterium 1 durch Minimierung von $\alpha_2 = \mathsf{E}\,(p_2 - y_*)^2$ zu bestimmen sind:

$$\alpha_2 = \sigma^2\,\mathbf{c}'\,\mathbf{W}\,\mathbf{c} + \sigma_*^2 + \mathbf{x}_*'\,\mathbf{B}\,\mathbf{V}_1^*\,\mathbf{B}\,\mathbf{x}_* - 2\,\sigma^2\,\mathbf{c}'\,\mathbf{w}\,. \tag{7.3}$$

Die in Kriterium 1 geforderte Erwartungstreue von p_2 ist folgender Bedingung äquivalent:

$$\mathbf{c}'\,\mathbf{X} + \mathbf{x}_*'\,(\mathbf{B}\,\mathbf{R} - \mathbf{I}) = \mathbf{0}\,. \tag{7.4}$$

Als Lösung dieses Problems erhalten wir (vgl. [6]) die optimale Vorhersage

$$\hat{p}_2 = \mathbf{x}_*'\,\mathbf{b}_2 + \mathbf{w}'\,\mathbf{W}^{-1}\,(\mathbf{y} - \mathbf{X}\,\mathbf{b}_2)\,. \tag{7.5}$$

Dabei ist $\mathbf{b}_2$ die unter der Zusatzinformation (7.1) beste erwartungstreue Schätzung von $\boldsymbol{\beta}$:

$$\begin{aligned} \mathbf{b}_2 &= \mathbf{S}^{-1}\,\mathbf{X}'\,\mathbf{W}^{-1}\,\mathbf{y} + \sigma^2\,\mathbf{S}^{-1}\,\mathbf{R}'\,[\mathbf{V}_1^* + \sigma^2\,\mathbf{R}\,\mathbf{S}^{-1}\,\mathbf{R}']^{-1}\,(\mathbf{r} - \mathbf{R}\,\mathbf{S}^{-1}\,\mathbf{X}'\,\mathbf{W}^{-1}\,\mathbf{y}) \\ &= \mathbf{b} + \sigma^2\,\mathbf{S}^{-1}\,\mathbf{R}'\,[\mathbf{V}_1^* + \sigma^2\,\mathbf{R}\,\mathbf{S}^{-1}\,\mathbf{R}']^{-1}\,(\mathbf{r} - \mathbf{R}\,\mathbf{b})\,. \end{aligned} \tag{7.6}$$

Wir berechnen $\hat{\alpha}_2 = \mathsf{E}\,(\hat{p}_2 - y_*)\,(\hat{p}_2 - y_*)'$:

$$\hat{\alpha}_2 = (\mathbf{x}_*' - \mathbf{w}'\,\mathbf{W}^{-1}\,\mathbf{X})\,\mathbf{V}_2(\mathbf{x}_* - \mathbf{X}'\,\mathbf{W}^{-1}\,\mathbf{w}) - \sigma^2\,\mathbf{w}'\,\mathbf{W}^{-1}\,\mathbf{w} + \sigma_*^2 \tag{7.7}$$

mit $\mathbf{V}_2 = \mathsf{E}\,(\mathbf{b}_2 - \beta)\,(\mathbf{b}_2 - \beta)'$. Es ist

$$\mathbf{V}_2 = \sigma^2\,\mathbf{S}^{-1} - \sigma^4\,\mathbf{S}^{-1}\,\mathbf{R}'\,(\mathbf{V}_1^* + \sigma^2\,\mathbf{R}\,\mathbf{S}^{-1}\,\mathbf{R}')^{-1}\,\mathbf{R}\,\mathbf{S}^{-1}\,. \tag{7.8}$$

Der Vergleich von $\hat{p}_2$ mit $\hat{p}_1$ (vgl. (2.9)) liefert

$$\alpha = \hat{\alpha}_1 - \hat{\alpha}_2 = (\mathbf{x}_*' - \mathbf{w}'\,\mathbf{W}^{-1}\,\mathbf{X})\,(\sigma^2\,\mathbf{S}^{-1} - \mathbf{V}_2)\,(\mathbf{x}_* - \mathbf{X}'\,\mathbf{W}^{-1}\,\mathbf{w}) \geqq 0\,, \tag{7.9}$$

da die Matrix dieser quadratischen Form

$$\sigma^2\,\mathbf{S}^{-1} - \mathbf{V}_2 = \sigma^4\,\mathbf{S}^{-1}\,\mathbf{R}'\,(\mathbf{V}_1^* + \sigma^2\,\mathbf{R}\,\mathbf{S}^{-1}\,\mathbf{R}')^{-1}\,\mathbf{R}\,\mathbf{S}^{-1} \tag{7.10}$$

positiv semidefinit ist. Die Vorhersage $\hat{p}_2$ ist also mindestens ebenso gut wie die bekannte Vorhersage $\hat{p}_1$. Liegen keine Restriktionen an $\boldsymbol{\beta}$ vor, so erfüllt $\boldsymbol{\beta}$ trivialerweise die „Restriktion“ $\mathbf{r} = \mathbf{R}\boldsymbol{\beta}$ mit $\mathbf{r} = (0)$ und $\mathbf{R} = (0, \ldots, 0)$. In $\mathbf{b}_2$ eingesetzt folgt $\mathbf{b}_2 = \mathbf{b}$ und damit $\hat{p}_2 = \hat{p}_1$.

Wir wollen nun die Vorhersagen $\hat{p}_{2p}$ (vgl. (6.10)) und $\hat{p}_2$ (vgl. (7.5)) vergleichen.

Wählt man speziell $\mathbf{r} = \mathbf{b}_1^*$ und $\mathbf{R} = (\mathbf{I}, \mathbf{0})$, wobei $\mathbf{I}$ die $\mathbf{K}_1 \times \mathbf{K}_1$-Einheitsmatrix und $\mathbf{0}$ die $K_1 \times K_2$ Nullmatrix ist, dann läßt sich (6.2) in der Gestalt (7.1) schreiben. Unter Verwendung von (6.15), (7.7) und bei Beachtung der speziellen Form von $\mathbf{r}$ und $\mathbf{R}$ bilden wir

$$\alpha = \hat{\alpha}_2 - \hat{\alpha}_{2p} = g(\mathbf{V}_1^*)\,. \tag{7.11}$$

Liegt exakte Kenntnis von β_1 vor, dann gilt

$$g(\mathbf{0}) = (\mathbf{x}_*' - \mathbf{w}'\,\mathbf{W}^{-1}\,\mathbf{X})\left(\mathbf{V}_2 - \begin{pmatrix}\mathbf{0} & \mathbf{0}\\ \mathbf{0} & \mathbf{V}_2^*\end{pmatrix}\right)(\mathbf{x}_* - \mathbf{X}'\,\mathbf{W}^{-1}\,\mathbf{w}) \geqq 0\,, \tag{7.12}$$

da die Matrix dieser quadratischen Form die (nichtnegativ definite) Kovarianzmatrix des Vektors $\left(\mathbf{b}_2 - \begin{pmatrix}\mathbf{b}_1\\ \mathbf{b}_2\end{pmatrix}\right)$ ist. In den Fällen mit $g(\mathbf{0}) > 0$ gilt aus Stetigkeitsgründen auch in einer gewissen Umgebung von $\mathbf{V}_1^* = \mathbf{0}$ die Ungleichung $g(\mathbf{V}_1^*) > 0$.

Bei exakter Kenntnis von Koeffizienten ist wegen (7.12) die Vorhersage $\hat{p}_{2p}$ also mindestens ebenso gut wie die Vorhersage $\hat{p}_2$.

Zweite Methode

Wir nehmen die Zusatzinformation (7.1) mit in das Modell (1.1) hinein (vgl. [9]):

$$\begin{pmatrix}\mathbf{y}\\ \mathbf{r}\end{pmatrix} = \begin{pmatrix}\mathbf{X}\\ \mathbf{R}\end{pmatrix}\beta + \begin{pmatrix}\varepsilon\\ \mathbf{d}\end{pmatrix} \tag{7.13}$$

oder, anders geschrieben,

$$\tilde{\mathbf{y}} = \tilde{\mathbf{X}}\boldsymbol{\beta} + \varepsilon\,. \tag{7.14}$$

Dabei ist

$\tilde{\mathbf{y}}$ ein $(T+J) \times 1$-Vektor,

$\tilde{\mathbf{X}}$ eine $(T+J) \times K$-Matrix

und

$\tilde{\varepsilon}$ ein $(T+J) \times 1$-Vektor aus zufälligen Fehlern.

Die in (6.3) gemachte Annahme über die Unkorreliertheit des Fehlervektors $\mathbf{d}$ mit den zufälligen Fehlern ε und ε_* führt dazu, daß es sich bei (7.13) um ein neues Modell und nicht nur um eine bloße Erweiterung der Dimension des Modells (1.1) handelt. (Sonst könnte man mit der Vorhersage (2.9) arbeiten, wobei lediglich die Dimension T durch die größere Dimension $T + J$ zu ersetzen wäre.)

Für den Vorhersagezeitpunkt T^* nehmen wir den Zusammenhang

$$\begin{pmatrix} \mathbf{y}_* \\ \mathbf{r} \end{pmatrix} = \begin{pmatrix} \mathbf{x}'_* \\ \mathbf{R} \end{pmatrix} \beta + \begin{pmatrix} \varepsilon_* \\ \mathbf{d} \end{pmatrix} \tag{7.15}$$

oder, anders geschrieben,

$$\tilde{\mathbf{y}}_* = \tilde{\mathbf{x}}'_* \beta + \tilde{\varepsilon}_* \tag{7.16}$$

an. Dabei ist

$\tilde{\mathbf{y}}_*$ ein $(1+J)\times 1$-Vektor,

$\tilde{\mathbf{x}}_*$ eine $K\times(1+J)$-Matrix

und

$\tilde{\varepsilon}$ ein zufälliger $(1+J)\times 1$-Fehlervektor.

Die Erwartungswerte bzw. Kovarianzmatrizen der Fehler $\tilde{\varepsilon}$, $\tilde{\varepsilon}^*$ sind dann:

$$\left.\begin{aligned} \mathsf{E}\,\tilde{\varepsilon}\,\tilde{\varepsilon}' &= \Phi = \begin{pmatrix} \sigma^2 \mathbf{W} & \mathbf{0} \\ \mathbf{0} & \mathbf{V}_1^* \end{pmatrix}, \\ \mathsf{E}\,\tilde{\varepsilon}_*\,\tilde{\varepsilon}'_* &= \Psi = \begin{pmatrix} \sigma_*^2 & \mathbf{0} \\ \mathbf{0} & \mathbf{V}_1^* \end{pmatrix}, \\ \mathsf{E}\,\tilde{\varepsilon}\,\tilde{\varepsilon}'_* &= \varphi = \begin{pmatrix} \sigma^2 \mathbf{w} & \mathbf{0} \\ \mathbf{0} & \mathbf{V}_1^* \end{pmatrix}. \end{aligned}\right\} \tag{7.17}$$

Die Vorhersage wird angesetzt als

$$\hat{p} = \begin{pmatrix} \hat{p}_3 \\ \mathbf{r} \end{pmatrix} = \mathbf{C}'\,\tilde{\mathbf{y}}\,, \tag{7.18}$$

wobei $\mathbf{C}$ ($T+J\times 1+J$-Matrix) gemäß Kriterium 1 durch Minimierung von $\mathsf{E}\,(\hat{\mathbf{p}} - \tilde{\mathbf{y}}_*)'\,(\hat{\mathbf{p}} - \tilde{\mathbf{y}}_*)$ zu bestimmen ist. Die Forderung der Erwartungstreue ist folgender Forderung äquivalent: $\mathbf{C}'\,\tilde{\mathbf{X}} - \tilde{\mathbf{x}}'_* = 0$. Es folgt (vgl. [6])

$$\hat{p}_3 = \mathbf{x}'_*\,\mathbf{b}_3 + \mathbf{w}'\,\mathbf{W}^{-1}\,(\mathbf{y} - \mathbf{X}\,\mathbf{b}_3) \tag{7.19}$$

mit

$$\mathbf{b}_3 = (\sigma^{-2}\,\mathbf{S} + \mathbf{R}'\,\mathbf{V}_1^{*-1}\,\mathbf{R})^{-1}\,(\sigma^{-2}\,\mathbf{X}'\,\mathbf{W}^{-1}\,\mathbf{y} + \mathbf{R}'\,\mathbf{V}_1^{*-1}\,\mathbf{r})\,. \tag{7.20}$$

$\mathbf{b}_3$ ist die verallgemeinerte Kleinste-Quadrat-Schätzung von β im Modell (7.13). Damit $\mathbf{b}_3$ existiert, müssen wir zusätzlich die Regularität von $\mathbf{V}_1^*$ annehmen. Die Kovarianzmatrix von $\mathbf{b}_3$ ist

$$\mathbf{V}_3 = (\sigma^{-2}\,\mathbf{S} + \mathbf{R}'\,\mathbf{V}_1^{*-1}\,\mathbf{R})^{-1}\,. \tag{7.21}$$

Damit wird

$$\begin{aligned} \hat{\alpha}_3 &= \mathsf{E}\,(\hat{p}_3 - y_*)\,(\hat{p}_3 - y_*)' \\ &= (\mathbf{x}'_* - \mathbf{w}'\,\mathbf{W}^{-1}\,\mathbf{X})\,\mathbf{V}_3\,(\mathbf{x}_* - \mathbf{X}'\,\mathbf{W}^{-1}\,\mathbf{w}) + \sigma_2^* - \sigma^2\,\mathbf{w}'\,\mathbf{W}^{-1}\,\mathbf{w}\,. \end{aligned} \tag{7.22}$$

Der Vergleich von $\hat{p}_3$ mit der Vorhersage $\hat{p}_1$ (vgl. (1.9)), die ohne Berücksichtigung der Zusatzinformation (7.1) abgeleitet wurde, liefert

$$\alpha = \hat{\alpha}_1 - \hat{\alpha}_3 = (\mathbf{x}'_* - \mathbf{w}' \mathbf{W}^{-1} \mathbf{X}) (\sigma^2 \mathbf{S}^{-1} - \mathbf{V}_3) (\mathbf{x}_* - \mathbf{X}' \mathbf{W}^{-1} \mathbf{w}) \geqq 0 , \quad (7.23)$$

da die Matrix dieser quadratischen Form wegen

$$\mathbf{V}_3^{-1} = (\sigma^2 \mathbf{S}^{-1})^{-1} + \mathbf{R}' \mathbf{V}_1^{*-1} \mathbf{R} \quad (7.24)$$

nichtnegativ definit ist (vgl. einen bekannten Satz über definite Matrizen unter Beachtung: $\mathbf{R}' \mathbf{V}_1^{*-1} \mathbf{R}$ nichtnegativ definit). Damit ist die Vorhersage p_3 mindestens ebenso gut wie die bekannte Vorhersage $\hat{p}_1$.

Von Interesse ist auch der Vergleich der beiden in diesem Abschnitt angegebenen Vorhersagen $\hat{p}_2$ (vgl. (7.5)) und $\hat{p}_3$ (vgl. (7.19)). Es gilt

$$\alpha = \hat{\alpha}_2 - \hat{\alpha}_3 = (\mathbf{x}'_* - \mathbf{w}' \mathbf{W}^{-1} \mathbf{X}) (\mathbf{V}_2 - \mathbf{V}_3) (\mathbf{x}_* - \mathbf{X}' \mathbf{W}^{-1} \mathbf{w}) \geqq 0 , \quad (7.25)$$

da — wie man leicht zeigen kann — die Matrix dieser quadratischen Form die (nichtnegativ definite) Kovarianzmatrix des Vektors $\mathbf{b}_2 - \mathbf{b}_3$ ist:

$$\mathsf{E}\, (\mathbf{b}_2 - \mathbf{b}_3) (\mathbf{b}_2 - \mathbf{b}_3)' = \mathbf{V}_2 - \mathbf{V}_3 . \quad (7.26)$$

Also ist die nach der zweiten Methode abgeleitete Vorhersage $\hat{p}_3$ mindestens ebenso gut wie die Vorhersage $\hat{p}_2$, die nach der ersten Methode gewonnen wurde.

Beschränkt man sich auf den Vergleich der beiden Schätzungen $\mathbf{b}_3$ (vgl. (7.20)) mit $\mathbf{r} = \mathbf{b}_1^*$ und $\mathbf{R} = (\mathbf{I}, \mathbf{0})$ und $\mathbf{b}^* = \begin{pmatrix} \mathbf{b}_1^* \\ \mathbf{b}_2^* \end{pmatrix}$ ($\mathbf{b}_2^*$ aus (6.9)), dann hat man die Differenz der beiden Kovarianzmatrizen zu betrachten. Es ist (mit $\tilde{\mathbf{S}}_2 = \mathbf{X}_2' \tilde{\mathbf{W}}^{-1} \mathbf{X}_2$)

$$\mathsf{E}\, (\mathbf{b}^* - \boldsymbol{\beta}) (\mathbf{b}^* - \boldsymbol{\beta})' = \mathbf{V}^* = \begin{pmatrix} \mathbf{V}_1^* & - \mathbf{V}_1^* \mathbf{X}_1' \tilde{\mathbf{W}}^{-1} \mathbf{X}_2 \tilde{\mathbf{S}}_2^{-1} \\ - \tilde{\mathbf{S}}^{-1} \mathbf{X}_2' \tilde{\mathbf{W}}^{-1} \mathbf{X}_1 \mathbf{V}_1^* & \tilde{\mathbf{S}}_2^{-1} \end{pmatrix} . \quad (7.27)$$

Wir berechnen die Erwartung

$$\mathsf{E}\, (\mathbf{b}^* - \mathbf{b}_3) (\mathbf{b}^* - \mathbf{b}_3)' = \mathbf{V}^* - \mathbf{V}_3 . \quad (7.28)$$

Die Matrix $\mathbf{V}^* - \mathbf{V}_3$ ist als Kovarianzmatrix des Vektors $\mathbf{b}^* - \mathbf{b}_3$ nichtnegativ definit, so daß im Sinne der Bemerkungen im Abschnitt 3 die Schätzung $\mathbf{b}_3$ eine mindestens ebenso gute Schätzung von $\boldsymbol{\beta}$ wie $\mathbf{b}^*$ ist.

Damit können wir folgende vergleichende Übersicht über die Vorhersagen bzw. Schätzungen aus den Abschnitten 6 und 7 geben:

Liegt die Zusatzinformation (7.1) vor, so ist $\hat{p}_3$ mindestens ebenso gut wie $\hat{p}_2$, wobei $\hat{p}_2$ mindestens ebenso gut wie $\hat{p}_1$ war. Es gilt also

$$\hat{\alpha}_3 \leqq \hat{\alpha}_2 \leqq \hat{\alpha}_1 . \quad (7.29)$$

Ist $\mathbf{V}_1^*$ eine singuläre Matrix, so wird man mit $\hat{p}_2$ arbeiten. Die obige Aussage gilt auch für die Schätzungen: $\mathbf{b}_3$ ist mindestens ebenso gut wie $\mathbf{b}_2$, $\mathbf{b}_2$ ist mindestens ebenso gut wie $\mathbf{b}$.

Wenn $\mathbf{r} = \mathbf{b}_1^*$ und $\mathbf{R} = (\mathbf{I}, \mathbf{0})$ gewählt werden, so kann die Zusatzinformation (6.2) durch die Vorhersagen $\hat{p}_{2p}$, $\hat{p}_2$ und $\hat{p}_3$ bzw. durch die Schätzungen $\mathbf{b}^*$, $\mathbf{b}_2$ und $\mathbf{b}_3$ genutzt werden. Dabei gilt

$$\hat{\alpha}_{2p} \leqq \hat{\alpha}_2 \leqq \hat{\alpha}_1 \quad (7.30)$$

für $\mathbf{V}_1^* = \mathbf{0}$ und in einer gewissen Umgebung von $\mathbf{V}_1^* = \mathbf{0}$ und

$$\mathbf{V}^* - \mathbf{V}_3 \quad \text{nichtnegativ definit für } \mathbf{V}_1^* \text{ regulär.} \tag{7.31}$$

Damit ist $\hat{p}_{2p}$ mindestens ebenso gut wie $\hat{p}_2$ und $\hat{p}_1$ bei $\mathbf{V}_1^* = \mathbf{0}$ (und in einer gewissen Umgebung davon) und $\mathbf{b}_3$ mindestens ebenso gut wie $\mathbf{b}^*$.

Zusammenfassung

Die bekannten Methoden der Vorhersage fordern als Nebenbedingung die Erwartungstreue der Vorhersage. Verzichtet man auf diese Forderung, so erhält man eine Vorhersage, in der unbekannte Parameter auftreten. In bestimmten Fällen kann eine Verbesserung gegenüber der bekannten erwartungstreuen Vorhersage erreicht werden. Die Verbesserung hängt von der Art der Zusatzinformation über diese Parameter und von den Parametern selbst ab (Abschnitte 1 bis 5). Behält man die Bedingung der Erwartungstreue der Vorhersage bei, so kann man durch Nutzung einer Zusatzschätzung (Abschnitt 6) oder durch Beachtung linearer Restriktionen (Abschnitt 7) in gewissen Fällen eine Verbesserung gegenüber der bekannten erwartungstreuen Vorhersage erzielen.

Literatur

[1] TINTNER, G.: Handbuch der Ökonometrie. Berlin 1960.
[2] WEBER, E.: Grundriß der biologischen Statistik. 5. Aufl., Jena 1964.
[3] SMIRNOW, N. W., und I. W. DUNIN-BARKOWSKI: Mathematische Statistik in der Technik. Berlin 1963 (Übersetzung aus dem Russischen).
[4] GOLDBERGER, A. S.: Econometric theory. New York 1964.
[5] GOLDBERGER, A. S.: Best linear unbiased prediction in the generalized linear regression model. J. Amer. Statist. Assoc. 57, 369–375 (1962).
[6] KÜNZI, H. P., und W. KRELLE: Nichtlineare Programmierung. Berlin–Göttingen–Heidelberg 1962.
[7] WEBSTER, T. J.: On the use of biased estimators in linear regression. J. Indian Statist. Assoc., Bombay, 3, 82–90 (1965).
[8] THEIL, H.: Econometric forecasts and policy. Amsterdam 1961.
[9] THEIL, H.: On the use of incomplete prior information in regression analysis. J. Amer. Statist. Assoc. 58, 401–414 (1963).

Die Abhängigkeit der Gütefunktion des F-Testes von den Freiheitsgraden

Von KLAUDIA LIEBSCHER[2])

Hängen die Freiheitsgrade und der Nichtzentralitätsparameter beim F-Test von Parametern des jeweiligen Versuchsplanes ab, dann ist es erforderlich, einfache Näherungsausdrücke für die Gütefunktion aufzustellen, um eine optimale Wahl dieser Parameter treffen zu können. Es werden verschiedene Arten von Näherungen angegeben und verglichen. Die Ergebnisse werden auf die Prüfung von Regressionshypothesen mit unvollständiger Information über die Regressoren und auf das Problem des „Pooling" angewendet.

§ 1. Einleitung

Der F-Test ist einer der wichtigsten Tests der mathematischen Statistik. Er spielt eine grundlegende Rolle in allen Problemen der Varianzanalyse, da er immer dann auftritt, wenn als Kriterium einer Entscheidung der Vergleich zweier Streuungen von normalverteilten Größen herangezogen wird.

Sind die Größen y_i $(i = 1, \dots, n)$ unabhängig und normalverteilt mit Erwartungswert a_i und Streuung 1, dann ist die Größe $S = \sum_{i=1}^{n} y_i^2$ nichtzentral χ^2-verteilt mit n Freiheitsgraden und dem Nichtzentralitätsparameter $\delta^2 = \sum_{i=1}^{n} a_i^2$. Die F-Statistik ist nun ein Quotient aus zwei unabhängigen, jeweils noch durch ihre Freiheitsgrade dividierten χ^2-verteilten Größen:

$$F_{m,n;\delta^2,\varepsilon^2} = \frac{\frac{1}{m}\chi^2_{m,\delta^2}}{\frac{1}{n}\chi^2_{n,\varepsilon^2}}, \qquad F_{m,n;\delta^2} = \frac{\frac{1}{m}\chi^2_{m,\delta^2}}{\frac{1}{n}\chi^2_{n}}. \tag{1}$$

Sie hängt von den Freiheitsgraden m und n des Zählers und des Nenners sowie von den Nichtzentralitätsparametern δ^2 und ε^2 ab. Verteilungen mit $\delta^2 = \varepsilon^2 = 0$ heißen zentral.

---

[1]) Dieser Arbeit liegt eine Diplomarbeit zugrunde, die unter Leitung von Prof. O. BUNKE 1966 an der Humboldt-Universität zu Berlin angefertigt wurde.

[2]) Zentrales Geologisches Institut der VVB Geologische Forschung und Erkundung, 104 Berlin, Invalidenstr. 44.

Beim F-Test wird die Nullhypothese $H_0: \delta^2 = 0$ gegen die Alternativhypothese $\bar{H}: \delta^2 \neq 0$ getestet. ε^2 wird meist implizit durch die Konstruktion des Modells als Null vorausgesetzt. Der kritische Bereich ist im allgemeinen $F > F_\alpha$, wobei $F_\alpha = F_{\alpha;\, m,\, n}$ durch das Signifikanzniveau bestimmt wird.

Die Gütefunktion β, die die Eigenschaften eines Tests beschreibt, ist im Fall des F-Tests eine Reihe mit unvollständigen Beta-Funktionen. Wenn man die Gütefunktion nicht nur numerisch über Tabellen auswerten möchte, muß man deshalb auf Näherungsformeln für β zurückgreifen. Hängen die Freiheitsgrade und der Nichtzentralitätsparameter von Parametern des jeweiligen Versuchsplanes ab, dann ist es erforderlich, einfache Näherungsausdrücke für die Gütefunktion aufzustellen, um eine optimale Wahl der Parameter treffen zu können. Dieses Ziel soll in unserer Arbeit angestrebt werden, wobei verschiedene Arten von Näherungen angegeben und verglichen werden. Die Ergebnisse werden auf die Prüfung von Regressionshypothesen mit unvollständiger Information über die Regressoren und auf das Problem des „Pooling" angewendet.

§ 2. Die χ^2-Verteilung

Die Verteilungsdichte der nichtzentralen χ^2-Verteilung lautet

$$f_{m,\,\delta^2}(x) = \sum_{k=0}^{\infty} \frac{\left(\frac{\delta^2}{2}\right)^k}{k!} e^{-\delta^2/2} f_{m+2k}(x)\,, \tag{2}$$

wobei mit $f_m(x)$ die Dichte einer zentral χ^2-verteilten Größe mit m Freiheitsgraden $\chi^2_m = \chi^2_{m,\,0}$ bezeichnet wird:

$$f_m(x) = \frac{1}{x} \frac{\left(\frac{x}{2}\right)^{m/2}}{\Gamma\left(\frac{m}{2}\right)} e^{-x/2}\,. \tag{3}$$

Die Momente der nichtzentralen Verteilung lauten

$$\mathsf{E}(\chi^2_{m,\,\delta^2})^r = \sum_{k=0}^{\infty} \frac{\left(\frac{\delta^2}{2}\right)^k}{k!} e^{-\delta^2/2}\, 2^r \frac{\Gamma\left(\frac{m}{2} + k + r\right)}{\Gamma\left(\frac{m}{2} + k\right)}\,, \tag{4}$$

und daher erhält man für Mittelwert und Streuung

$$\mathsf{E}\, \chi^2_{m,\,\delta^2} = m + \delta^2\,, \qquad \mathsf{D}^2\, \chi^2_{m,\,\delta^2} = 2\,(m + 2\,\delta^2)\,. \tag{5}$$

Die charakteristische Funktion ergibt sich zu

$$\varphi_{\chi^2_{m,\,\delta^2}} = \mathsf{E}\, e^{it\chi^2_{m,\,\delta^2}} = \frac{\exp \dfrac{i\,t\,\delta^2}{1 - 2\,i\,t}}{(1 - 2\,i\,t)^{m/2}}\,. \tag{6}$$

Führt man hier die normierte Größe $\xi = \dfrac{\chi^2_{m,\,\delta^2} - \mathsf{E}\, \chi^2_{m,\,\delta^2}}{\sqrt{\mathsf{D}^2\, \chi^2_{m,\,\delta^2}}}$ ein, so findet man für deren charakteristische Funktion

$$\varphi_\xi(t) = \mathsf{E}\, e^{it\xi} = e^{-it \frac{\mathsf{E}\,\chi^2_{m,\,\delta^2}}{\sqrt{\mathsf{D}^2\,\chi^2_{m,\,\delta^2}}}}\, \varphi_{\chi^2_{m,\,\delta^2}}\left(\frac{t}{\sqrt{\mathsf{D}^2\, \chi^2_{m,\,\delta^2}}}\right).$$

Man kann die asymptotischen Eigenschaften der χ^2-Verteilung sofort ablesen, wenn man diesen Ausdruck noch logarithmiert:

$$\begin{aligned}\ln \varphi_\xi &= -\,i\,t\frac{m+\delta^2}{\sqrt{2\,m+4\,\delta^2}} + \frac{i\,t\,\delta^2}{\sqrt{2\,m+4\,\delta^2}}\,\frac{1}{1-\dfrac{2\,i\,t}{\sqrt{2\,m+4\,\delta^2}}} - \frac{m}{2}\ln\left(1-\frac{2\,i\,t}{\sqrt{2\,m+4\,\delta^2}}\right)\\ &= -\,i\,t\frac{m+\delta^2}{\sqrt{2\,m+4\,\delta^2}} + \frac{i\,t\,\delta^2}{\sqrt{2\,m+4\,\delta^2}}\left(1+\frac{2\,i\,t}{\sqrt{2\,m+4\,\delta^2}} + O\left((2\,m+4\,\delta^2)^{-1}\right)\right)\\ &\quad + \frac{m}{2}\left(\frac{2\,i\,t}{\sqrt{2\,m+4\,\delta^2}} + \frac{1}{2}\,\frac{(2\,i\,t)^2}{2\,m+4\,\delta^2} + O\left((2\,m+4\,\delta^2)^{-3/2}\right)\right)\\ &= -\frac{t^2}{2} + O\left((2\,m+4\,\delta^2)^{-1/2}\right). \qquad (7)\end{aligned}$$

Für große m oder für große Nichtzentralitätsparameter konvergiert also die normierte χ^2-Verteilung gegen eine Normalverteilung im Sinne der LÉVYschen Konvergenz. Wir schreiben

$$\chi^2_{m,\,\delta^2} \sim N\,(m+\delta^2,\,2\,m+4\,\delta^2)\,. \qquad (8)$$

Auf diesem asymptotischen Verhalten der χ^2-Verteilung beruht die in § 4 diskutierte Möglichkeit der Näherung der Gütefunktion durch das Fehlerintegral.

Eine Standardnäherung der nichtzentralen χ^2-Verteilung durch eine zentrale Verteilung erhält man durch den Ansatz

$$\chi^2_{m,\,\delta^2} \sim \varrho\,\chi^2_{\overline{m}} \qquad (9)$$

und die Bedingung, daß Mittelwert und Streuung auf beiden Seiten gleich sind [6]. Es ergibt sich

$$\varrho = \frac{m+2\,\delta^2}{m+\delta^2}\,,\qquad \overline{m} = \frac{(m+\delta^2)^2}{m+2\,\delta^2} = m + \frac{\delta^4}{m+2\,\delta^2}\,. \qquad (10)$$

Man kann sich überzeugen, daß die charakteristischen Funktionen beider Seiten von (9) bis auf $O(\delta^4)$ für kleine Nichtzentralitätsparameter übereinstimmen. Da sich aber beide Verteilungen für große Nichtzentralitätsparameter der gleichen Normalverteilung asymptotisch nähern, sind sie auch für große Nichtzentralitätsparameter einander ähnlich:

$$\chi^2_{m,\,\delta^2} \sim \varrho\,\chi^2_{\overline{m}} \sim N\left(m+\delta^2,\,2\,(m+2\,\delta^2)\right).$$

§ 3. Die Gütefunktion

Für die Dichte einer doppelt nichtzentral F-verteilten Größe findet man (vgl. (1), (2))

$$f_{m,\,n;\,\delta^2,\,\varepsilon^2}(x) = \frac{1}{x}\sum_{k=0}^{\infty}\sum_{l=0}^{\infty}\frac{\left(\frac{\delta^2}{2}\right)^k}{k!}\,e^{-\delta^2/2}\,\frac{\left(\frac{\varepsilon^2}{2}\right)^l}{l!}\,e^{-\varepsilon^2/2}\,\frac{1}{B\left(\frac{m}{2}+k,\,\frac{n}{2}+l\right)}\,\frac{\left(\frac{m\,x}{n}\right)^{\frac{m}{2}+k}}{\left(1+\frac{m\,x}{n}\right)^{\frac{m+n}{2}+k+l}}\,. \qquad (11)$$

Die Momente dieser Verteilung lauten

$$\mathsf{E}\,F^r = \left(\frac{n}{m}\right)^r \sum_{k=0}^{\infty} \frac{\left(\frac{\delta^2}{2}\right)^k}{k!} e^{-\delta^2/2} \frac{\Gamma\left(\frac{m}{2}+k+r\right)}{\Gamma\left(\frac{m}{2}+k\right)} \sum_{l=0}^{\infty} \frac{\left(\frac{\varepsilon^2}{2}\right)^l}{l!} e^{\varepsilon^2/2} \frac{\Gamma\left(\frac{n}{2}+l-r\right)}{\Gamma\left(\frac{n}{2}+l\right)}. \tag{12}$$

Es existieren nur Momente für $r < n/2$. Für $\varepsilon^2 = 0$ erhält man Ausdrücke analog (4):

$$\left.\begin{aligned} \mathsf{E}\,F^r &= \frac{\Gamma\left(\frac{n}{2}-r\right)}{\Gamma\left(\frac{n}{2}\right)} \left(\frac{n}{2\,m}\right)^r \mathsf{E}(\chi^2_{m,\,\delta^2})^r\,, \\ \mathsf{E}\,F &= \frac{1}{1-\frac{2}{n}}\left(1+\frac{\delta^2}{m}\right), \\ \mathsf{D}^2 F &= \frac{2}{m}\,\frac{1+2\,\frac{\delta^2}{m}}{\left(1-\frac{2}{n}\right)\left(1-\frac{4}{n}\right)} + \frac{4}{n-2}\,\frac{\left(1+\frac{\delta^2}{m}\right)^2}{\left(1-\frac{2}{n}\right)\left(1-\frac{4}{n}\right)}\,. \end{aligned}\right\} \tag{13}$$

Die Gütefunktion des F-Tests bei Voraussetzung von $\varepsilon^2 = 0$ ist nun das Integral über die Funktion (11) von F_α bis ∞. Hierbei wird F_α durch das Signifikanzniveau bestimmt:

$$\left.\begin{aligned} \beta_{m,\,n}(\delta^2) &= \int_{F_\alpha}^{\infty} f_{m,\,n;\,\delta^2}(x)\,dx\,, \qquad & f_{m,\,n;\,\delta^2} &= f_{m,\,n;\,\delta^2,\,0}\,, \\ \alpha &= \int_{F_\alpha}^{\infty} f_{m,\,n}(x)\,dx\,, \qquad & f_{m,\,n} &= f_{m,\,n;\,0,\,0}\,. \end{aligned}\right\} \tag{14}$$

Nun sollen zunächst allgemeine Eigenschaften der Gütefunktion betrachtet werden. Die Gütefunktion ist monoton wachsend mit dem Nichtzentralitätsparameter [3]. Wegen (8) gilt

$$\frac{1}{n}\,\chi^2_{n,\,\delta^2} \sim 1\,.$$

Wie man an der charakteristischen Funktion sehen kann, liegt sogar eine Konvergenz im LÉVYschen Sinne für $n \to \infty$ vor. Damit konvergiert die Verteilungsfunktion von $F_{m,\,n;\,\delta^2}$ für $n \to \infty$ gegen die Verteilungsfunktion von $\frac{1}{m}\,\chi^2_{m,\,\delta^2}$. Damit gilt für das Signifikanzniveau

$$\alpha = \mathsf{P}\,\{\chi^2_{m,\,0} > \chi^2_{\alpha;\,m}\} = \lim_{n\to\infty} \mathsf{P}\left\{F_{m,\,n;\,0,\,0} > \frac{1}{m}\,\chi^2_{\alpha;\,m}\right\}.$$

Die Gütefunktion konvergiert gegen die des χ^2-Tests:

$$\lim_{n\to\infty} \beta_{m,\,n}(\delta^2) = \mathsf{P}\,\{\chi^2_{m,\,\delta^2} > \chi^2_{\alpha,\,m}\}\,.$$

Der Ausdruck (14) läßt sich auf verschiedene Weise durch partielle Integration oder durch Reihenentwicklung darstellen. Über die Formel

$$\frac{d}{dx}\,\frac{x^{a+1}}{(1+x)^b} = (a+1)\,\frac{x^a}{(1+x)^b} - b\,\frac{x^{a+1}}{(1+x)^{b+1}} \tag{15}$$

kann man sowohl in aufsteigende als auch in absteigende Potenzen von $\frac{m\,x}{n}\left(1+\frac{m\,x}{n}\right)^{-1}$ partiell integrieren. Die Entwicklung in absteigende Potenzen bricht ab für n gerade; für ungerade n konvergiert sie nicht überall. Für $n = 2$ erhalten wir eine besonders einfache Gütefunktion:

$$\beta = \int\limits_{F_\alpha}^{\infty} \sum_{k=0}^{\infty} \frac{\left(\frac{\delta^2}{2}\right)^k}{k!} e^{-\delta^2/2} \frac{\Gamma\left(\frac{m}{2}+k+1\right)}{\Gamma\left(\frac{m}{2}\right)} \frac{\left(\frac{m\,x}{2}\right)^{\frac{m}{2}+k}}{\left(1+\frac{m\,x}{2}\right)^{\frac{m}{2}+k+1}} \frac{dx}{x}.$$

Dieser Ausdruck wird durch die Substitution $\eta = \frac{m\,x}{n}\left(1+\frac{m\,x}{n}\right)^{-1}$ umgeformt:

$$\beta = \int\limits_{\xi}^{1} \sum_{k=0}^{\infty} \frac{\left(\frac{\delta^2}{2}\right)^k}{k!} e^{-\delta^2/2} \left(\frac{m}{2}+k\right) \eta^{\frac{m}{2}+k-1}\, d\eta$$

$$= \sum_{k=0}^{\infty} \frac{\left(\frac{\delta^2}{2}\right)^k}{k!} e^{-\delta^2/2} \left(1-\xi^{\frac{m}{2}+k}\right), \qquad \xi = \frac{\frac{m\,F_\alpha}{n}}{1+\frac{m\,F_\alpha}{n}}.$$

Damit ergibt sich

$$\beta = 1 - \xi^{m/2} \exp\left(\frac{\delta^2}{2}(\xi - 1)\right). \tag{16}$$

Hierbei wird ξ durch das Signifikanzniveau festgelegt:

$$\alpha = 1 - \xi^{m/2}, \qquad \xi = (1-\alpha)^{2/m}.$$

Die partielle Integration der Gütefunktion in aufsteigende Potenzen von $\frac{m\,x}{n}\left(1+\frac{m\,x}{n}\right)^{-1}$ liefert mit

$$\int \frac{x^{a-1}}{(1+x)^b}\, dx = \sum_{l=0}^{\infty} \frac{x^{a+l}}{(1+x)^{b+l}} \frac{\Gamma(b+l)\,\Gamma(a)}{\Gamma(b)\,\Gamma(a+l+1)}$$

den Ausdruck

$$\beta = 1 - \sum_{k=0}^{\infty} \sum_{l=0}^{\infty} \frac{\left(\frac{\delta^3}{2}\right)^k}{k!} e^{-\delta^2/2} \frac{\Gamma\left(\frac{m+n}{2}+k+l\right)}{\Gamma\left(\frac{n}{2}\right)\Gamma\left(\frac{m}{2}+k+l+1\right)} \frac{\left(\frac{m\,F_\alpha}{n}\right)^{\frac{m}{2}+k+l}}{\left(1+\frac{m\,F_\alpha}{n}\right)^{\frac{m+n}{2}+k+l}},$$

den man durch mehrfache Anwendung des CAUCHYschen Summationsverfahrens

$$\sum_{k=0}^{\infty} \sum_{l=0}^{\infty} A_{kl} = \sum_{r=0}^{\infty} \sum_{s=0}^{r} A_{s,\,r-s}$$

weiter umformen kann. Dadurch erhält man eine Entwicklung der Gütefunktion β nach dem Nichtzentralitätsparameter δ^2, deren Koeffizienten endliche

Summen sind, insbesondere ist der Koeffizient von δ^2 ein geschlossener Ausdruck:

$$\left.\begin{aligned}
\beta &= \alpha + \frac{\delta^2}{2} \sum_{k=0}^{\infty} \frac{\left(\frac{\delta^2}{2}\right)^k}{(k+1)!} (-1)^k C_k\,,\\
C_k &= \sum_{l=0}^{k} (-1)^l \binom{k}{l} \frac{\Gamma\left(\frac{m+n}{2}+l\right)}{\Gamma\left(\frac{n}{2}\right)\Gamma\left(\frac{m}{2}+l+1\right)} \frac{\left(\frac{m\,F_\alpha}{n}\right)^{\frac{m}{2}+l}}{\left(1+\frac{m\,F_\alpha}{n}\right)^{\frac{m+n}{2}+l}}\,,\\
C_0 &= \frac{\Gamma\left(\frac{m+n}{2}\right)}{\Gamma\left(\frac{n}{2}\right)\Gamma\left(\frac{m}{2}+1\right)} \frac{\left(\frac{m\,F_\alpha}{n}\right)^{m/2}}{\left(1+\frac{m\,F_\alpha}{n}\right)^{\frac{m+n}{2}}}\,,\\
1-\alpha &= \sum_{l=0}^{\infty} \frac{\Gamma\left(\frac{m+n}{2}+l\right)}{\Gamma\left(\frac{n}{2}\right)\Gamma\left(\frac{m}{2}+l+1\right)} \frac{\left(\frac{m\,F_\alpha}{n}\right)^{\frac{m}{2}+l}}{\left(1+\frac{m\,F_\alpha}{n}\right)^{\frac{m+n}{2}+l}}\,.
\end{aligned}\right\} \qquad (17)$$

Die Reihe (17) ist in jedem endlichen Intervall gleichmäßig konvergent.

Mit der Entwicklung der Gütefunktion nach dem Nichtzentralitätsparameter hat man ein Vergleichskriterium in der Hand, den Anstieg der Gütefunktion für $\delta^2 = 0$. Das Restglied der Entwicklung

$$\beta = \alpha + A\,\delta^2 + R\,,$$

$$A = \frac{1}{m} \frac{1}{B\left(\frac{m}{2}, \frac{n}{2}\right)} \frac{\left(\frac{m\,F_\alpha}{n}\right)^{m/2}}{\left(1+\frac{m\,F_\alpha}{n}\right)^{\frac{m+n}{2}}}$$

kann man abschätzen zu

$$-\frac{\delta^4}{4}\frac{m+n}{m}\alpha \leqq R \leqq \frac{\delta^4}{8}\left(\alpha + \left(\frac{m+n}{m}\right)^2\right).$$

Wenn α vorgegeben ist, berechnet man aus der Tabelle für F_α eine Tabelle für A (siehe S. 127).

Aus der Tabelle erkennt man sofort, daß die Gütefunktion im Gültigkeitsbereich dieser Näherung für $n > 40$ nicht mehr wesentlich vom Nennerfreiheitsgrad abhängt, während sie vom Zählerfreiheitsgrad m sehr viel stärker abhängt. Die Gütefunktion verschlechtert sich im betrachteten Bereich für wachsende m und fallende n.

Tabelle für den Anstieg der Gütefunktion A

	n	m = 1	2	3	4	6	12	20
	5	0,01992	0,01052	0,00718	0,00546	0,00370	0,00188	0,00114
	10	2719	1505	1061	825	574	304	188
	20	3160	1845	1341	1066	767	429	275
$\alpha = 0{,}01$	40	3433	2057	1525	1232	911	538	359
	60	3531	2136	1594	1295	967	586	401
	120	3619	2214	1670	1365	1032	646	454
	5	0,07798	0,04365	0,03055	0,02356	0,01621	0,00841	0,00513
	10	9442	5634	4098	3248	2315	1264	793
$\alpha = 0{,}05$	20	10401	6470	4848	3932	2902	1684	1101
	40	10921	6952	5309	4369	3308	2023	1384
	60	11091	7131	5477	4542	3468	2170	1515
	120	11259	7310	5657	4701	3650	2341	1689

§ 4. Die Näherung der Gütefunktion durch das Fehlerintegral

Eine Möglichkeit der Auswertung der Grenzwertsätze ist die Näherung der nichtzentralen χ^2-Verteilungen durch Normalverteilungen. Man setzt einfach (8)

$$\chi^2_{m,\delta^2} \sim N(m + \delta^2, 2m + 4\delta^2)$$

und prüft den Fehler der genäherten Gütefunktion durch Vergleich mit den tabellierten Werten. Wesentlich ist als Ergebnis der Näherung, daß man einen überschaubaren und einfachen Ausdruck als Kriterium für das Verhalten der Gütefunktion bekommt.

Mit (8) kann man die Gütefunktion sehr einfach umrechnen. Es gilt

$$\beta(\delta^2, \varepsilon^2) = \mathsf{P}(F_{m,n;\delta^2,\varepsilon^2} > F_\alpha) = \mathsf{P}\left\{\frac{\frac{1}{m}\chi^2_{m,\delta^2}}{\frac{1}{n}\chi^2_{n,\varepsilon^2}} > F_\alpha\right\}. \tag{18}$$

Das bedeutet

$$\beta \sim \beta_N = \mathsf{P}\left\{N\left(1 + \frac{\delta^2}{m}, \frac{2}{m}\left(1 + 2\frac{\delta^2}{m}\right)\right) > N\left(F_\alpha\left(1 + \frac{\varepsilon^2}{n}\right), \frac{2F_\alpha^2}{n}\left(1 + \frac{2\varepsilon^2}{n}\right)\right)\right\}.$$

Das kann man schließlich umformen zu

$$\left.\begin{aligned} \beta_N &= \Phi(G) = \int_{-\infty}^{G} \frac{1}{\sqrt{2\pi}} e^{-x^2/2}\,dx, \\ G &= \frac{-F_\alpha\left(1 + \frac{\varepsilon^2}{n}\right) + \left(1 + \frac{\delta^2}{m}\right)}{\left[\frac{2}{m}\left(1 + 2\frac{\delta^2}{m}\right) + \frac{2F_\alpha^2}{n}\left(1 + 2\frac{\varepsilon^2}{n}\right)\right]^{1/2}}. \end{aligned}\right\} \tag{19}$$

Mit G hat man nun einen Ausdruck erhalten, in dem die genäherte Gütefunktion monoton ist. G ist deshalb geeignet, als Vergleichskriterium zu dienen. Als Funktion von δ^2 ist G von der Form

$$G = \frac{\delta^2 - \tau_1}{\sqrt{4\,\delta^2 + \tau_2}}\,.$$

Die vier Parameter der exakten Gütefunktion m, n, ε^2 und α sind hier also auf zwei Parameter reduziert. G ist echt monoton fallend in ε^2, wie man sich durch Differenzieren nach ε^2 leicht überzeugt. In [6] wird die entsprechende Monotonieeigenschaft der exakten Gütefunktion gezeigt. Mit Hilfe des Ausdrucks G kann man beispielsweise den Einfluß einer Nichtzentralität im Nenner auf die Gütefunktion untersuchen. Besonders einfach überblickt man die Veränderung der Halbwertsbreite von β_N — das ist derjenige Wert des Nichtzentralitätsparameters δ^2, für den $\beta_N = \frac{1}{2}$ ist:

$$\beta_N(\delta_H^2) = \frac{1}{2}\,.$$

Für alle größeren Nichtzentralitätsparameter ist also die Wahrscheinlichkeit der Annahme der Nullhypothese geringer als die ihrer Ablehnung. Für die Näherung (19) bedeutet das

$$\varepsilon^2 = 0: \qquad \delta_{H_0}^2 = m\,(F_\alpha - 1)\,,$$

$$\varepsilon^2 \neq 0: \qquad \delta_H^2 \doteq \delta_{H_0}^2\left(1 + \frac{\varepsilon^2}{n}\right) + \frac{m\,\varepsilon^2}{n}\,. \qquad (20)$$

Zur Berechnung von G braucht man noch F_α, das im Ausdruck G bereits verwendet wird. Man kann dazu F_α aus G selbst berechnen durch die Forderung $\beta_N(0) = \alpha$, d. h. $\Phi\left(-\tau_1(\tau_2)^{-1/2}\right) = \alpha$. Eine andere Möglichkeit ist, das exakte F_α der Tafel zu entnehmen. Im Bereich um $\beta = \frac{1}{2}$ ist die letztere wesentlich besser. Natürlich kann sie nicht den richtigen Wert von α liefern. Wie brauchbar die zweite Möglichkeit für kleine Nichtzentralitätsparameter ist, muß man anhand des Wertes von $\beta_N(0)$ abschätzen, wenn man hier den Tafelwert von F_α einsetzt. So erhält man beispielsweise für $\alpha = 0{,}01$, $m = 5$, $n = 20$, $F_\alpha = 4{,}10$ den Wert $\beta_N(0) = 0{,}016$.

In der Literatur ([1], [4], [7]) wird die Näherung der χ^2-verteilten Größen durch normalverteilte Größen auch noch anders genutzt. PATNAIK [4] nähert $(\chi^2_{m,\delta^2})^{1/2}$ durch eine Normalverteilung, SEVERO und ZELEN [7] nähern $(\chi^2_{m,\delta^2})^{1/3}$. Allgemein könnte man $(\chi^2_{m,\delta^2})^\gamma$ durch eine Normalverteilung ersetzen. Man kann zwar nicht die charakteristischen Funktionen überprüfen, aber die Konvergenz der ersten vier Momente gegen die Momente der zur Näherung benutzten Normalverteilung nachrechnen. Die eigentliche Berechtigung der Näherung ist hier ja sowieso nur die Güte der daraus resultierenden Näherung für die Gütefunktion des F-Tests, die man anhand des Vergleichs einzelner Werte abschätzen kann [8]. Man berechnet die Momente von $(\chi^2_{m,\delta^2})^\gamma$ über die Formel

$$\mathsf{E}\,x^r = (\mathsf{E}\,x)^r\left(1 + \frac{r\,(r-1)}{2}\,\frac{\mathsf{D}^2 x}{(\mathsf{E}\,x)^2} + \cdots\right), \qquad r = \gamma\,k\,, \qquad k = 1, 2, \ldots\,.$$

Man erhält daraus

$$\mathsf{E}(\chi^2_{m,\delta^2})^\gamma \approx (m+\delta^2)^\gamma \left(1 + \frac{(\gamma-1)(m+2\delta^2)}{(m+\delta^2)^2}\right)^\gamma,$$

$$\mathsf{D}^2(\chi^2_{m,\delta^2})^\gamma \approx 2\gamma^2 \frac{m+2\delta^2}{(m+\delta^2)^{2-2\gamma}}$$

und auf diese Weise die Näherung

$$\left(\frac{\chi^2_{m,\delta^2}}{m}\right)^\gamma \sim N\left(\left(1+\frac{\delta^2}{m}\right)^\gamma \left(1+\frac{(\gamma-1)(m+2\delta^2)}{(m+\delta^2)^2}\right)^\gamma, \frac{2\gamma^2}{m^{2\gamma}} \frac{m+2\delta^2}{(m+\delta^2)^{2-2\gamma}}\right). \tag{21}$$

Analog dem Verfahren, das zur Formel (19) geführt hat, errechnet man hier

$$\left.\begin{aligned} &\beta \approx \Phi(G_\gamma), \\ &G_\gamma = \frac{-\left(\frac{m F_\alpha}{m+\delta^2}\right)^\gamma \left(1+\frac{\gamma-1}{n}\right)^\gamma + \left(1+(\gamma-1)\frac{m+2\delta^2}{(m+\delta^2)^2}\right)^\gamma}{\left(2\gamma^2 \frac{m+2\delta^2}{(m+\delta^2)^2} + \frac{2\gamma^2}{n}\left(\frac{F_\alpha \cdot m}{m+\delta^2}\right)^{2\gamma}\right)^{1/2}}. \end{aligned}\right\} \tag{22}$$

Für $\gamma = \frac{1}{3}$ haben Severo und Zelen diese Formel untersucht. Sie erscheint aber wesentlich unhandlicher als die Formel (19) für $\varepsilon^2 = 0$. Außer für $\gamma = 1$ vereinfacht sich (22) auch noch für den Grenzfall $\gamma \to 0$:

$$G_0 = \frac{\ln\left(\frac{m F_\alpha}{m+\delta^2}\left(1-\frac{1}{n}\right)\right) - \ln\left(1-\frac{m+2\delta^2}{(m+\delta^2)^2}\right)}{\left(2\frac{m+2\delta^2}{(m+\delta^2)^2}+\frac{2}{n}\right)^{1/2}}. \tag{23}$$

Da $\lim\limits_{\gamma\to 0} \frac{x^\gamma - 1}{\gamma} = \ln x$ ist, entspricht dieser Grenzfall der Näherung von $\ln \chi^2_{m,\delta^2}$ durch eine Normalverteilung. Diese Methode wird in [1] betrachtet, aber nicht bis zu der Formel (23) durchgeführt. Alle diese Näherungsformeln mit Normalverteilungen sind für vergleichende Untersuchungen gut geeignet. Für Werte von β größer als 0,4 und $n > 8$ ist selbst für $m = 1$ die Differenz zu den exakten Werten der Gütefunktion kleiner als 0,01, wie man durch Einsetzen spezieller Werte sehen kann [8].

Bildet man den Grenzwert von G für $n \to \infty$, so erhält man mit (19) bzw. (22) und (23) Näherungsausdrücke für die Gütefunktion eines χ^2-Tests, wenn man nur $F_{\alpha;\, m,\, \infty}$ durch $\frac{1}{m}\chi^2_{\alpha;\, m}$ ersetzt.

Für große Nichtzentralitätsparameter erhält man folgendes Grenzverhalten von G:

$$\lim_{\delta\to\infty} \frac{G_0}{\ln \delta} \quad \text{endlich},$$

$$\lim_{\delta\to\infty} \frac{G_\gamma}{\delta^{2\gamma}} \quad \text{endlich} \quad \text{für } \gamma \leqq \frac{1}{2},$$

$$\lim_{\delta\to\infty} \frac{G_\gamma}{\delta} \quad \text{endlich} \quad \text{für } \gamma \geqq \frac{1}{2}.$$

§ 5. Numerische Näherungsformeln

Pearson und Hartley [5] sowie Fox [2] haben Diagramme für die Gütefunktion des F-Tests angegeben. Die Tafeln von Pearson und Hartley beschreiben den Verlauf von $\beta\left(\frac{\delta}{\sqrt{m+1}}\right)$ für feste m, n und α. Der Nennerfreiheitsgrad n ist hierbei als Scharparameter aufgetragen. Fox dagegen gibt Tafeln für $m(n)$ bei gegebenem α, β und $\frac{\delta}{\sqrt{m+1}}$ mit $\frac{\delta}{\sqrt{m+1}}$ als Scharparameter.

Aus den Tafeln kann man relativ einfache Näherungsausdrücke für die Gütefunktion gewinnen, indem man durch vorgegebene Stützstellen interpoliert. Die Ausdrücke nähern den Kurvenverlauf in den dazwischenliegenden Intervallen an. Ihr Vorteil ist es, daß sie eine sehr einfache numerische Behandlung von Problemen gestatten, die anhand der Tafel selbst schwierig zu lösen wären.

In den Tafeln von Pearson und Hartley ist die Ordinate logarithmisch geteilt. Die Kurven werden im Bereich $0{,}5 < \beta < 0{,}98$ durch Parabeln der Form

$$\ln\frac{1}{1-\beta} = a + b\,\frac{\delta^2}{m}$$

genähert. Die Werte von $\frac{\delta^2}{m}$ werden für $\beta = 0{,}5$ und $\beta = 0{,}98$ abgelesen, und durch jedes so gewonnene Punktepaar wird eine solche Parabel gelegt. Die Abhängigkeit der Koeffizienten a und b von m und n wird in der Form

$$a = A + B\,m + \frac{c}{n} + D\,\frac{m}{n}$$

angesetzt, die man als abgebrochene Entwicklung nach m und $1/n$ interpretieren kann. Deren Koeffizienten bestimmt man durch Vorgabe von a und b für vier Paare von m und n: (1, 10), (1, ∞), (4, 10) und (4, ∞). Das Aufsuchen der numerischen Formel bedeutet also lineare Interpolation in den Variablen m, $\frac{1}{n}$ und $\frac{\delta^2}{m}$ durch acht Stützpunkte. Nach dem angegebenen Verfahren erhält man für $\alpha = 0{,}01$

$$\psi = \frac{\ln\frac{1}{1-\beta} - \ln 10}{\ln 5} = -\,1{,}795 - 0{,}074\,m - 0{,}05\,\frac{10}{n} + 0{,}045\,\frac{10\,m}{n}$$
$$+\,\frac{\delta^2}{m}\left(0{,}0346 + 0{,}098\,m + 0{,}0199\,\frac{10}{n} - 0{,}0614\,\frac{10\,m}{n}\right) \tag{24}$$

und für $\alpha = 0{,}05$

$$\psi = \frac{\ln\frac{1}{1-\beta} - \ln 10}{\ln 5} = -\,1{,}575 - 0{,}0553\,m + 0{,}0033\,\frac{10}{n} + 0{,}0047\,\frac{10\,m}{n}$$
$$+\,\frac{\delta^2}{m}\left(0{,}0515 + 0{,}1115\,m + 0{,}0227\,\frac{10}{n} - 0{,}0545\,\frac{10\,m}{n}\right). \tag{25}$$

Man könnte nun auch andere Methoden erwägen, um zu einer Formel der Form (24) zu gelangen. Zum Beispiel könnte man einer Ausgleichsrechnung über mehrere Stützpunkte den Vorzug geben. Die Durchrechnung eines Ausgleichs über 48 Stützpunkte führte aber nicht zu einem Resultat, das im betrachteten Bereich eine größere Genauigkeit aufweist. Auch die Annahme einer einfacheren Abhängigkeit $\beta(\delta^2, m, n)$ als in (24) führt zu einem wesentlich schlechteren Resultat. Den Fehler von (24) und (25) bestimmt man durch Einsetzen spezieller, eventuell sogar aus Zufallszahlen ermittelter Werte von m, n und δ^2 und Vergleich der Näherung mit den Tafelwerten. Der Fehler von β ist im betrachteten Bereich jedenfalls kleiner als 0,1.

Aus den Tafeln von Fox kann man nun einfache Formeln für die Halbwertsbreite der Gütefunktion oder für die Werte von δ^2, bei denen die Gütefunktion die Werte 0,7, 0,8, 0,9 annimmt, erhalten. Dazu ersetzt man die Kurven $\frac{1}{m}\left(\frac{1}{n}\right)$ bei festem $\frac{\delta}{\sqrt{m+1}}$ und β in den Tafeln durch Geraden und nimmt weiter an, daß für festes m die Werte $\frac{1}{n}$ linear von $\frac{\delta}{\sqrt{m+1}}$ abhängen. Das ist besonders im Quadrat $5 \leqq m, n \leqq 20$ in guter Näherung erfüllt. Der Fehler beträgt etwa 3% in $\frac{\delta}{\sqrt{m+1}}$. Wertet man auf diese Weise eine Tafel für festes β aus, so macht man den Ansatz

$$\frac{1}{n} = \left(a\frac{\delta}{\sqrt{m+1}} + b\right)\frac{1}{m} + \left(c\frac{\delta}{\sqrt{m+1}} + d\right).$$

Es sind vier Konstanten zu bestimmen, was durch Interpolation zwischen vier Stützstellen $(m, n) = (5, 5)$, $(5, 20)$, $(20, 5)$ und $(20, 20)$ geschieht. Man erhält für $\beta = 0{,}5$ und $\alpha = 0{,}01$

$$\frac{\delta}{\sqrt{m+1}} = \frac{0{,}779 + 4{,}417\frac{1}{m} + 9{,}203\frac{1}{n}}{1 + 1{,}486\frac{1}{m}}, \tag{26}$$

für $\beta = 0{,}5$ und $\alpha = 0{,}05$

$$\frac{\delta}{\sqrt{m+1}} = \frac{0{,}672 + 4{,}193\frac{1}{m} + 5{,}050\frac{1}{n}}{1 + 2{,}286\frac{1}{m}}, \tag{27}$$

für $\beta = 0{,}9$ und $\alpha = 0{,}01$

$$\frac{\delta}{\sqrt{m+1}} = \frac{0{,}86 + 5{,}97\frac{1}{m} + 15{,}93\frac{1}{n}}{1 + 1{,}17\frac{1}{m}} \tag{28}$$

und für $\beta = 0{,}9$ und $\alpha = 0{,}05$

$$\frac{\delta}{\sqrt{m+1}} = \frac{0{,}905 + 7{,}77\frac{1}{m} + 8{,}77\frac{1}{n}}{1 + 2{,}63\frac{1}{m}}. \tag{29}$$

Für den häufig auftretenden Fall $m = 1$ braucht man eine eigene Näherungsformel, da die oben abgeleiteten nur für $m \geqq 4$ gut sind. Dazu interpoliert man die aus den Tafeln von PEARSON und HARTLEY ersichtlichen Werte von $\frac{\delta}{\sqrt{2}}$ linear zwischen $\frac{1}{n} = 0$ und $\frac{1}{n} = 0{,}1$. Man erhält für $\beta = 0{,}5$ und $\alpha = 0{,}01$

$$\frac{\delta}{\sqrt{2}} = 1{,}81 + \frac{2{,}8}{n}, \tag{30}$$

für $\beta = 0{,}5$ und $\alpha = 0{,}05$

$$\frac{\delta}{\sqrt{2}} = 1{,}39 + \frac{1{,}6}{n}, \tag{31}$$

für $\beta = 0{,}9$ und $\alpha = 0{,}01$

$$\frac{\delta}{\sqrt{2}} = 2{,}73 + \frac{5{,}7}{n} \tag{32}$$

und für $\beta = 0{,}9$ und $\alpha = 0{,}05$

$$\frac{\delta}{\sqrt{2}} = 2{,}29 + \frac{2{,}5}{n}. \tag{33}$$

§ 6. Über die Regression mit unvollständiger Information über die Regressoren

TUKEY und ABELSON [9] betrachten den Fall, daß bei der linearen Hypothese der Form

$$\mathsf{E}\, y_{ik} = a + b\, x_i, \qquad x_i = 0\ (i = 1, \ldots, m;\ k = 1, \ldots, n)$$

der Vektor $\mathbf{x}^{\mathsf{T}} = (x_1, \ldots, x_m)$ nicht vollständig bekannt ist. Es soll nur sicher sein, daß er in einem Kegel um den Vektor $\mathbf{c}^{\mathsf{T}} = (c_1, \ldots, c_m)$ liegt. Bildet $\mathbf{x}$ mit $\mathbf{c}$ den Winkel Θ', so ist

$$F = \frac{\left(\sum\limits_{i=1}^{m} c_i\, y_{i.}\right)^2 m\,(n-1)}{\sum\limits_{i=1}^{m} c_i^2 \sum\limits_{i=1}^{m} \sum\limits_{k=1}^{n} (y_{ik} - y_{i.})^2} = F_{1,\, m(n-1);\ \delta_0^2 \cos^2 \Theta'} \tag{34}$$

mit $\cos^2 \Theta' \geqq \cos^2 \Theta$ und $\delta_0^2 = \frac{n\, b^2}{\sigma^2} \sum\limits_{i=1}^{m} x_i^2$, $\sum\limits_{i=1}^{m} c_i = 0$.

Führt man mit dieser Statistik einen Test der Hypothese „$b = 0$“ durch, so ist wegen der Monotonie der Gütefunktion in Abhängigkeit vom Nichtzentralitätsparameter der ungünstigste Fall bei $\cos^2 \Theta' = \cos^2 \Theta$ gegeben. Es ist nun die Frage, ob dieser Test nach TUKEY und ABELSON besser ist als der übliche F-Test mit

$$\frac{n\, m\,(n-1)}{m-1} \, \frac{\sum\limits_{i=1}^{m} (y_{i.} - y_{..})^2}{\sum\limits_{i=1}^{m} \sum\limits_{k=1}^{n} (y_{ik} - y_{i.})^2} = F_{m-1,\, m(n-1);\ \delta_0^2} \tag{35}$$

bei der allgemeinen Einwegklassifikation.

Die Gütefunktion von (34),

$$\beta_T(\delta_0^2) = \beta_{1,\, m\,(n-1)}(\delta_0^2 \cos^2 \Theta)\,, \tag{36}$$

wäre wegen des geringeren Zählerfreiheitsgrades bei gleichem Nichtzentralitätsparameter besser als die Gütefunktion von (35),

$$\beta_E(\delta_0^2) = \beta_{m-1,\, m(n-1)}(\delta_0^2)\,, \tag{37}$$

aber andererseits wird durch $\cos^2 \Theta$ der Nichtzentralitätsparameter und damit der Wert der Gütefunktion wieder verringert. Die Bedingung

$$\beta_T(\delta_0^2) \geqq \beta_E(\delta_0^2) \tag{38}$$

liefert eine untere Schranke γ für $\cos^2 \Theta$, so daß der Test nach TUKEY und ABELSON noch besser ist als die Einwegklassifikation (35), die unvollständige Information über $\mathbf{x}$ mit $\cos^2 \Theta > \gamma$ also ausgenutzt werden kann.

Die Verwendung der Anstiegstabelle zur Auswertung von (38) geschieht durch den Vergleich der Näherungen $\beta \approx \alpha + A_{m,n}\,\delta^2$. Dabei lautet die Bedingung (38)

$$A_{1,\, m\,(n-1)} \cos^2 \Theta \geqq A_{m-1,\, m(n-1)}$$

oder

$$\cos^2 \Theta \geqq \frac{A_{m-1,\, m\,(n-1)}}{A_{1,\, m\,(n-1)}} = \gamma\,.$$

Für gegebene m und n kann γ aus der Anstiegstabelle ermittelt werden. Für $m = 4$ und $n = 11$ hätte man also beispielsweise

$$\cos^2 \Theta \geqq \gamma = \frac{0{,}01525}{0{,}03433} = 0{,}445$$

zu fordern, wenn mit der Signifikanz $\alpha = 0{,}01$ getestet werden soll. Soll als Vergleichskriterium die Halbwertsbreite des Tests in Betracht gezogen werden, so lautet das Kriterium (38)

$$\cos^2 \Theta \geqq \frac{\delta^2_{H;\,1,\, m\,(n-1)}}{\delta^2_{H;\,(m-1),\, m\,(n-1)}} = \gamma\,.$$

Für das eben betrachtete Beispiel erhielte man mit den Tafeln [2]

$$\cos^2 \Theta \geqq \gamma = \frac{6{,}26}{10{,}77} = 0{,}58\,.$$

Der Fall unvollständiger Information über $\mathbf{x}$, welcher von TUKEY und ABELSON als besonders wichtig angesehen wird, liegt vor, wenn die x_i durch eine Anordnung eingeschränkt werden:

$$x_1 \leqq x_2 \leqq x_3 \leqq \cdots \leqq x_m\,.$$

Das Gebiet, in dem diese Bedingung erfüllt ist, kann in einen Kegel um die Achse $c_i = 2\,i - m - 1$ mit $\cos^2 \Theta = \dfrac{3}{m+1}$ eingeschrieben werden. Zieht man die Halbwertsbreite als Kriterium heran, so ist der Test (34) besser als (35), wenn

$$\delta^2_{H;\,1,\, m\,(n-1)} \leqq \frac{3}{m+1}\, \delta^2_{H;\,(m-1),\, m\,(n-1)}$$

gilt. Diese Bedingung kann man als Bedingung für n auffassen. Mit den Näherungsformeln (26), (27), (30) und (31) erhält man für

$m =$		3	4	5	6	7	8	11	12	13
$\alpha = 0{,}01$	$n \leqq$	930	6	4	3	2	2	2	1	1
$\alpha = 0{,}05$	$n \leqq$		8	4	3	2	2	2	2	1

§ 7. Zum „Pooling"-Verfahren

Ein Beispiel für die Verwendung der Näherung (19) der Gütefunktion durch ein Fehlerintegral ist die folgende Kritik des sog. „Pooling"-Verfahrens. Das „Pooling"-Verfahren besteht in der Ausnutzung von Quadratsummen, die auf Zentralität getestet worden sind, zur Erhöhung der Freiheitsgrade des Nenners einer F-Statistik.

Bei den Mehrwegklassifikationen tritt der Fall auf, daß man nacheinander das Fehlen des einen oder anderen Effekts bzw. der einen oder anderen Wechselwirkung zu testen hat. Das geschieht mit dem F-Test immer in der Form, daß man den Nichtzentralitätsparameter einer gewissen Quadratsumme auf Null testet. Hat man das bei einer Quadratsumme mit Erfolg getan, so könnte man diese für den nächsten Test zum eigentlichen Nenner addieren und so seinen Freiheitsgrad erhöhen. Dadurch würde die Güte verbessert. Nun tritt aber ein wesentliches Problem auf. Beim normalen F-Test ist aus der a-priori-Hypothese bekannt, daß der Nenner zentral verteilt ist, während nach dem „Pooling"-Verfahren der Nenner wegen des Fehlers zweiter Art beim vorangegangenen Test noch nichtzentral verteilt sein kann. Ist der Nenner aber nichtzentral verteilt, so verringert sich dadurch die Güte des Tests — zumindest in der Näherung (19) der Gütefunktion. Damit ergibt sich als Bedingung für die Anwendbarkeit des „Pooling"-Verfahrens, daß dieser negative Einfluß die Verbesserung durch die Erhöhung des Nennerfreiheitsgrades nicht kompensiert.

Formal hat man drei unabhängige Statistiken, A verteilt nach χ^2_n, B verteilt nach χ^2_{m,δ^2} und C verteilt nach χ^2_{k,ε^2}. Zunächst testet man „$\varepsilon^2 = 0$" mit der Statistik

$$F_\varepsilon = \frac{\frac{1}{k} C}{\frac{1}{n} A}. \tag{39}$$

Hat man die Annahme der Nullhypothese erhalten, so kann man die Hypothese „$\delta^2 = 0$" statt wie üblich mit

$$F = \frac{\frac{1}{m} B}{\frac{1}{n} A} \tag{40}$$

auch mit der Statistik

$$F^* = \frac{\frac{1}{m} B}{\frac{1}{n+k}(A+C)} \tag{41}$$

testen. Als Bedingung für die Verwendbarkeit des „Pooling"-Verfahrens ergibt sich

$$\beta_{m,\,n+k}(\delta^2, \varepsilon^2) \geqq \beta_{m,\,n}(\delta^2)\,. \tag{42}$$

Der kritische Punkt ist die Wahl des zu berücksichtigenden Wertes von ε^2. Ein einfacher Gesichtspunkt ist, diejenigen Werte von ε^2 zu berücksichtigen, für die die Annahme der Nullhypothese in (39) wahrscheinlicher war als ihre Ablehnung, d. h., für ε^2 ist in (42) die Halbwertsbreite beim Test (39) einzusetzen. Von solchen Erwägungen kann man sich sonst nur lösen, wenn man im Sinne der Theorie der Entscheidungsfunktionen eine a-priori-Verteilung von ε^2 annimmt und (42) über die nach dem ersten Test erhaltene a-posteriori-Verteilung mittelt.

Betrachtet man die Bedingung (42) in der Umgebung der Halbwertsbreite, so lautet sie

$$\delta_H^2\,(m, n+k, \varepsilon^2) \leqq \delta_H^2(m, n, 0)\,.$$

Mit der Normalnäherung (19) erhält man

$$1 - F_{\alpha;\,m,\,n+k}\left(1 + \frac{\varepsilon^2}{n+k}\right) \geqq 1 - F_{\alpha;\,m,\,n}\,.$$

Setzt man die Halbwertsbreite der Normalnäherung ein, dann ergibt sich die Ungleichung

$$\left(1 + \frac{\delta_H^2(m, n+k)}{m}\right)\left(1 + \frac{\varepsilon^2}{n+k}\right) \leqq 1 + \frac{\delta_H^2(m, n)}{m}, \tag{43}$$

die man als Bedingung für ε^2 betrachten kann. Setzt man $\varepsilon^2 = \Theta\,\delta_H^2(k, n)$, so folgt eine Bedingung für Θ; als Beispiel sei folgende Tabelle angegeben:

m	k	n	$\Theta \leqq$ $\alpha = 0{,}01$	$\Theta \leqq$ $\alpha = 0{,}05$
5	5	5	0,178	0,256
5	5	20	0,061	0,074
5	20	5	0,240	0,293
5	20	20	0,148	0,141
20	5	5	0,232	0,310
20	5	20	0,095	0,088
20	20	5	0,342	0,407
20	20	20	0,237	0,240

Man erkennt, daß nach den benutzten Näherungsformeln das „Pooling"-Verfahren zumindest in dem durch diese Tabelle umrissenen Bereich der Freiheitsgrade verworfen werden muß, wenn die Halbwertsbreite des Testes (39) als Nennernichtzentralität in Betracht gezogen werden soll. Man kann natürlich die Bedingung (42) auch als Bedingung für die Halbwertsbreite des ersten Tests auffassen. Danach darf C nur dann zum Nenner addiert werden, wenn es nicht nur einem Test mit $\alpha = 0{,}01$ bzw. $\alpha = 0{,}05$, sondern auch einem schärferen Test mit der durch (42) geforderten Halbwertsbreite und daher größerem α standgehalten hat.

Literatur

[1] BARTON, D. E., F. N. DAVID and A. F. O. NEILL: Some properties of the distribution of the logarithm of noncentral F. Biometrika **47**, 417–430 (1960).
[2] FOX, M.: Charts of the power of the F-test. Ann. math. Statist. **27**, 484–497 (1956).
[3] LEHMANN, E. L.: Testing Statistical Hypotheses. New York 1959.
[4] PATNAIK, P. B.: The non-central chi-square and F-distributions and their applications. Biometrika **36**, 202–232 (1949).
[5] PEARSON, E. S., and H. O. HARTLEY: Charts of the power function for analysis of variance test, derived from the noncentral F-distribution. Biometrika **38**, 112–130 (1951).
[6] SCHEFFÉ, H.: Analysis of Variance, New York 1959.
[7] SEVERO, N. C., and M. ZELEN: Normal approximation to the chi-square and noncentral F probability distribution. Biometrika **47**, 411–416 (1960).
[8] TIKU, M. L.: A note on approximating to the non-central F-distribution. Biometrika **53**, 606–610 (1966).
[9] TUKEY, J. W., and R. P. ABELSON: Efficient utilisation of non numerical information in quantitative analysis: General theory and the case of simple order. Ann. Math. Statist. **34**, 1347–1369 (1963).

Bibliographie über Optimierungsprobleme unter Ungewißheit

Von Horst Weinert[1])

Diese Bibliographie umfaßt Arbeiten, die stochastische und statistische Optimierung betreffen, und zwar solche, die diese Gebiete direkt angehen, und Bücher, die ganze Kapitel darüber enthalten. Zur stochastischen Optimierung wird die stochastische Lagerhaltungstheorie hinzugerechnet, hingegen nicht die Theorie stochastischer Spiele und verwandte Fragestellungen.

Der Umfang dieser Bibliographie dürfte den bisher bekannter einschlägiger Darstellungen übertreffen, zumal eine Reihe neuerer (1966 und 1967 erschienener) Arbeiten mit aufgenommen wurde. Die angestrebte Vollständigkeit konnte jedoch noch nicht erreicht werden. Im Druck befindliche Arbeiten wurden, soweit davon Kenntnis bestand, mit aufgenommen.

Die Arbeiten sind alphabetisch nach dem jeweils zuerst genannten Verfasser, innerhalb eines Verfassers nach Jahrgängen geordnet. Arbeiten, die sich noch im Druck befinden, stehen beim jeweiligen Verfasser am Schluß; treten mehrere Autoren auf, so folgen diese auf die des zuerst genannten nach demselben Prinzip. Die Bibliographie wurde Anfang 1968 abgeschlossen.

1. Agin, Norman: *A min-max inventory model.* Management Sci. **12**, 517–529 (1966).
2. Alam, K.: *A two-sample estimate of the largest mean.* (Abstract). Ann. math. Statist. **37**, 539 (1966).
3. Albach, Horst: *Long range planning in open-pit mining.* Management Sci., Ser. B **13**, B549–B568 (1967).
4. Arbuzova, N. I., and V. L. Danilov: *A stochastic linear programming problem and its stability.* Soviet Phys., Doklady **10**, 399–401 (1965), Übersetzung von Doklady Akad. Nauk SSSR **162**, 33–35 (1965).
5. Arrow, K., S. Karlin and H. Scarf: *Studies in the mathematical theory of inventory and production.* (Stanford Mathematical Studies in the Social Sciences 1) Stanford Univ. Press, Stanford, Calif., 1958, 340 p.
6. Babbar, M. M.: *Statistical approach in planning production programs for interdependent ativities.* (unpublished Ph. D. Diss.) Iowa State Univ., Ames 1953.
7. —: *Distribution of solutions of a set of linear equations (with applications to linear programming).* J. Amer. statist. Assoc. **50**, 854–869 (1955).
8. Bartlett, M. S.: *An introduction to stochastic processes with special reference to methods and applications.* 2nd ed., Cambridge Univ. Press, Cambridge, Mass., 1966, 360 p.

---

[1]) IAMM DAdW, 108 Berlin, Mohrenstr. 39.

9. Beale, E. M. L.: *The use of quadratic programming in two-stage linear programming under uncertainty.* CEIR Inc., London 1961.
10. —: *The use of quadratic programming in stochastic linear programming.* RAND Corporation Report P-2404-1, August 15, 1961.
11. Bechhofer, R. E.: *A single-sample multiple-decision procedure for ranking means of normal populations with known variances.* Ann. math. Statist. **25**, 16—39 (1954).
12. —: *Multiple-decision procedures for ranking means.* Proc. ninth ann. Conf. Amer. Soc. Quality Control, May 1955, 513—519.
13. —: *A sequential multiple-decision procedure for selecting the best one of several normal populations with a common unknown variance, and its use with various experimental designs.* Biometrics **14**, 408—429 (1958); Abstract: Ann. math. Statist. **29**, 325 (1958).
14. —, and M. Sobel: *A sequential multiple-decision procedure for ranking means of normal populations with known variances.* (Abstract). Ann. math. Statist. **24**, 136—137 (1953).
15. —, and —: *A single-sample multiple-decision procedure for ranking variances of normal populations.* Ann. math. Statist. **25**, 273—289 (1954).
16. —, and —: *On a sequential ranking procedure.* (Abstract). Bull. Amer. math. Soc. **60**, 34—35 (1954).
17. —, and —: *A sequential multiple-decision procedure for selecting the population with the largest mean from k normal populations with a common unknown variance.* (Abstract). Ann. math. Statist. **27**, 218—219 (1956).
18. —, and —: *A scale invariant sequential multiple-decision procedure for selecting the population with the smallest variance from k normal populations.* (Abstract). Ann. math. Statist. **27**, 219 (1956).
19. —, and —: *A sequential multiple-decision procedure for selecting the multinomial event with the largest probability.* (Abstract). Ann. math. Statist. **27**, 861 (1956).
20. —, C. W. Dunnett and M. Sobel: *A two-sample multiple-decision procedure for ranking means of normal populations with a common unknown variance.* Biometrika **41**, 170—176 (1954).
21. —, S. A. Elmaghraby and M. Morse: *A single-sample multiple-decision procedure for selecting the multinomial event which has the largest probability.* Ann. math. Statist. **30**, 102—119 (1959).
22. Beckmann, Martin J.: *An inventory policy for repair parts.* Naval Res. Logist. Quart. **6**, 209—220 (1959).
23. —: *Lagerhaltung bei Unsicherheit.* Unternehmensforsch. **7**, 9—26 (1963).
24. —, and R. Muth: *An inventory policy for a case of lagged delivery.* Management Sci. **2**, 145—155 (1956).
25. Bellman, R.: *Decision making in the face of uncertainty I.* Naval Res. Logist. Quart. **1**, 230—232 (1954).
26. —: *Decision making in the face of uncertainty II.* Naval Res. Logist. Quart **1**, 327—332 (1954).
27. —: *Dynamic programming.* Princeton Univ. Press, Princeton N. Y., 1957.
28. —: *Dynamic programming and Markovian decision processes, with particular application to baseball and chess.* Appl. combinat. Math. 221—236 (1964).
29. Ben-Israel, A., and A. Charnes: *Constant level inventory policies and chance-constrained programming models.* Northwestern Univ., Evanston, Ill., 1961.
30. Bereanu, B.: *On stochastic linear programming. Distribution problems: Stochastical technological problems.* Colocviul de Teoria Probabilităților, Brașov 1962.
31. —: *On stochastic linear programming. I: Distribution problems: A single random variable.* Acad. Républ. popul. Roumaine, Revue Math. pure appl. **8**, 683—697 (1963).
32. —: *Stochastic transportation problem. I: Random costs.* Comun. Acad. R. P. R. **13**, 325—331 (1963) [Rumänisch].

33. —: *Stochastic transportation problem. II: Random consumptions.* Comun. Acad. R. P. R. **13**, 333—337 (1963) [Rumänisch].
34. —: *About stochastic linear programming.* Comun. Acad. R. P. R. **13**, 517—522 (1963) [Rumänisch].
35. —: *Solutions of minimum risk in linear programming.* An. Univ. București, Ser. Şti. natur. mat.-mec. **13**, Nr. 1, 121—140 (1964) [Rumänisch].
36. —: *Programme de risque minimal en programmation linéaire stochastique.* C. r. Acad. Sci., Paris, **259**, 981—983 (1964).
37. —: *Régions de décisions et répartitions de l'optimum dans la programmation linéaire.* C. r. Acad. Sci., Paris **259**, 1383—1386 (1964).
38. —: *Lösungen unter minimalem Risiko in der linearen Optimierung.* Stud. statist. Lucrăr. cel. 3. Cons. şti. statist., București 1963, 26—40, 944, 1008, 1076 (1964) [Rumänisch].
39. —: *On the distribution of the optimum in stochastic linear programming.* An. Univ. București, Ser. Şti. natur. mat.-mec. **14**, Nr. 2, 41—48 (1965) [Rumänisch].
40. —: *Decision regions and minimum risk solutions in linear programming.* Colloqu. Appl. Math. Econ., Budapest 1963 (1965).
41. —: *Distribution problems and minimum risk solutions in stochastic programming.* Colloqu. Appl. Math. Econ., Budapest 1963, 37—42 (1965).
42. —: *On stochastic linear programming. The Laplace transform of the distribution of the optimum and applications.* J. math. Analysis Appl. **15**, 280—294 (1966).
43. —: *On stochastic linear programming. II: Distribution problems: Nonstochastic technological matrix.* Rev. Roumaine Math. pure appl. **11**, 713—725 (1966).
44. —: *Some applications of stochastic programming to planning.* Stud. statist. Lucrăr. cel. 3. Cons. şti. statist., București 1963, 95—107 (1964) [Rumänisch].
45. —: *On stochastical linear programming. Distribution problems: Stochastical technological matrix.* (to appear).
46. Billeter, E. P.: *Operations Research und Statistik.* Schweiz. Z. f. Volkswirtsch. Statist. 185 (1961).
47. Blackwell, David: *Memoryless strategies in finite stage dynamic programming.* Ann. math. Statist. **35**, 863—865 (1964).
48. —: *Probability bounds via dynamic programming.* Proc. Sympos. appl. Math. **16**, 277—280 (1964).
49. Borovkov, A. A.: *A probabilistic formulation of two economic problems.* Doklady Akad. Nauk SSSR **146**, 983—986 (1962) [Russisch].
50. Boursin, J. L.: *Sur des alignements stochastiques.* Revue. franç. Rech. opérat. **9**, Nr. 34, 75—80 (1965).
51. Brans, J. P.: *Programmes linéaires stochastiques.* Cahiers Centre Etud. Rech. opérat. **6**, 19—43 (1964).
52. Brodeau, F.: *Théorèmes de maximum en théorie du contrôle stochastique.* C. r. Acad. Sci., Paris **262**, 1117—1120 (1966).
53. Brooks, S. H.: *A discussion of random methods of seeking maxima.* J. Operations Res. Soc. Amer. **6**, 244—251 (1958).
54. Bunke, O.: *Einige Hilfsmittel zur Lösung statistischer Probleme bei der linearen und nichtlinearen Optimierung.* Mon.-ber. deutsch. Akad. Wiss. Berlin **8**, 699—703 (1966).
55. —: *Methoden der statistischen Optimierung.* Vortrag III. Jahrestg. math. Ges. DDR, Februar 1966.
56. —: *Einige statistische Probleme und Methoden bei der linearen und nichtlinearen Optimierung.* Operationsforsch. und math. Statistik I, Berlin 1969, pp. 19—34.
57. Chambers, M. L., and P. Jarratt: *Use of double sampling for selecting best population.* Biometrika **51**, 49—64 (1964).
58. Charnes, A., and W. W. Cooper: *The theory of search: Optimum distribution of search effort.* Management Sci. **5**, 44—50 (1958).

59. —, and —: *Chance-constrained programming.* Management Sci. **6**, 73—79 (1959).

60. —, and —: *Chance constraints and normal derivatives.* J. Amer. statist. Assoc. **57**, 134—148 (1962).

61. —, and —: *Deterministic equivalents for optimizing and satisfying under chance constraints.* Operations Res. **11**, 18—40 (1963).

62. —, W. W. Cooper and G. N. Symonds: *Cost horizons and certainty equivalents: an approach to stochastic programming of heating oil.* Management Sci. **4**, 235—263 (1958).

63. —, — and G. L. Thompson: *Constrained generalized medians and linear programming under uncertainty.* ONR Res., Northwestern Univ., Evanston, Ill., technol. Inst. — Pittsburgh, Carnegie Inst. Technol.: ONR Res. Proj. Planning Control Industr. Operat. Nr. 9, 1961.

64. —, — and —: *Characterization by chance-constrained programming.* In: Graves, R. L., and P. Wolfe (Eds.): Recent Advances in Linear Programming, 113—120 (1963).

65. —, — and —: *Critical path analysis via chance constrained and stochastic programming.* Operations Res. **12**, 460—470 (1964).

66. —, — and —: *Constrained generalized medians hypermedians as deterministic equivalents for linear and two-stage programs under uncertainty.* Management Sci. **12**, 83—112 (1965).

67. —, J. Drese and M. Miller: *Decision and horizon rules for stochastic planning problems: a linear example.* Econometrica **34**, 307—330 (1966).

68. —, and M. J. L. Kirby: *Some special P-models in chance-constrained programming.* Management Sci. **14**, 183—195 (1967).

69. —, M. Kirby and W. Raiker: *Chance-constrained generalized networks.* Operations Res. **14**, 1113—1120 (1966).

70. —, and K. Kortanek: *A note on the discrete maximum principle and distribution problems.* J. Math. and Phys. **45**, 121—126 (1966).

71. —, and Merton Miller: *Programming and financial budgeting. I: Rationing and the cost of funds under uncertainty.* ONR Res. Rep. Nr. 51. Carnegie Inst. Technol., Pittsburgh, Jan. 1957.

72. —, and A. C. Stedry: *A chance-constrained model for realtime control in research and development management.* Management Sci., Ser. B **12**, B353—B362 (1966).

73. —, and G. L. Thompson: *Chance-constrained studies for linear programming under uncertainty. Part one: Constrained generalized medians and two-stage problems with general linear structure.* ONR Res. Memo. Nr. 106, Northwestern Univ., Evanston, Ill., Res. Proj. Tempor. Plann. Under Risk and Uncert., Dec. 1962 — Carnegie Inst. Technol., Pittsburgh, Res. Proj. Plann. Control Industr. Operat., Dec. 1962.

74. —, and —: *Research project on temporal planning under risk and uncertainty.* (Part III). ONR Res. Memo., Northwestern Univ., Evanston, Ill. — Carnegie Inst. Technol., Pittsburgh, Res. Proj. Plann. Control Industr. Operat. 1962.

75. Chen, P. P.: *An algorithm for stochastic control through dynamic programming techniques.* IRE Trans. Automat. Control **AC-7**, 110—119 (1962).

76. Clark, A. J.: *A dynamic, single-item, multi-echelon inventory model.* RM-2297, Santa Monica, Calif., The RAND-Corp., Dec. 1958.

77. —, and Herbert Scarf: *Optimal policies for a multi-echelon inventory problem.* Management Sci. **6** (1960).

78. —, and —: *Approximate solutions to a simple multi-echelon inventory problem.* Studies appl. Probab. Management Sci. 88—100 (1962).

79. Clunies-Ross, C., and S. S. Husson: *Statistical techniques in circuit optimization.* Proc. nat. Electron. Conf., Chicago, Ill., 1962, 325—334 (1962).

80. Conrath, David W.: *Organizational decision making behavior under varying conditions of uncertainty.* Management Sci., Ser. B **13**, B487—B500 (1967).

81. COURTILLOT, MARCEL: *Contribution à la théorie de la programmation linéaire et de la programmation stochastique.* Thèses Doct. Sci. math. Fac. Sci. Univ. Paris 1963, 96 p.
82. CRANE, DWIGHT B., and JAMES R. CROTTY: *A two-stage forecasting model: Exponential smoothing and multiple regression.* Management Sci., Ser. B **13**, B501–B507 (1967).
83. DANTZIG, G. B.: *Linear programming under uncertainty.* Management Sci. **1**, 197–206 (1955).
84. —: *Linear programming and extensions.* Princeton Univ. Press, Princeton, N.Y., 1963 — Springer-Verlag: Berlin-Göttingen-New York 1966 — Izdat. Progress, Moskva 1966.
85. —, and A. R. FERGUSON: *The problem of routing aircraft, a mathematical solution.* Aeronaut. Engin. Review **14**, Nr. 5, 51–55 (1955).
86. —, and —: *The allocation of aircraft to routes; an example of linear programming under uncertain demand.* RAND-Corporation Report RM 1833 — Management Sci. **3**, 45–73 (1956).
87. —, and A. MADANSKY: *Linear programming under uncertainty.* Proc. 4th Berkeley Sympos. math. Statist. Probab., Univ. of Calif. 1960, Vol. 1 (1961).
88. —, and —: *On the solution of two-stage linear programms under uncertainty.* The RAND-Corp., Santa Monica, Calif., P-2039 (1960) — Proc. 4th Berkeley Sympos. math. Statist. Probab., Univ. of Calif. 1960, Vol. 1, 165–176 (1961).
89. —, and R. WETS: *Leontief matrices with substitutions.* Operations Res. Center, Univ. of Calif., Berkeley, ORC 63-19, 1963.
90. DANNERSTEDT, G.: *Production scheduling for an arbitrary number of periods given the sales forecast in the form of a probability distribution.* J. Operations Res. Soc. Amer. **3** (1955).
91. DEELEY, J. J.: *Non-parametric empirical Bayes procedures for selecting the best of k populations.* (Abstract). Ann. math. Statist. **37**, 540–541 (1966).
92. DERMAN, CYRUS, and MORTON KLEIN: *Some remarks on finite horizon Markovian decision models.* Operations Res. **13**, 272–278 (1965).
93. —, and —: *Surveillance of multi-component systems: a stochastic travelling salesman problem.* Naval Res. Logist. Quart. **13**, 103–111 (1966).
94. —, and H. SOLOMON: *Development and evaluation of surveillance sampling plans.* Management Sci. **5**, 72–88 (1958).
95. DHARMADHIKARI, S. W.: *A generalisation of a stochastic model considered by V. M. DANDEKAR.* Sankhyā, Ser. A **26**, 31–38 (1964).
96. DUNNETT, C. W.: *A multiple comparison procedure for comparing several treatments with a control.* J. Amer. statist. Assoc. **50**, 1096–1121 (1955).
97. —: *On selecting the largest of k normal population means.* J. roy. statist. Soc., Ser. B **22**, 1–40 (1960).
98. —, and M. SOBEL: *A bivariate generalization of Student's t-distribution with tables for certain special cases.* Biometrika **41**, 153–169 (1954).
99. —, and —: *Approximations to the probability integral and certain percentage points of a multivariate analogue of Student's t-distribution.* Biometrika **42**, 258–260 (1955).
100. DVORETZKY, A., and J. KIEFER: *The inventory problem. II: Case of unknown distributions of demand.* Econometrica **20**, 450–466 (1952).
101. —, J. KIEFER and J. WOLFOWITZ: *The inventory problem. I: Case of known distribution of demand.* Econometrica **20**, 187–222 (1952).
102. —, — and —: *On the optimal character of the (s, S)-policy in inventory theory.* Econometrica **21**, 586–596 (1953).
103. EATON: *Some optimum properties of ranking procedures.* (Abstract) Ann. math. Statist. **37**, 551 (1966).
104. EL-AGIZY, M.: *Programming under uncertainty with discrete distribution function.* Univ. of Calif., Operations Res. Center, ORC 64-13, 1964.

105. —: *Two-stage programming under uncertainty with discrete distribution function.* Operations Res. **15**, 55—70 (1967).
106. Elfving, G.: *Decision-making under uncertainty.* Arkhimedes, Heft 2, 19—26 (1963) [Schwedisch].
107. Elmaghraby, S. E.: *An approach to linear programming under uncertainty.* Operations Res. **7**, 208—216 (1959).
108. —: *Allocation under uncertainty when the demand has continuous dsitribution functions.* Management Sci. **6**, 270—294 (1960).
109. Enrick, Norbert Lloyd: *Statistical control applications in linear programming.* Management Sci., Ser. B **11**, B177—B186 (1965).
110. D'Epenoux, F.: *A probabilistic production and inventory problem.* Revue Franç. Rech. opérat. **14**, 3—16 (1960) — englische Übersetzung in Management Sci. **10**, 98—108 (1963).
111. Favreau, R. R., and P. N. Franks: *Statistical optimization.* Second internat. Conf. Analogue Comput., Strasbourg, Sept. 1958.
112. Fishburn, Peter C.: *Analysis of decisions with incomplete knowledge of probability.* Operations Res. **13**, 217—237 (1965).
113. —: *Decision under uncertainty: an introductory exposition.* J. industr. Engineering **17**, 341—353 (1966).
114. Fisher, J. L.: *A class of stochastic investment problems.* Operations Res. **9**, 53—65 (1961).
115. Fleming, W. H.: *Some Markovian optimization problems.* J. Math. Mech. **12**, 131—140 (1963).
116. Fortet, R.: *Programmes linéaires stochastiques.* Monographies de Rech. opérat. **1** (Math. Progr. Econ., Paris 1964), 109—126 (1964).
117. —: *Programmes linéaires stochastiques.* Colloqu. Appl. Math. Econ., Budapest 1963, 99—119 (1965).
118. —, J. Abadie, J. Bernadat, M. Courtillot, J. M. Gauthier, F. Genuys, P. Huard et G. Matthys: *Mathématiques des programmes économiques.* (Travaux d'un groupe d'étude placé sous le patronage de l'Association Française d'Informatique et de Recherche opérationelle — AFIRO). Dunod, Paris 1964, 146 p.
119. Franck, Wallace: *An optimal search problem.* SIAM Review **7**, 503—512 (1965).
120. Frank, H.: *Optimum locations on a graph with probabilistic demands.* Operations Res. **14**, 409—421 (1966).
121. Freund, R.: *The introduction of risk into a programming model.* Econometrica **24**, 253—263 (1956).
122. Fromovitz, Stan: *Nonlinear programming with randomisation.* Management Sci., Ser. A **11**, 831—846 (1965).
123. —: *A class of one-period inventory models.* Operations Res. **13**, 779—799 (1965).
124. Gaver jr., D. P.: *Renewal-theoretic anlysis of a two-bin inventory control policy.* Naval Res. Logist. Quart. **6**, 141—163 (1959).
125. Gavurin, M. K.: *Über eine apriori-Abschätzung vererblicher Fehler in Aufgaben der linearen Optimierung.* Optimal'noe Planirovanie, Sib. Otd. Akad. Nauk SSSR, Novosibirsk, 62—68 (1964) [Russisch].
126. Geoffrion, Arthur M.: *A parametric programming solution to the vector maximum problem, with applications to decisions under uncertainty.* Ph. D. Diss., Operations Res. Progr., Stanford Univ., Febr. 1965 — Working Paper Nr. 68, Western Sci. Inst., Univ. of Calif., Los Angeles.
127. —: *A Markovian procedure for strictly concave programming with some linear constraints.* Proc. 4th internat. Conf. Operat. Res., Cambridge, Mass., Aug. 29—Sept. 2, 1966.
128. —: *Stochastic programming with aspiration or fractile criteria.* Management Sci. (to appear).

129. CHELLINCK, GUY T. DE: *Les problèmes des décisions séquentielles.* Cahiers Centre Rech. opér. **2**, 161–179 (1960).

130. –: *Application de la théorie des graphes aux matrices de Markov et programmes dynamiques.* Cahiers Centre Etud. Rech. opérat. **3**, 5–35 (1961).

131. –, and GARY D. EPPEN: *Linear programming solutions for separable Markovian decision problems.* Management Sci., Ser. A **13**, 371–394 (1967).

132. GHOSAL, A.: *Stochastic treatment of inventory problems.* Colloqu. Appl. Math. Econ., Budapest 1963, 121–128 (1965).

133. GIRSHICK, M. A., S. KARLIN and H. L. ROYDEN: *Multistage statistical decision procedures.* Ann. math. Statist. **28**, 111–125 (1957).

134. GOL'ŠTEĬN, E. G., und D. B. JUDIN: *Neue Richtungen in der linearen Optimierung.* Moskva, Izd. Sovet. Radio 1966, 524 S. [Russisch].

135. GRAVES, R. L., and P. WOLFE (Eds.): *Recent advances in mathematical programming.* McGraw-Hill, New York 1963.

136. GREENBERG, HAROLD: *Stock level distributions for (s, S)-inventory problems.* Naval Res. Logist. Quart. **11**, 343–349 (1964).

137. –: *Time dependent solutions to the (s, S)-inventory problem.* Operations Res. **12**, 725–735 (1964).

138. GROSS, DONALD: *Centralized inventory control in multilocation supply systems.* In SCARF, H., D. GILFORD and M. SHELLY (Eds.): Multistage Inventory Models and Techniques, 47–84 (1963).

139. GUJ, SJAN-JUN': *Ein Modell eines linearen Optimierungsproblems für Markovsche Prozesse.* Shuxue jinzhan **9**, 33–41 (1966) [Chinesisch].

140. GUPTA, SHIO K.: *Multiperiod inventory models. I: Conversion of a multiperiod problem to a single period problem. II: Application of linear programming.* Opsearch **1**, 65–76, 151–164 (1964).

141. GUPTA, S. S.: *On a decision rule for a problem in ranking means.* Inst. Statist. mimeo. Ser. Nr. 150, Univ. North Carol., May 1956.

142. –: *Order statistics from the gamma distribution.* Technometrics **2**, 243–262 (1960).

143. –: *On a selection and ranking procedure for gamma populations.* Ann. Inst. statist. Math. **14**, 199–216 (1963).

144. –: *Selecting and ranking procedures and order statistics for the binomial distribution.* Proc. internat. Sympos. discrete Distrib., McGill Univ. 1963.

145. –: *On some multiple decision (selection and ranking) rules.* Technometrics **7**, 225–245 (1965).

146. –, and M. SOBEL: *On a statistic which arises in selection and ranking problems.* Ann. math. Statist. **28**, 957–967 (1957).

147. –, and –: *On selecting a subset which contains all populations better than a standard.* Ann. math. Statist. **29**, 235–244 (1958).

148. –, and –: *Selecting a subset containing the best of several binomial populations.* Contrib. Probab. Statist., Essays in Honnor of Hotelling, 224–248, Stanford Univ. Press, Stanford, Calif., 1960.

149. –, and –: *On selecting a subset containing the population with the smallest variance.* Biometrika **49**, 495–507 (1962).

150. –, and –: *On the smallest of several correlated F-statistics.* Biometrika **49**, 509–523 (1962).

151. GURIN, L. S.: *On the problem of optimization in stochastic models.* Ž. vyčislit. Mat. mat. Fiz. **4**, 1134–1137 (1964) [Russisch].

152. –: *Optimization in stochastic models.* Ž. vyčislit. Mat. mat. Fiz. **2**, 367–370 (1964) [Russisch], englische Übersetzung in Internat. J. comput. Math. **1**, 221–226 (1965).

153. HADLEY, G., and T. M. WHITIN: *Analysis of inventory systems.* (Prentice-Hall Quantitative Methods Series) Prentice-Hall Inc., Englewood Cliffs, N.J., 1963, XI, 452 p..

154. —, and —: *An inventory transportation model with n locations.* In SCARF, H., D. GILFORD and M. SHELLY (Eds): Multistage Inventory Models and Techniques, 116—142 (1963).

155. HALL, W. J.: *An optimum property of Bechhofer's single-sample multiple-decision procedure for ranking means and some extensions.* Inst. Statist. mimeo. Ser. Nr. 118, Univ. North Carol., Sept. 1954.

156. —: *On uniformly consistent sequences of multiple-decision rules.* (Abstract). Ann. math. Statist. **27**, 221 (1956).

157. —: *Most economical multiple-decision rules.* Ann. math. Statist. **29**, 1079—1094 (1958).

158. —: *The most economical character of some Bechhofer and Sobel decision rules.* Ann. math. Statist. **30**, 964—969 (1959).

159. HANSON, M. A.: *Errors and stochastic variations in linear programming.* Austral. J. Statist. **2**, 41—46 (1960).

160. —: *Stochastic non-linear programming.* J. Austral. math. Soc. **4**, 347—353 (1964).

161. HENN, R.: *Über ein Problem der Fließbandfertigung bei stochastischer Nachfrage.* Unternehmensforsch. **7**, 59—64 (1963).

162. HILLIER, FREDRICK S.: *Chance-constrained programming with 0–1 or bounded continuous decisions.* Management Sci. **14**, 34—57 (1967).

163. HOERNKE, H.: *A stochastic inventory model.* Unternehmensforsch. **7**, 89—94 (1963).

164. HOWARD, R.: *Dynamic programming and Markov processes.* Wiley & Sons., New York 1960, 188 p. — Moskva 1964 [Russisch].

165. HUYETT, M. J., and M. SOBEL: *Selecting the best one of several binomial populations.* Bell System techn. J. **36**, 537—576 (1957).

166. IGLEHART, D. L.: *Optimality of (s, S) policies in the infinite horizon dynamic inventory problem.* Management Sci. **9**, 259—267 (1963).

167. —: *Dynamic programming and stationary analysis for inventory problems.* In: SCARF, H., D. GILFORD and M. SHELLY (Eds.): Multistage inventory Models and Technique, 1—31 (1963).

168. —, and S. KARLIN: *Optimal policy for dynamic inventory processes with nonstationary stochastic demands.* Studies appl. Probab. Management Sci. 127—147 (1962).

169. IOSIFESCU, M., and R. THEODORESCU: *On stochastic linear programming.* Comun. Acad. RPR **12**, 299—302 (1962).

170. —, und —: *Stochastische Aspekte in der linearen Optimierung.* Stud. statist. Lucrăr. Cons. şţi. Statist., Bucureşti 1961, 83—92 (1962) [Rumänisch].

171. —, et —: *Sur la programmation linéaire.* C. r. Acad. Sci., Paris **256**, 4831—4833 (1963).

172. —, and —: *Statistical decisions and linear programming.* C. r. Acad. Bulgare Sci. **17**, 223—226 (1964).

173. —, und —: *Wahrscheinlichkeitstheoretische und statistische Aspekte in der linearen Optimierung.* Stud. statist. Lucrăr. cel. 3. Cons. şţi. Statist., Bucureşti 1963, 85—86, 947, 1011, 1079 (1964) [Rumänisch].

174. —, and —: *Linear programming under uncertainty.* Colloqu. Appl. Math. Econ., Budapest 1963, 133—139 (1965).

175. JAIN, H. C.: *An inventory problem applied to a rental situation.* Austral. J. Statist. S, 154—162 (1966).

176. JEWELL, W. S.: *Markov-renewal programming. I: Formulation, finite return models.* Operations Res. **11**, 938—948 (1963).

177. —: *Markov-renewal programming. II: Infinite return models, example.* Operations Res. **11**, 949—971 (1963).

178. JEWETT, ROGER F.: *A minimum risk manpower scheduling technique.* Management Sci., Ser. B **13**, B578—B592 (1967).

179. Johnson, Ellis L.: *Optimality and computation of (s, S) policies in the multi-item infinite horizon inventory problem.* Management Sci., Ser. A **13**, 475—491 (1967).
180. Kall, Peter: *Über eine Anwendung endlicher Markov-Ketten in der linearen und nichtlinearen Optimierung.* Z. Wahrscheinlichkeitstheorie verw. Gebiete **3**, 89—109 (1964).
181. —: *Qualitative Aussagen zu einigen Problemen der stochastischen Programmierung.* Z. Wahrscheinlichkeitstheorie verw. Gebiete **6**, 246—272 (1966).
182. Kao, Richard C.: *Note on program uncertainty in the dynamic programming problem.* Econometrica **30**, 336—342 (1962).
183. Kaplan, Seymour, and Norman N. Barish: *Decision-making allowing for uncertainty of future investment opportunities.* Management Sci., Ser. B **13**, B569—B577 (1967).
184. Karlin, Samuel: *One-stage inventory models with uncertainty.* In: Arrow, K., S. Karlin and H. Scarf (Eds.): Studies in the Mathematical Theory of Inventory and Production, Stanford Univ. Press, Stanford, Calif., 109—134 (1958).
185. —: *Optimal inventory policy for the Arrow-Harris-Marschak dynamic model.* In Arrow, K., S. Karlin and H. Scarf (Eds.): Studies in the Mathematical Theory of Inventory and Production, Stanford Univ. Press, Stanford, Calif., 135—154 (1958).
186. —: *Dynamic inventory policy with varying stochastic demands.* Management Sci. **6**, 231—258 (1960).
187. —: *Stochastic models and optimal policy for selling an asset.* Stud. appl. Probab. Management Sci., 148—158 (1962).
188. —: *Optimal policy for dynamic inventory processes with stochastic demands subject to seasonal variations.* (to be published).
189. —, and Charles, R. Carr: *Prices and optimal inventory policy.* Stud. appl. Probab. Management Sci., 159—172 (1962).
190. —, and A. Fabens: *A stationary inventory model with Markovian demand.* Math. Meth. soc. Sci., Proc. 1st Stanford Sympos., Stanford, Calif., 1959, 159—175 (1960).
191. —, and H. Rubin: *The theory of decision procedures for distributions with monotone likelihood ratio.* Ann. math. Statist. **27**, 272—299 (1956).
192. —, and H. Scarf: *Inventory models of the Arrow-Harris-Marschak type with time lag.* In: Arrow, K., S. Karlin and H. Scarf (Eds.): Studies in the Mathematical Theory of Inventory and Production, Stanford Univ. Press, Stanford, Calif., 155—178 (1958).
193. —, and —: *Inventory models and related stochastic processes.* In: Arrow, K., S. Karlin and H. Scarf (Eds.): Studies in the Mathematical Theory of Inventory and Production, Stanford Univ. Press, Stanford, Calif., 319—336 (1958).
194. Karreman, Herman: *A stochastic model for programming the supply of a strategic material.* In: Graves, R. L., and P. Wolfe (Eds.): Recent Advances in Mathematical Programming, 223—237 (1963).
195. Kataoka, Shinji: *On stochastic programming. I: Stochastic programming and its application to production horizon problem.* Hitotsubashi J. Arts Sci. **2**, 23—35 (1962).
196. —: *On stochastic programming. II: A preliminary study of a stochastic programming model.* Hitotsubashi J. Arts Sci. **2**, 36—44 (1962).
197. —: *On stochastic programming. III: A stocastic programming model.* Hitotsubashi J. Arts Sci. **2**, 44—55 (1962).
198. —: *A stochastic programming model.* Econometrica **31**, 181—196 (1963).
199. —: *On stochastic programming. IV: A note on a generalized stochastic programming model.* Hitotsubashi J. Arts Sci. **3**, 35—40 (1963).
200. Kaufmann, A., et R. Cruon: *La programmation dynamique. Gestion scientifique séquentielle.* Dunod, Paris 1965, XVI, 273 p.
201. King, W. R.: *A stochastic personel assignement model.* Operations Res. **13**, 67—81 (1965).
202. Kirby, M. J. L.: *Generalized inverses and chance-constrained programming.* (Ph. D. Diss. Northwestern Univ., Evanston, Ill. 1965, 256) Dissertations Abstr. **26**, 337 (1965).

203. KLINGST, A.: *Optimale Bestelltermine bei zufallsveränderlichen Lieferfristen.* Unternehmungsforsch. **3**, 81—87 (1959).

204. KODAMA, MASANORI: *A delivery-lag inventory control process with emergency and non-stationary stochastic demand.* Bull. math. Statist. **12**, Nr. 1—2, 69—88 (1966).

205. KOENIG, J. W. J.: *Produktionsplanung bei unsicheren Absatzmengen. Stochastische lineare Programmierung, erläutert an einem Beispiel aus einem Mineralöl-Unternehmen.* Erdöl und Kohle **17**, 729—735 (1964).

206. KÖHLER, D., and R. WETS: *Programming under uncertanity: An experimental code for the complete problem.* Univ. Calif., Berkeley ORC 64–15, 1964.

207. KOLESAR, P.: *Minimum cost replacement under Markovian deterioration.* Management Sci. **12**, 694—706 (1966).

208. KRELLE, WILHELM: *Linear programming under uncertanity.* (Abstract). Econometrica **28**, 664—665 (1960).

209. —: *Linear programming under uncertainty.* Proc. Management Sci., VI. Meeting, London, Pergamon Press, **1**, 289—294 (1960).

210. KUDÔ, AKIO: *On the invariant multiple-decision procedures.* Bull. math. Statist., Res. Assoc. statist. Sci. **6**, 57—68 (1956).

211. KUGIMIYA, YASUO: *On the stochastic dynamic programming for an independent, stationary, stochastic process.* Bull. math. Statist. **11**, Nr. 1—2, 1—18 (1964).

212. KUSHNER, H. J.: *A note on the maximum sample excursions of stochastic approximation processes.* Ann. math. Statist. **37**, 513—516 (1966).

213. LEFEVRE, P.: *Optimalisation statistique des systèmes dynamiques. Compensation analogique ou arithmétique des systèmes quasi-linéaires.* (Bibliothèque de l'ingénieur automaticien, Nr. 7) Dunod, Paris 1965, 207 p.

214. LEVY, J.: *Loss resulting from the use of incorrect data in computing an optimal inventory policy.* Naval Res. Logist. Quart. **5**, 75—81 (1958).

215. —: *Further notes on the loss resulting from the use of incorrect data in computing an optimal inventory policy.* Naval Res. Logist. Quart. **6**, 25—31 (1959).

216. LIEŨ, BUY TRONG: *On a problem of convexity and its application to nonlinear stochastic programming.* J. math. Analysis Appl. **8**, 177—187 (1964).

217. LIPTÁK, TH.: *Two-level prgramming.* Colloqu. Appl. Math. Econ., Budapest 1963, 243—253 (1965).

218. LONSETH, A. T.: *Systems of linear equations with coefficients subject to errors.* Ann. math. Statist. **13**, 332—337 (1942).

219. MACQUEEN, J.: *A modified dynamic programming method for Markovian decision problems.* J. math. Analysis Appl. **14**, 38—43 (1966).

220. MADANSKY, A.: *Bounds on the expectation of a convex function of a multivariate random variable.* Ann. math. Statist. **30**, 743—746 (1959).

221. —: *Some results and problems in stochastic linear programming.* The RAND Corp. Paper P–1596, Santa Monica, Calif., 1959.

222. —: *Inequalities for stochastic linear programming problems.* Management Sci. **6**, 197—204 (1960).

223. —: *Use of the „expected value solution" in linear programming under uncertainty.* The RAND Corp. Paper P–1939, Santa Monica, Calif., March 1960.

224. —: *Methods of solution of linear programs under uncertainty.* The RAND Corp. Paper P–2132, Santa Monica, Calif., 1960 — Operations Res. **10**, 463—471 (1962).

225. —: *Dual variables in two-stage linear programming under uncertainty.* J. math. Analysis Appl. **6**, 98—108 (1963).

226. —: *Linear programming under uncertainty.* In: GRAVES, R. L., and P. WOLFE (Eds.): Recent Advances in Mathematical Programming, 103—110 (1963).

227. MANGASARIAN, O. L.: *Nonlinear programming problems with stochastic objective functions.* Management Sci. **10**, 353—359 (1964).

228. —, and J. B. ROSEN: *Inequalities for stochastic nonlinear programming problems.* Operations Res. **12**, 143—154 (1964).
229. MANNE, ALAN S.: *Linear programming and sequential decisions.* Management Sci. **6**, 259—267 (1960).
230. MARKOWITZ, HARRY M.: *Portfolio selection.* J. Finance **7**, 77 (1952).
231. MARSCHAK, THOMAS, and RICHARD NELSON: *Flexibility, uncertainty, and economic theory.* Metroeconomica **14**, 42—58 (1962).
232. MICKEY, M. R.: *A method for determining supply quantity for the case of Poisson distribution of demand.* Naval Res. Logist. Quart. **6**, 265—272 (1959).
233. MILLER, BRUCE L., and HARVEY M. WAGNER: *Chance-constrained programming with joint constraints.* Grad. School Busin., Stanford Univ., techn. Rep. 9, Oct. 1964 — Operations Res. **13**, 930—945 (1965).
234. MILLER jr., RUPERT G.: *Continuous time stochastic storage processes with random linear inputs and outputs.* J. Math. Mech. **12**, 275—291 (1963).
235. MILLHAM, CHARLES BLANCHARD: *Stochastic linear programming.* (Ph. D. Diss. Iowa State Univ. Sci. Technol. 1962) Dissertation Abstracts **23**, 2539 (1963).
236 MILLS, EDWIN S.: *The theory of inventory decisions.* Econometrica **25**, 222—238 (1957).
237. MOESEKE, P. VAN: *Truncated minimax-maximax approach to linear programming under risk.* (Abstract). Econometrica **31**, 749—750 (1963).
238. —: *Dynamic risk programming with learning adjustment.* Unternehmensforsch. **7**, 145—150 (1963).
239. —: *Stochastic linear programming.* Yale Economic Essay.
240. —, and G. TINTNER: *Base duality theorem for stochastic and parametric linear programming.* Unternehmensforsch. **8**, 75—79 (1964).
241. MORSE, PHILIP M.: *Statistics and operations research.* Bull. Inst. internat. Statist. **35**, 365—379 (1957).
242. NAGEL, K.: *On selecting a subset containing the best of several discrete populations* (Abstract). Ann. math. Statist. **37**, 543 (1966).
243. NASLUND, BERTIL, and A. WHINSTON: *A model of multiperiod investment under uncertainty.* Management Sci. 8, 184—200 (1962).
244. —, and —: *Model of decision making under risk.* Metroeconomica **16**, 81—94 (1964).
245. NEUTS, MARCEL F.: *An inventory model with an optimal timelag.* J. Soc. industr. appl. Math. **12**, 179—185 (1964).
246. PANNE, C. VAN DE: *Optimal strategy decisions for dynamic linear decision rules in feedback form.* Econometrica **33**, 307—320 (1965).
247. —, and W. POPP: *Minimum-cost cattle feed under probabilistic protein constraints.* Management Sci. **9**, 405—430 (1963).
248. PARKER, LAWRENCE L.: *Economical reorder quantities and reorder points with uncertain demand.* Naval. Res. Logist. Quart. **11**, 351—358 (1964).
249. PERVOZVANSKAJA, T. N.: *Lineare stochastische Optimierung.* Trudy Leningrad. inž.-èkon. Inst. **53**, 142—146 (1965) [Russisch].
250. PIĘTRZYKOWSKI, T.: *Application of Monte-Carlo-method to linear programming.* Bull. Acad. Polon. Sci., Sér. math. astron. phys. **11**, 297—300 (1963).
251. POLLOCK, STEPHEN M.: *Minimum-cost checking using imperfect information.* Management Sci., Ser. A **13**, 454—465 (1967).
252. POPP, W.: *Simulationstechnik bei Lagerplanung mit stochastischer Nachfrage.* Unternehmensforsch. **7**, 65—74 (1963).
253. —: *(s, S, U)-Lagerpolitik im dynamischen, endlichstufigen Problem.* Unternehmensforsch. **11**, 186—204 (1967).
254. PRÉKOPA, A.: *On the probability distribution of the optimum of random linear program.* J. SIAM Control **4**, 211—222 (1965).
255. QUANDT, R. E.: *Probabilistic errors in Leontief systems.* Naval Res. Logist. Quart. **5**, 155—170 (1958).

256. —: *On the solution of probabilistic Leontief systems.* Naval Res. Logist. Quart. **6**, 295—305 (1959).
257. Radner, R.: *Team decision function.* Ann. math. Statist. **21**, 347 (1950).
258. —: *The linear team: an example of linear programming under uncertainty.* Cowles Foundation paper n⁰ 106 — Proc. Second Sympos. Linear Program. **2**, Washington, D. C., Nat. Bur. Stand., 381—396 (1955).
259. —: *The applications of linear programming to team decision problems.* Cowles Foundation papers n⁰ 128 — Management Sci. **5**, 143—150 (1959).
260. —, and D. W. Jorgenson: *Optimal replacement and inspection of stochastically failing equipment.* Studies appl. Probab. Management Sci. 184—206 (1962).
261. Rastrigin, L. A.: *Die Methode des zufälligen Suchens in der Aufgabe der mehrparametrischen Optimierung.* Avtomat. vyčisl. Tehn. **6**, 43—66 (1963) [Russisch].
262. —: *Zufallssuchvorgang in Optimierungsaufgaben bei Mehrparametersystemen.* Riga 1965, 212 S. [Russisch].
263. Reisman, A., A. B. Rosenstein and E. S. Buffa: *Resource allocation under uncertainty and demand interdependence.* Industr. Engineering **17**, Nr. 8, August (1966).
264. Reiter, S.: *Surrogates for uncertain decision problems: Minimal information for decision making.* Econometrica **25**, 339—345 (1957).
265. Riis, I. O.: *Discounted Markov programming in a periodic process.* Operations Res. **13**, 920—929 (1965).
266. Rios, S.: *Einige Probleme der Lagerhaltung bei stochastischer Nachfrage und bei gegeneinander austauschbaren Gütern.* Collect. Math. **14**, 197—203 (1962) [Spanisch].
267. —: *Correction to „Some inventory problems for many items with stochastic dependent demand".* Trabajos Estadíst. **15**, 233 (1964).
268. Rizvi, M. H.: *Ranking and selection problems of normal populations using the absolute values of their means: fixed sample size case.* Dept. Statist., Univ. Minnesota, techn. Rep. 31, 1963.
269. Sachaklian, H. A.: *Risk and hazard in logistics planning.* Naval Res. Logist. Quart. **2**, 217—224 (1955).
270. Saposnik, Rubin, Vernon L. Smith and A. R. Lindeman: *Allocation of a resource to alternative probabilistic demands: Transport-equipment pool assignments.* Naval Res. Logist. Quart. **6**, 193—207 (1959).
271. Savage, J. R., M. Sobel and J. Woodsworth: *Fine structure of the ordering of probabilistic rank orders in the two-sample case.* Ann. math. Statist. **37**, 98—112 (1966).
272. Scarf, Herbert: *A min-max solution of an inventory problem.* In: Arrow, K., S. Karlin and H. Scarf (Eds.): Studies in the Mathematical Theory of Inventory and Production, Stanford Univ. Press, Stanford, Calif., 201—209 (1958.)
273. —: *Stationary operating characteristics of an inventory model with timelag.* In: Arrow, K., S. Karlin and H. Scarf (Eds.) Studies in the Mathematical Theory of Inventory and Production, Stanford Univ. Press, Stanford, Calif., 298—318 (1958).
274. —: *Bayes solutions of the statistical inventory problem.* Ann. math. Statist. **31**, 490—509 (1959).
275. —: *The optimality of (S, s) policies in the dynamic inventory problem.* In: Arrow, K. J., S. Karlin and O. Suppes (Eds.) Math. Methods in Social Sciences 1959, Proc. 1st Stanford Sympos., 196—202 (1960).
276. —: D. Gilford and M. Shelly (Eds.): *Multistage inventory models and techniques.* Stanford, Univ. Press, Stanford, Calif., 1963, VII, 225 p.
277. Schneeweiss, Hans: *Ein allgemeines Schema des stochastischen Programmierens.* Statist. Hefte **3**, 131—157 (1962).
278. —: *Minimax-Lösung eines einfachen Lagermodells, wenn nur Mittelwert und Streuung der Nachfrageverteilung bekannt sind.* Unternehmensforsch. **10**, 101—117 (1966).
279. Seal, K. C.: *On a class of decision procedures for ranking means.* Inst. Statist. mimeo. Ser. Nr. 109, Univ. North Carol., June 1954.

280. —: *On a class of decision procedures for ranking means of normal populations.* Ann. math. Statist. **26**, 387—398 (1955).
281. —: *On ranking parameters of scale in typ III populations.* J. Amer. statist. Assoc. **53**, 164—175 (1958).
282. Sengupta, J. K.: *On the stability of truncated solutions of stochastic linear programming.* Economica Oct. (1963).
283. —: *On the stability of truncated solutions of stochastic linear programming.* Mimeographed, Dec. 20 (1963), Dept. of Econ., Iowa State Univ. — Econometrica **34**, 77—104 (1966).
284. —: *Recursive constraints and stochastic linear programming.* Metrika **10**, 6—12 (1966).
285. —, and T. K. Kumar: *An application of sensitivity analysis to a linear programming problem.* Unternehmensforsch. **9**, 18—36 (1965).
286. —, C. Millham and G. Tintner: *On the stability of solutions under error in stochastic linear programming.* Metrika **9**, 47—60 (1965).
287. —, and G. Tintner: *On the stability of solutions under recursive programming.* Unternehmensforsch. **10**, 1—14 (1966).
288. —, G. Tintner and C. Millham: *On some theorems of stochastic linear programming.* Management Sci. **10**. 143—159 (1963).
289. —, G. Tintner and B. Morrison: *Stochastic linear programming with application to economic models.* Economica **30**, 262—276 (1963).
290. Shetty, C. H.: *Solving linear programming problems with variable parameters.* J. industr. Engineering **1959**, 433—438 (1965).
291. Simon, H. A.: *Dynamic programming under uncertainty with a quadratic criterion function.* Econometrica **24**, 74—81 (1956).
292. Sinha, S. M.: *Programming with standard errors in the constraints and the objective.* (Abstract). In: Graves, R. L., and P. Wolfe (Eds.): Recent Advances in Mathematical Programming, 121 (1963).
293. —: *Stochastic programming.* Operations Res. Center, Univ. Calif., Berkeley, ORC 63—22, 1963, 68 p.
294. Slyke, Richard van, and Roger Wets: *Programming under uncertainty and stochastic optimal control.* J. SIAM Control **4**, 179—193 (1966).
295. Sobel, M.: *Statistical techniques for reducing the experiment time in reliability studies.* Bell System techn. J. **35**, 179—202 (1956).
296. —, and M. H. Rizvi: *Selecting a subset containing the populations with the largest α-th percentile.* (Abstract). Ann. math. Statist. **37**, 315 (1966).
297. Soland, R. M., and J. Bracken: *Statistical decision analysis of stochastic linear programming problems.* Naval Res. Logist. Quart. **13**, 205—225 (1966).
298. Soldatov, V. E.: *Über ein Problem der linearen Optimierung mit Zufallsbeschränkungen.* Sibir. mat. Žurn. **6**, 705—710 (1965) [Russisch].
299. —: *Über Probleme der linearen Optimierung mit zufälligen Daten.* Mat. Modeli Metody optimal'. Planir., Novosibirsk 1966, 54—64 [Russisch].
300. Solomon, M. J.: *Optimum operation of a complex activity under conditions of uncertainty.* J. Operations Res. Soc. Amer. **2**, 419—432 (1954).
301. Spencer, Milton, H.: *Uncertainty, expectations of the theory of planning.* J. Acad. Management **5**, 197—206 (1962).
302. Srivastave, M. S.: *Some asymptotically efficient sequential procedures for ranking and slippage problems.* (Abstract). Ann. math. Statist. **37**, 313 (1966).
303. Symonds, G. H.: *Stochastic scheduling by the horizon method.* Management Sci. **8**, 138—167 (1962).
304. Szwarc, Wlodzimierz: *The transportation problem with stochastic demand.* Management Sci. **11**, 33—50 (1966).
305. Tainiter, M.: *Some stochastic inventory models for rental situations.* Management Sci. **11**, 316—326 (1964).

306. TALACKO, J. V.: *On stochastic linear inequalities.* Trabajos Estadíst. **10**, 89–112 (1959).
307. TEICHROEW, D.: *Probabilities associated with order statistics in samples from two normal populations with equal variance.* Chem. Corps Engineering Agency, Army chem. Center, Maryland, Dec. 1955.
308. THEIL, H.: *A note on certainty equivalence in dynamic planning.* Econometrica **25**, 346–349 (1957).
309. —: *Specification errors and the estimation of economic relationships.* Revue Inst. internat. Statist. **25**, 41–51 (1957).
310. —: *Some reflections on static programming under uncertainty.* Internat. Center Management Sci., Rep. Nr. 6013, 1960.
311. —: *Some reflections on static programming under uncertainty.* Weltwirtschaftliches Arch. **87**, 124–128 (1961).
312. —, and GUIDO REY: *A quadratic programming approach to the estimation of transition probabilities.* Management Sci., Ser. A **12**, 714–721 (1966).
313. THOMPSON, G. L., W. W. COOPER and A. CHARNES: *Characterizations by chance-constrained programming.* In: GRAVES, R. L., and P. WOLFE (Eds.): Recent Advances in Mathematical Programming, 112–118 (1963).
314. TINTNER, G.: *Stochastic linear programming with application to agricultural economics.* Proc. 2nd Sympos. lin. Program., Washington, D. C., 191–228 (1955) — Giorn. Econ. Ann. Acon. 299–317 (1955).
315. —: *Les programmes linéaires stochastiques.* Revue d'Economie politique **67** (1957).
316. —: *Game theory, linear programming and input-output analysis.* Z. f. Nationalökon. **17**, 1–38 (1957).
317. —: *Handbuch der Ökonometrie.* Springer-Verlag, Berlin–Göttingen–Heidelberg 1960, 328 S.
318. —: *A note on stochastic linear programming.* Econometrica **28**, 490–495 (1960).
319. —: *The use of stochastic linear programming in planning.* Indian econom. Review **5**, 159–167 (1960).
320. —, CHARLES MILLHAM and J. K. SENGUPTA: *A weak duality theorem for stochastic linear programming.* Unternehmensforsch. **7**, 1–8 (1963).
321. —, J. K. SENGUPTA and B. MORRISON: *Stochastic linear programming with application to planning in India.* Mimeogr. 1962.
322. —, — and V. Y. RAO: *An application of stochastic linear programming to development planning.* Metroeconomica **14**, 25–41 (1962).
323. TISDELL, CLUN: *Uncertainty, instability, expected profit.* Econometrica **31**, 243–248 (1963).
324. VAJDA, S.: *Inequalities for stochastic linear programming.* Bull. internat. statist. Inst. **36**, 357–363 (1958).
325. —: *Mathematical programming.* Addison & Wesley Publ. Co., Inc., London 1961, IX, 310 p.
326. VEINOTT jr., A. F.: *Optimal stockage policies with non-stationary stochastic demands.* In: SCARF, H., D. GILFORD and M. SHELLY (Eds.): Multistage Inventory Models and Techniques, 85–115 (1963).
327. —: *The optimal inventory policy for batch ordering.* Operations Res. **13**, 424–432 (1965).
328. —: *Optimal policy in a dynamic, single product, non-stationary inventory model with several demand classes.* Operations Res. **13**, 761–778 (1965).
329. —: *On the optimality of (s, S) inventory policies: new conditions and a new proof.* Techn. Rep. Nr. 4, Dept. Industr. Engineering, Stanford Univ., July 15, 1965. — J. Soc. industr. appl. Math. **14**, 1067–1083 (1966).
330. —: *The status of mathematical inventory theory.* Management Sci. **12**, 745–777 (1966).

331. —, and H. M. WAGNER: *Computing optimal (s, S)-inventory policies.* Management Sci. **11**, 525—552 (1965).

332. VOTAW, D. F. jr.: *Programming under conditions of uncertainty.* In: ANTOSIEWICZ, H. A. (Ed.): Proc. 2nd Sympos. lin. Program. **2**, 187—195, Washington, D.C., (1955).

333. —: *Statistical programming.* Ann. math. Statist. **31**, 1077—1083 (1960).

334. WAGNER, H. M.: *On the distribution of solutions in linear programming problems.* J. Amer. statist. Assoc. **53**, 161—163 (1958).

335. WALKUP, D., and R. WETS: *Stochastic programs with recourse.* Boeing Sci. Res. Lab. Document D 1-82-0551 (1966).

336. WEDEKIND, H.: *Primal- und Dual-Algorithmen zur Optimierung von Markov-Prozessen. Ein Vergleich der Algorithmen von DANTZIG-WOLFE und HOWARD.* Unternehmensforsch. **8**, 128—135 (1964).

337. WEGNER, P.: *Relations between multivariate statistics and mathematical programming.* Appl. Statist. **12**, 146—150 (1963).

338. WETS, R. J.-B.: *Programming under uncertainty.* (Ph. D. Diss., Berkeley Univ., Calif.) Dissertations Abstracts **26**, 1680 (1966).

339. —: *Programming under uncertainty: The complete problem.* Boeing Sci. Res. Lab. 1964 — Z. Wahrscheinlichkeitstheorie verw. Gebiete **4**, 316—339 (1966).

340. —: *Programming under uncertainty: The equivalent convex problem.* J. Soc. industr. appl. Math. **14**, 89—105 (1966).

341. —: *Programming under uncertainty: The solution set.* J. Soc. industr. appl. Math. **14**, 1143—1151 (1966).

342. WHITE, D. J.: *Dynamic programming, Markov chains and the method of succzessive approximation.* J. math. Analysis Appl. **6**, 373—376 (1963).

343. —: *Dynamic programming and systems of uncertain duration.* Management Sci., Ser. A **12**, 37—67 (1965).

344. WILLIAMS, A. C.: *A stochastic transportation problem.* Operations Res. **11**, 759—770 (1963).

345. —: *On stochastic linear programming.* J. Soc. industr. appl. Math. **13** (1965), 927—940 (1966).

346. —: *Approximation formulas for stochastic linear programming.* J. Soc. industr. appl. Math. **14**, 668—677 (1966).

347. WILSON, R.: *On programming under uncertainty.* Operations Res. **14**, 652—657 (1966).

348. WOLFE, PHILIP (Ed.): *The RAND symposium on mathematical programming. Linear programming and recent extensions. Proceedings of a conference, March 16—20, 1959.* (Project RAND Rep. R-351) Santa Monica, Calif.: The RAND Corporation 1960, XIX, 123 p.

349. WOLFE, P. H., and G. B. DANTZIG: *Linear programming in a Markov chain.* Operations Res. **10**, 702—710 (1962).

350. YAÑEZ, I.: *Bemerkung über stochastische lineare Optimierung.* Trabajos Estadíst. **12**, 87—100 (1961) [Spanisch].

351. ŽÁČKOVÁ, JITKA: *On minimax solutions of stochastic linear programming problems.* Časopis Pěst. Mat. **91**, 423—430 (1966).

352. —: *Stochastische lineare Optimierung.* Ekon.-mat. Obzor **3**, 273—297 (1967) [Tschechisch].

Bei Fragen zur Produktsicherheit wenden Sie sich bitte an:
If you have any questions regarding product safety,
please contact:

Walter de Gruyter GmbH
Genthiner Straße 13
10785 Berlin
productsafety@degruyterbrill.com